普通高等教育"十四五"规划教材

冶金工业出版社

钢结构基本原理

主　　编　高华国

副主编　袁斯浪　张　俏　张红涛

参　　编　王　夺　赵　彤　徐贵伟

　　　　　韩雨东　孙　畅

U0314676

北　京

冶金工业出版社

2024

内 容 提 要

本书主要根据新颁布的《钢结构设计标准》（GB 50017—2017）进行编写，从钢结构的特点和未来发展趋势着手，详细介绍了土木工程项目建设中的钢结构的基本原理。本书共分 7 章，对钢结构的材料、连接方式、结构形式、受力构件及其破坏形式、计算原理和一般计算方法进行阐述和说明。

本书可作为高等院校土木工程专业的本科生和研究生教材，也可供从事土木类钢结构设计、施工的工程技术人员参考。

图书在版编目（CIP）数据

钢结构基本原理/高华国主编. —北京：冶金工业出版社，2024.1
普通高等教育"十四五"规划教材
ISBN 978-7-5024-9731-6

Ⅰ.①钢…　Ⅱ.①高…　Ⅲ.①钢结构—高等学校—教材　Ⅳ.①TU391

中国国家版本馆 CIP 数据核字（2024）第 040380 号

钢结构基本原理

出版发行	冶金工业出版社	**电　话**	(010)64027926
地　址	北京市东城区嵩祝院北巷 39 号	**邮　编**	100009
网　址	www.mip1953.com	**电子信箱**	service@ mip1953.com

责任编辑　任咏玉　杨　敏　美术编辑　吕欣童　版式设计　郑小利
责任校对　梁江凤　责任印制　窦　唯
北京建宏印刷有限公司印刷
2024 年 1 月第 1 版，2024 年 1 月第 1 次印刷
787mm×1092mm　1/16；20 印张；484 千字；310 页
定价 49.00 元

投稿电话　(010)64027932　投稿信箱　tougao@cnmip.com.cn
营销中心电话　(010)64044283
冶金工业出版社天猫旗舰店　yjgycbs.tmall.com
（本书如有印装质量问题，本社营销中心负责退换）

前　言

目前，关于钢结构原理的教材很多是基于《钢结构设计规范》（GB 50017—2003）编写的，然而，该标准已被新的《钢结构设计标准》（GB 50017—2017）所替代。对于以冶金为特色的应用型高校，编写一部适合普通高等应用型院校使用的相关教材成为各个兄弟院校钢结构授课组教师的迫切需求。

本书根据《钢结构设计标准》（GB 50017—2017）以及《钢结构通用规范》（GB 55006—2021）编写而成，以工程尤其以工业工程的实际案例为引导，以行业需求为导向，以高等教育新要求为主要出发点，引入目前土木工程施工中 BIM（building information modeling）技术（Tekla），使学生在学习中了解实际工程，在研究实际工程中学习理论知识，以期全面提升学生综合运用知识的能力。本书借鉴了同济大学钢结构教学组的先进教学经验，引入了螺栓连接试验、钢梁的稳定性试验，书中编入了作者最近几年所开展的与钢结构相关的新的科研试验内容，增加了知识的先进性。本书内容系统整合了工程实际和应用型本科院校的教学资源，理论结合实际，突出实用性。

参加本书编写工作的有：袁斯浪、王夺（1 绪论；中国二十二冶集团有限公司），高华国、孙畅（2 钢结构的材料，3 焊缝与螺栓；辽宁科技大学），张红涛（4 轴心受力构件；辽宁科技大学），赵彤、徐贵伟（5 受弯构件；中国三冶集团有限公司），韩雨东（6 拉弯和压弯构件；辽宁科技大学），张俏（7 Tekla Structures 应用；辽宁城市建设职业技术学院）。全书由高华国修改定稿，辽宁科技大学的多位研究生对书稿进行了核对，同时编者参考了同行相关教材中的内容，在此一并表示深深的感谢！

由于作者水平所限，书中疏漏和不妥之处，敬请读者批评指正。

作　者

2023 年 8 月于辽宁科技大学

目　录

1 绪 论

【**本章重点**】 钢结构的特点及其应用，钢结构的分类和应用，钢结构未来发展趋势与方向。

【**本章难点**】 钢结构的破坏形式，不同钢结构在各类建筑中的选择。

【**大纲要求**】 掌握建筑钢结构的特点及其破坏形式，了解钢结构未来发展趋势。

【**能力要求**】 能够完整地叙述出钢结构特点，在设计时能选用合适的钢结构形式。

【**规范主要内容**】

（1）钢结构工程应根据使用功能、建造成本、使用维护成本和环境影响等因素确定设计工作年限，应根据结构破坏可能产生后果的严重性，采用不同的安全等级，并应合理确定结构的作用及作用组合、地震作用及作用组合，采用适宜的设计方法，确保结构安全、适用、耐久。

（2）钢结构应根据建（构）筑物的功能要求、现场环境条件等因素选择合理的结构体系。

（3）钢结构工程所选用钢材的牌号、技术条件、性能指标均应符合国家现行有关标准的规定。

（4）当施工方法对结构的内力和变形有较大影响时，应进行施工方法对主体结构影响的分析，并应对施工阶段结构的强度、稳定性和刚度进行验算。

【**序言**】 钢材的发展成为钢结构建筑发展的重要内容，为了符合建筑市场的需求，成品钢材会逐步向品种齐全、材料标准化的方向迈进。国产的建筑钢结构不论在钢的数量、品种乃至品质方面均呈现出迅猛的发展势头，为钢结构建筑的发展提供了重要的环境。

当前时期，因为我国具备较为完善的标准、法律和规范，钢结构的建筑设计在软硬件方面也较为完善，钢结构技术的研究水准全面提升，教育培训机制方面较为完善，发展较好的企业起到了良好的带头作用，我国的钢结构建筑发展已经颇具规模，并且具备良好的发展空间。

1.1 钢结构定义

钢结构是由钢制材料组成的结构，是主要的建筑结构类型之一，主要由型钢和钢板等制成的钢梁、钢柱、钢桁架等构件组成，并采用硅烷化、纯锰磷化、水洗烘干、镀锌等除锈防锈工艺。各构件或部件之间通常采用焊缝、螺栓或铆钉连接。因其自重较轻，且施工简便，广泛应用于大型厂房、场馆、超高层等领域。钢结构容易锈蚀，一般钢结构要除锈、镀锌或涂料，且要定期维护。

钢结构建筑应模数协调，采用模块化、标准化设计，将结构系统、外围护系统、设备与管线系统和内装系统进行集成。

钢结构与钢筋混凝土结构一样，钢结构是建筑施工中使用最多、范围最广泛的结构形式之一。与混凝土结构相比，钢结构具有更良好的力学性能和更优的建筑艺术视觉效果。钢结构受到大众的青睐，广泛应用于工业厂房、仓库、大跨度建筑和高层建筑等。

钢材可以回收冶炼而重复利用，因此钢结构作为一种节能环保型、可循环使用的建筑结构，符合经济持续健康发展的要求，在土木工程建设中得到更为广泛的应用。此外，公路和铁路桥梁、输变电铁塔、火电主厂房和锅炉钢架、海洋石油平台、核电站、风力发电、水利建设等重大工程也广泛使用钢结构。

钢结构的特点如下：

(1) 各向同性的均质材料，质量易保证，结构的可靠性好；

(2) 轻质高强，比强度高，可减小结构所受地震作用；

(3) 良好的延性，使结构具有较大的变形能力，保证结构的抗震安全性；

(4) 构件细、薄、长，易失稳破坏；

(5) 高温下软化，丧失承载能力，防火性能差；

(6) 易锈蚀，耐久性差；

(7) 若设计、施工不当，可能发生脆性破坏。

钢结构的破坏形式有以下几种类型：

(1) 框架节点区的梁柱焊接连接破坏；

(2) 竖向支撑的整体失稳和局部失稳；

(3) 柱脚焊缝破坏及锚栓失效；

(4) 钢柱脆断；

(5) 支撑及其连接的破坏；

(6) 梁柱节点的破坏。

1.2 钢结构的分类和应用

钢结构的合理应用取决于钢结构本身特性和国民经济发展情况，以前我国钢产量供不应求，钢结构应用受到限制，随着我国钢产量大幅提高，同时钢结构设计逐年改进创新，钢结构越来越受到推广，下面按其应用领域进行分类说明。

1.2.1 民用建筑钢结构

民用建筑钢结构以房屋钢结构为主要对象。按传统的耗钢量大小可分为普通钢结构、重型钢结构和轻型钢结构。重型钢结构指采用大截面和厚板的结构，如高层钢结构、重型厂房和某些公共建筑等；轻型钢结构指采用轻型屋面和墙面的门式刚架房屋、某些多层建筑、薄壁压型钢板、拱壳屋盖等，网架、网壳等空间结构也可属于轻型钢结构范畴。除上述钢结构主要类型外，还有索膜结构、玻璃幕墙支承结构、组合和复合结构等。

按照中国钢结构协会的分类标准，民用建筑结构分为高层钢结构（图1-1）、大跨度空间钢结构（图1-2）和钢结构住宅（图1-3）。

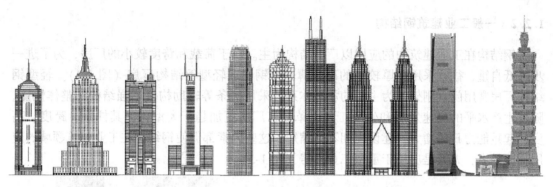

图 1-1　高层钢结构

图 1-2　大跨度空间钢结构

图 1-3　钢结构住宅

1.2.2 一般工业建筑钢结构

钢结构在工业建筑中的应用以厂房结构为主。对于荷载和跨度较小的厂房，为了进一步降低自重，往往采用壁厚较小的冷弯薄壁型钢建成轻型钢结构厂房（图1-4）。轻型钢结构厂房常用门式刚架作为主要的承载体系，采用檩条等辅助构件增强结构的整体性能。随着生产水平的高速发展和生产工艺的革新，厂房更加趋于大型化，其柱距、跨度、高度、起重能力日趋增大，建设周期不断缩短，这些因素都促使钢结构在工业建筑领域的应用不断扩大，尤其是应用于重型工业厂房（图1-5）。

图1-4 轻型钢结构厂房   图1-5 重型工业厂房

1.2.3 高耸结构

高耸结构包括电视塔、输电塔、钻井塔、环境大气监测塔等。高耸结构采用塔架结构和桅杆结构，从而使建筑物具有较大的高宽比。

随着工业技术的发展，出现了各种类型的高耸结构。1889年古斯塔夫·埃菲尔为巴黎世界博览会建造了埃菲尔铁塔，塔高300 m，1921年后塔顶装设了无线电天线和电视天线，总高度为321 m。20世纪，随着无线电广播和电视事业的发展，世界各地建造了大量较高的无线电塔和电视塔。电力、冶金、石油、化工等企业也建造了很多高耸结构，如输电线路塔、石油钻井塔、炼油化工塔、风动机塔、排气塔、水塔、烟囱等。在邮电、交通、运输等部门中也兴建了电信塔、导航塔、航空指挥塔、雷达塔、灯塔等。此外，还有卫星发射塔、跳伞塔和环境气象塔等。广州地标建筑——广州塔（图1-6），昵称"小蛮腰"，建成于

图1-6 广州塔

2010年，总高度为600 m，采用外框筒-核心筒结构为主要抗侧力体系，外框筒为斜向布置的24根钢管混凝土柱与钢管斜撑、环向钢管组成的结构体系。

1.2.4 多层和高层建筑

冷弯薄壁型钢既可满足承载要求又能减少钢材用量，并且有利于实现建筑标准化和产

业化，可用其作为受力较小的多层住宅的承载构件或辅助构件。经过多年的应用与发展，已形成了有利于实现标准化、工业化和产业化的装配式轻型住宅体系。图 1-7 为某多层轻钢结构住宅，冷弯薄壁型钢作为主要受力构件，其壁厚低至 1 mm，用钢量极低。通过镀锌等工艺能够提高其耐腐蚀性，通过在钢构件外围设置耐火墙板可有效地提高其耐火性。

随着建筑高度的增加，主体结构承受的荷载增大，如果高层建筑单纯采用钢筋混凝土等材料，则需大幅度增大截面尺寸，从而使建筑有效使用面积降低，而使用轻质高强的钢材可在保证承载力的同时减小构件尺寸，因此钢结构在高层建筑中的应用也越来越广泛。用于高层建筑的钢结构体系有：框架体系、框架剪力墙体系、框筒体系、组合筒体系、交错钢桁架体系等。筒体体系抗侧力的性能好，高度很大的钢结构高层建筑多采用框架筒体系和组合筒体系。例如 110 层、高 411 m 的美国纽约世界贸易中心，采用框筒体系，外部为钢柱框筒，内部为钢框架。109 层、高 405 m 的美国芝加哥的西尔斯大厦采用组合筒体系。44 层（其中地下室一层）、高度 153.21 m 的上海新锦江饭店属于框架剪力墙体系，在中间部位以钢板和钢支撑组成抗侧力结构。14 层的上海金沙江大酒店为钢框架体系。

上海中心大厦（图 1-8）建于 2016 年，总高度为 632 m，地下 5 层，地上 121 层，承载力体系由核心筒、巨型框架柱和桁架加强层共同组成，其中核心筒和巨型柱均为劲性混凝土构件，该类劲性构件由型钢或钢板与混凝土组合而成；桁架加强层由伸臂桁架和带状桁架组成，构件均为钢构件。上海中心大厦作为陆家嘴最后一栋超高层建筑，刷新上海市浦东新区的城市天际线。这是中国第一次建造 600 m 以上的建筑，巨大的体量、庞杂的系统分支、严苛的施工条件，给上海中心大厦的建设管理者们带来了全新的挑战，而数字化技术与 BIM 技术在当时的建筑工程界还很陌生。上海中心大厦团队在项目初期就将数字化技术与 BIM 技术引入到项目的建设中，事实证明，这些先进术在上海中心大厦的设计建造与项目管理中发挥了重要的作用。上海中心大厦钢结构深化模型图如图 1-9 所示。

图 1-7　多层轻钢结构住宅

图 1-8　上海中心大厦

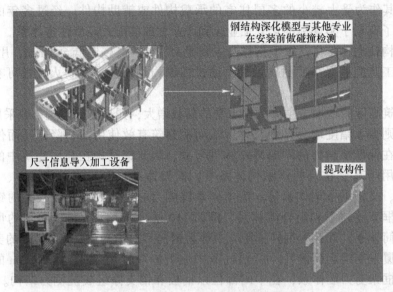

图 1-9   上海中心大厦钢结构深化模型

1.2.5   抗震要求较高的建筑

满足同等建筑要求的钢结构自重小于混凝土结构，地震作用时地震效应小；同时钢结构的延性比混凝土大、耗能效果好，所以钢结构建筑的抗震性能优于混凝土结构，更适用于抗震要求高的结构。某办公楼如图 1-10（a）所示，高 90 m，抗震设防烈度为 8 度（0.3g），Ⅲ类场地，距离活动断裂带只有 3 km，抗震要求高。办公楼采用钢框架结合阻尼支撑的结构体系，如图 1-10（b）和（c）所示，其基底地震剪力分析值只为钢筋混凝土框架与剪力墙混合结构体系方案基底地震剪力分析值的 1/10。

钢结构构件的抗震性能化设计应根据设防类别、设防烈度、房屋高度、场地地基条件、使用要求和建筑形体等因素综合分析选用合适的结构体系。

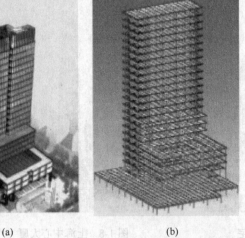
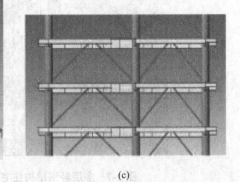

(a)   (b)   (c)

图 1-10   某高烈度区高层建筑

（a）某办公楼实物图；（b）钢筋混凝土框架；（c）剪力墙混合结构体系

1.3 钢结构的发展

从改革开放到今天，我国钢结构发展迅速，虽然钢结构由于耐久性和耐火性的局限性导致其在应用上呈现一定的局限性，但良好的力学性能、庞大的产业化潜力及突出的环保优势仍使其有广阔的发展前景。我国是产钢大国，但不是钢结构应用强国。建筑钢结构用材占全国钢材总产量不足6%，与发达国家占50%~60%的比重相比，还有很大的差距，也就是说，钢结构的发展还有很大的空间。随着政府对建筑钢结构应用的鼓励和扶持，特别是我国经济持续高速增长，高度高、规模大、跨度长、造型奇特的高层建筑、公共建筑、工业建筑等大批建设项目待建，为建筑钢结构提供了广阔的应用前景。

钢结构性价比好，特别适用于高层建筑、大跨度建筑、大悬挑建筑、高耸建筑。和传统的钢筋混凝土结构相比，钢结构具有自重轻、抗震性能好、工期短、易修复、基础造价低、材料可回收和再生、节能、省地、节水等优点。推动钢结构在建筑中的应用，是绿色建筑发展的迫切需要。从建筑的全寿命周期考虑，钢结构使用寿命结束后，拆下来的钢材可再循环使用，减少建筑垃圾，符合循环经济的原则，是对城市环境影响最小的一种结构形式。

推动钢结构在建筑中的应用，将使建筑业从传统作业方式向现代化施工模式提升。钢结构在工厂进行标准化制作，在施工现场快速拼装，使建造过程无噪声，无大气污染，无污水排放。这是对传统建造模式的重大变革，可明显改善施工环境，大大提高作业功效，显著缩短施工周期。

1.3.1 高性能钢材的发展

随着高层及超高层建筑、大跨度工业厂房、城市高架桥和大型桥梁等现代结构形式对承载能力要求的不断提高，结构对钢材力学性能、工艺性能和耐久性能等也有了更高的要求，因此高性能钢材应运而生。所谓高性能钢材（high performance steel，HPS），是指在强度、塑性、韧性、可焊性、抗腐蚀性、耐候性、耐火性等方面优于传统钢材的特殊钢材。高强度钢材是指具有高强度（强度等级≥460 MPa），良好延性、韧性及加工性能的结构钢材，它是高性能钢材中的一种。

近几年来，新的钢材生产工艺大幅度提高了钢材的强度和加工性能，同时与超高强度钢材（强度标准值为460~1100 MPa）相匹配的具有足够强度、良好韧性和延性的焊缝金属材料和焊接技术也已经比较成熟，完全能够满足构件的加工制作要求，这使得超高强度钢材应用于钢结构成为可能。高强钢结构在结构受力性能、建筑使用功能及社会经济和环保效益等方面具有显著优势，不仅能够进一步提高结构的安全性和可靠性，而且可以创造更大的建筑使用空间，实现更灵活的建筑表现，同时能够节约建筑工程总成本，降低能耗和不可再生资源消耗量及碳排放量，符合我国可持续发展战略及节能环保型社会的创建，属于绿色环保型建筑体系。近年来，高强钢在中国、日本、美国等国家及欧洲部分国家已有工程应用实例，涉及建筑结构、桥梁工程与输电塔结构等领域。我国高强钢的应用和研究历史还较短，我国的《钢结构通用规范》（GB 55006—2021）没有针对钢材强度等级在

460 MPa 及以上钢结构的设计条文，这也制约了高强度钢材在建筑结构中的应用。

为了缩短与发达国家的差距，我国更应积极推进高性能钢材的研究及应用。目前我国高性能钢材发展滞后面临的问题主要有三个方面：一是钢厂及研究单位对新钢种的相关试验数据不足，导致高性能钢还没有纳入相应的规范和标准；二是建筑和桥梁设计者对新钢种认识不足，只能按照旧指标选用钢材；三是相应配套的焊接工艺和焊接材料复杂，焊接接头存在力学性能不高、焊接热影响区软化等。

1.3.2　结构形式的革新

随着建筑及构筑物的跨度、高度、使用功能等的不断增加，对结构性能的要求也越来越高，传统的结构形式已不能完全满足建筑、构筑物日益增长的性能要求，亟须探索出力学性能更好、性价比更高、更环保的新型结构。

广义组合结构是指将不同材料或构件组合在一起的结构形式，在设计时将不同材料和构件的性能同时纳入整体进行考虑，以最有效地发挥各种材料和构件的优势，获得更好的结构性能和综合效益。钢与混凝土是两种性质截然不同的材料，它们取长补短、相互协作，共同发挥各自优势，将会带来良好的结构性能，目前二者在节点、构件、结构层面都有合理的组合。

钢管混凝土结构是向薄壁钢管（圆管或方管）内灌注素混凝土，在竖向压力作用下，钢管环向受拉，给内部混凝土提供侧向紧箍力，使混凝土产生三向受压应力状态，从而提高构件的强度和塑性；型钢混凝土则是在钢筋混凝土构件内部加入型钢，型钢不但能承受较大的轴向压应力，而且在混凝土包裹下不易发生失稳破坏，在充分利用型钢强度的同时有效降低柱截面尺寸和轴压比；钢板剪力墙是在传统混凝土剪力墙中间加入整片钢板，通过有效连接措施使钢板与混凝土墙体共同受力，提高剪力墙的承载能力；钢框架-钢筋混凝土核心筒则是在结构层面的组合应用，利用钢筋混凝土核心筒的刚度优势和钢框架的承载力优势共同受力，可提供良好的抗侧力性能，在高层和超高层建筑中较为适用。

今后的发展方向有新型钢组合构件的研发、组合结构体系的发展、钢结构组合加固技术的创新、新型建筑材料与钢材的优化组合等。

1.3.3　钢结构分析与设计理论的发展

近年来，空港车站、体育场馆、文化设施、会展中心等大型空间结构建筑迎来建设高潮。钢结构因强度高、延性好等性能优势被广泛应用于复杂空间结构建筑，复杂空间钢结构工程实例如图 1-11 所示。

要将高性能钢材与新型结构应用于实际工程，需要与之配套的结构分析理论、结构设计理论、施工方法与技术等。高性能钢结构受力性能研究、新型结构的分析和设计理论研究都是今后钢结构分析与设计理论的发展趋势。

钢结构工程应根据使用功能、建造成本、使用维护成本和环境影响等因素设计其工作年限，应根据结构破坏可能产生后果的严重性，采用不同的安全等级，并应合理确定结构的作用及作用组合、地震作用及作用组合，采用适宜的设计方法，确保结构安全、适用、耐久。

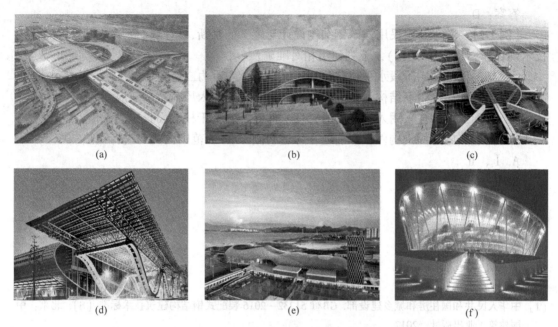

图 1-11　复杂空间钢结构工程实例

（a）港珠澳旅检大楼；（b）广州亚运自行车馆；（c）深圳 T3 航站楼；
（d）广州琶洲会展中心；（e）深圳湾体育中心；（f）东莞 CBA

1.4　钢结构建筑的建造优势

（1）钢结构总造价均衡。除钢结构材料直接成本外，劳动成本降低、施工模板减少，间接经济效益显著。

（2）提高结构性能。结构构件均质性好，使各构件受力均匀合理，确保结构的安全可靠。结构断面明显减小，减轻了结构自重，有利于结构抗震，节省地基基础成本。

（3）提高建筑使用空间。总建筑面积和建筑总高度不变，由于减小了构件尺寸，从而增大了使用面积。

（4）缩短施工周期。工厂化加工，机械化施工，可以大大缩短施工周期。地下室可用逆作法施工，大大缩短工期，提高经济效益。

【例 1-1】　某办公室，结构高度 56.6 m，地上 12 层，采用钢框架-中心支撑结构，试问，下述施工方法哪项符合《高层民用建筑钢结构技术规程》（JGJ 99—2015）的要求？（　　）

A. 钢结构构件的安装顺序，平面上应根据施工作业面从一端向另一端扩展，竖向由下向上逐渐安装

B. 钢结构的安装应划分安装流水段，一个流水段上下节柱的安装可交叉完成

C. 钢结构主体安装完毕后，铺设楼面压型钢板和安装楼梯、楼层混凝土浇筑，从下到上逐层施工

D. 一节柱安装时，应在安装就位、临时固定后，立即校正并永久固定

答案：D

【例1-2】　关于高层民用建筑钢结构设计与施工的判断，依据《高层民用建筑钢结构技术规程》（JGJ 99—2015），下列何组相对准确？（　　）

Ⅰ．结构正常使用阶段水平位移验算时，可不计入重力二级效应的影响

Ⅱ．罕遇地震作用下结构弹塑性变形计算时，可不计入风荷载的效应

Ⅲ．箱形截面钢柱采用入式柱脚时，埋入深度不应小于柱截面长边的1倍

Ⅳ．需预热施焊的钢构件，焊前应在焊道两侧100mm范围内均匀进行预热

A. Ⅰ、Ⅱ

B. Ⅱ、Ⅲ

C. Ⅰ、Ⅲ

D. Ⅱ、Ⅳ

答案：D

参 考 文 献

[1] 中华人民共和国住房和城乡建设部. GB/T 51232—2016 装配式钢结构建筑技术标准 [S]. 北京：中国建筑工业出版社，2017.

[2] 中华人民共和国住房和城乡建设部. GB 55006—2021 钢结构通用规范 [S]. 北京：中国建筑工业出版社，2021.

2 钢结构的材料

【本章重点】 钢材的基本性能及其影响因素，钢材的性能指标，疲劳破坏的概念和疲劳验算方法。

【本章难点】 钢材韧性性能的概念，变幅疲劳验算方法。

【大纲要求】 掌握建筑钢结构用钢的力学性能及其影响因素。

【能力要求】 能够根据土木工程复杂问题的特性和研究目的正确地选用钢材。

【规范主要内容】

(1) 钢材宜采用 Q235、Q355、Q390、Q420、Q460 和 Q345 GJ 钢。

(2) 结构钢材的选用应遵循技术可靠、经济合理的原则，综合考虑结构的重要性、荷载特征、结构形式、应力状态、连接方法、工作环境、钢材厚度和价格等因素，选用合适的钢材牌号和材性保证项目安全。

(3) 承重结构所用的钢材应具有屈服强度、抗拉强度、断后伸长率和硫、磷含量的合格保证，对焊接结构尚应具有碳当量的合格保证。焊接承重结构以及重要的非焊接承重结构采用的钢材应具有冷弯试验的合格保证；对直接承受动力荷载或需验算疲劳的构件所用钢材还应具有冲击韧性的合格保证。

(4) 多层和高层钢结构应进行合理的结构布置，应具有明确的计算简图、合理的荷载和作用的传递途径；对有抗震设防要求的建筑，应有多道抗震防线；结构构件和体系应具有良好的变形能力和消耗地震能量的能力；对可能出现的薄弱部位，应采取有效的加强措施。

【序言】 我国钢材种类比较多，钢材的性能也各不相同。在几百种碳素钢和合金钢中，只有少数适用于钢结构。在建筑钢结构工程和桥梁钢结构工程中推荐的普通碳素钢是 Q235 钢，低合金高强度结构钢是 Q355、Q390、Q420、Q460 和 Q345 GJ 钢。掌握钢材在各种应力状态下和不同使用条件下的工作性能，是为了合理地选用和使用钢材，以满足结构安全可靠和节约钢材的要求。

2.1 钢材在单向均匀受拉时的工作性能

2.1.1 钢材的荷载变形曲线

了解钢材的工作性能应该从其单向均匀拉伸时的性能入手。

钢材在单向均匀受拉时的工作特性通常是以静力拉伸试验的应力-应变（或荷载-变形）曲线来表示。图 2-1 表示低碳钢的荷载-变形曲线。图中横坐标为试件的伸长量，纵坐标为荷载 N。从图中曲线可以看出，钢材的工作特性可以分成如下几个阶段：

（1）弹性阶段（OE 段）。在曲线 OE 段钢材处于弹性阶段，亦即荷载增加时变形也增加，荷载降到零时（完全卸载）则变形也降到零（回到原点）。其中 OA 段是一条斜直线，荷载与伸长量成正比，符合胡克定律。A 点的荷载为比例极限荷载（N_P），相应的应力为比例极限 σ_P（$\sigma_P = N_P/A$，A 为试件截面面积）。E 点的荷载为弹性极限荷载（N_e），相应的应力为弹性极限 σ_e（$\sigma_e = N_e/A$）。

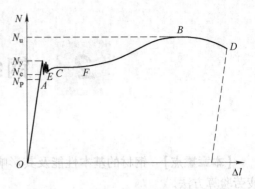

图 2-1　钢材的荷载-变形曲线

（2）屈服阶段（ECF 段）。当荷载超过 N_e（应力超过弹性极 σ_e）后，荷载与变形不呈正比关系，变形增加很快，随后进入屈服平台循环曲线，呈锯齿形波动，甚至出现荷载不增加而变形仍在继续发展的现象，这个阶段称为屈服阶段。此时钢材的内部组织结晶粒产生滑移，试件除弹性变形外，还出现了塑性变形。卸载后试件不能完全恢复原来的长度。卸载后能消失的变形称为弹性变形，而不能消失的这一部分变形称为残余变形（或塑性变形）。

屈服阶段曲线上下波动，屈服荷载 N_y 取波动部分的最低值（下限），相应的应力称屈服点或流限，用符号 f_y 表示。屈服阶段从开始（图 2-1 中 E 点）到曲线再度上升（图 2-1 中 F 点）的变形范围较大，相应的应变幅度称为流幅，流幅越大，说明钢材的塑性越好。屈服点和流幅是钢材的很重要的两个力学性能指标，前者是表示钢材强度的指标，后者则表示钢材塑性变形的指标。

（3）强化阶段（FB 段）。屈服阶段之后，钢材内部晶粒重新排列，并能抵抗更大的荷载，但此时钢材的弹性并没有完全恢复，塑性特性非常明显，这个阶段称为强化阶段，对应于 B 点的荷载 N_u 是试件所能承受的最大荷载，称极限荷载相应的应力为抗拉强度或极限强度，用符号 f_u 表示。

（4）颈缩阶段（BD 段）。当荷载到达极限强度 N_u 时，在试件材料质量较差处，截面出现横向收缩，截面面积开始显著缩小，塑性变形迅速增大，这种现象叫颈缩现象。此时，荷载不断降低，变形却延续发展，直至 D 点试件断裂。

颈缩现象的出现、颈缩的程度以及与 D 点上相应的不均匀变形是反映钢材塑性性能的重要标志。

2.1.2　钢结构用钢的工作特性

现在再仔细分析低碳钢（将通碳素钢）的工作性能和几个重要的力学性能指标，图 2-2 所示曲线是 Q235 钢在常温下静力拉伸试验的结果，图 2-2（b）是图 2-2（a）的局部放大。随着作用力（应力）的增加，Q235 钢明显地表现出弹性、屈服、强化和颈缩四个阶段，各个阶段的应力和应变大致如下：

（1）弹性阶段：

比例极限 $f_p \approx 200 \ \text{N/mm}^2$，$\varepsilon_p \approx 0.1\%$。

（2）屈服阶段：

屈服点 $f_y \approx 200 \ \text{N/mm}^2$，$\varepsilon_y \approx 0.1\%$；

流幅 $\varepsilon \approx 0.15\% \sim 2.5\%$。

（3）强化和颈缩阶段：

抗拉强度 $f_u \approx 370 \sim 460 \ \text{N/mm}^2$，$\varepsilon_{10} = 21\%$；

弹性模量 $E = 2.06 \times 10^5 \ \text{N/mm}^2$。

采用的其他钢号（如低合金钢）制作的钢结构也都具有这种工作性能。图 2-3 表示低碳钢、低合金钢在单向拉伸时的应力-应变曲线。

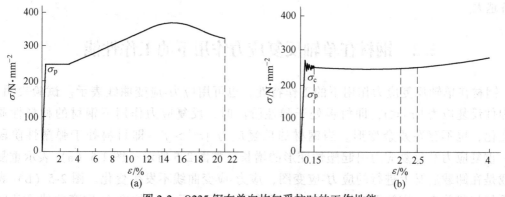

图 2-2　Q235 钢在单向均匀受拉时的工作性能

（a）应力-应变曲线；（b）局部放大图

从图 2-2 和图 2-3 可以得出几点极为重要的钢材的工作特性：

（1）由于比例极限、弹性极限和屈服点很接近，而在屈服点之前的应变又很小（$\varepsilon_y = 0.15\%$），所以在计算钢结构时可以认为钢材的弹性工作阶段以屈服点为上限。当应力达到屈服点后，将使结构产生很大的且在使用上不被允许的残余变形。因此，在设计时取屈服点为钢材可以达到的最大应力。

（2）钢材在屈服点之前的性质接近理想的弹性体，屈服点之后的流幅现象又接近理想的塑性体，并且流幅的范围（$\varepsilon = 0.15\% \sim 2.5\%$）已足够用来考虑结构或构件的塑性变形的发展，因此可以认为钢材是符合理想的弹性塑性体（简称弹塑性体），如图 2-4 所示。这就为进一步发展钢结构的计算理论提供了基础。

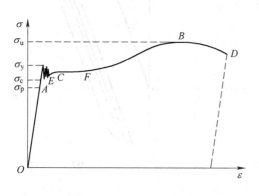

图 2-3　结构用钢 $\sigma\text{-}\varepsilon$ 曲线

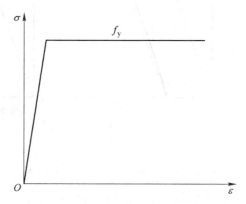

图 2-4　理想的弹性塑性体的 $\sigma\text{-}\varepsilon$ 曲线

（3）钢材破坏前的塑性变形很大，差不多等于弹性变形的200倍。这说明结构在破坏之前将出现很大的变形，容易及时发现和采取适当的补救措施，不致引起严重的后果。

（4）抗拉强度是钢材破坏前能够承受的最大应力。虽然在达到这个应力时，钢材由于产生很大的塑性变形而失去使用性能，但是抗拉强度升高则可增加结构的安全保障，因此屈强比（f_y/f_u）可以看作是一个衡量钢材强度储备的系数。屈强比越大，钢材的安全储备越大。

2.2　钢材在单轴反复应力作用下的工作性能

钢材在单轴反复应力作用下的工作特性，也可用应力-应变曲线表示。试验表明，当构件反复应力 $|\sigma| \leqslant f$，即材料处于弹性阶段时，反复应力作用下钢材的材料性质无变化，也不存在残余变形。当钢材的反复应力 $|\sigma| > f$，即材料处于弹塑性阶段时，重复应力和反复应力引起塑性变形的增长，如图2-5所示，图2-5（a）表示重复加载是在卸载后马上进行的应力-应变图，应力-应变曲线不发生变化。图2-5（b）表示重复加载前有一定间歇时期（在室内温度下大于5天）后的应力-应变曲线。从图中看出，屈服点提高，韧性降低，并且极限强度也稍有提高，这种现象称为钢的时效现象。图2-5（c）表示反复应力作用下钢材应力-应变曲线。多次反复加荷后，钢材的强度下降，这种现象称为钢材疲劳。

图2-6表示Q235钢在 $\sigma = \pm 366$ N/mm^2、循环次数 $N = 684$ 时的应力-应变滞回曲线。

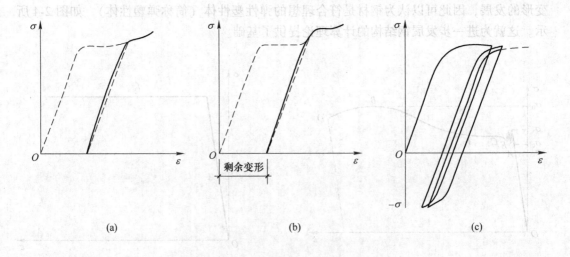

图2-5　重复或反复加载时钢的 $\sigma\text{-}\varepsilon$ 图

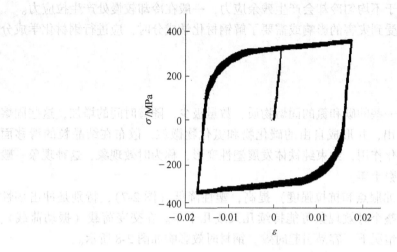

图 2-6　Q235 钢材 σ-ε 滞回

2.3　钢材在复杂应力作用下的工作性能

如前所述，钢材在单向均匀应力作用下，当应力达到屈服点 f_y 时，钢材进入塑性状态。但钢材处于复杂应力状况时，如平面应力和三向应力状况，钢材是否进入塑性状态，就不能按其中某一方向应力是否达到屈服点 f_y 来判定，而应寻找综合判别指标。对结构钢而言，采用能量（第四）强度理论，即材料由弹性状态转为塑性状态时的综合强度指标，要用变形时单位体积中由于边长比例变化的能量来衡量。

2.4　影响钢材性质的一般因素

2.4.1　钢材生产过程的影响

钢材生产所需要的主要原料是铁矿石，其生产流程可分为炼铁、炼钢和轧制三道工序。

轧制是将钢锭热轧成钢板和型钢。它不仅改变钢的形状及尺寸，而且改善了钢材的内部组织结构，从而改善了钢材的力学性能。钢的轧制是在高温（1200～1300 ℃）和压力作用下进行的，使钢锭中的小气泡、裂纹、疏松等缺陷焊合起来，使金属组织更加致密。此外，钢材的轧制可以细化钢的晶粒，消除显微组织的缺陷。

钢材的力学性能还与轧制方向有关，沿轧制方向比垂直轧制方向的力学性能好，因此，钢材在一定程度上不再是各向同性体，钢板拉力试验的试件应垂直于轧制方向切取。

实践证明，轧制的钢材越小（越薄），其强度也越高，塑性和冲击韧性也越好。

经过轧制的钢材，由于其内部的非金属夹杂物被压成薄片。在较厚的钢板中会出现分层（夹层）现象，分层使钢材沿厚度受拉的性能大大降低。对于厚钢板（$\delta > 40$ mm）还需进行 Z 方向的材性试验，避免在焊接或 Z 向受力时出现层状撕裂。

钢材经热轧后，由于不均匀冷却会产生残余应力，一般在冷却较慢处产生拉应力。

发现明显的偏析、受到灾害的影响或需要了解钢材化学成分时，应进行钢材化学成分的分析。

2.4.2　时效的影响

在纯铁体中常留有一些的碳和氮的固熔物质，数量极少，随着时间的增加，这些固熔物质逐渐从铁素体中析出，并形成自由的碳化物和氮化物微粒，散布在结晶粒的滑移面上，起着阻碍滑移的强化作用，约束纯铁体发展塑性变形，称为时效现象，这种现象一般在自然条件下可以延续数十年。

时效使钢材强度（屈服点和抗拉强度）提高，塑性降低（图 2-7），特别是冲击韧性大大降低，钢材变脆。整个时效现象可能持续几天或几十年。在交变荷载（振动荷载）、重复荷载和温度变化等情况下，容易引起时效。钢材时效影响如图 2-8 所示。

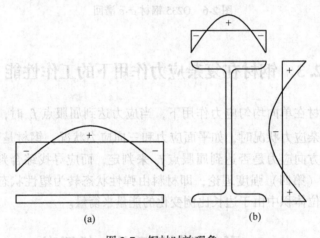

图 2-7　钢材时效现象
(a) 钢板时效现象；(b) 工字钢时效现象

产生 10% 的塑性变形后，加热（200~300 ℃）再冷却至室温，会使时效发展特别迅速，一般仅需几小时就可以完成。杂质多、晶粒粗而不均匀的钢材对时效最敏感。为了测定时效后钢材的冲击韧性，常采用人工快速时效的方法。就是先使钢材产生 10% 左右的塑性变形，再加热至 250 ℃ 左右并保温 1 h，在空气中自然冷却后，做成试件，测定其应变时效后的冲击韧性。

当钢材的应力超过弹性极限后，除了弹性应变外还出现了塑性应变（残余应变），此时卸去荷载则弹性应变消除而塑性应变仍保留。经过一段时间后，重新加上荷载。可看到在第二次荷载作用下钢材的弹性极限（或比例极限）将会提高接近上次卸载时的应力（图 2-9）。在重复荷载作用下，钢材弹性极限有所提高的现象称为硬化。

钢结构制造时，在冷（常温）加工过程中引起的钢材硬化现象，通常称为冷作硬化。

冷弯薄壁型钢系由钢板或钢带经冷加工成型的。由于冷作硬化的影响，冷弯型钢的屈服强度将较母材有较大的提高，提高的幅度与材质、截面形状、尺寸及成型工艺等因素有关。

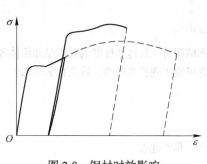

图 2-8 钢材时效影响

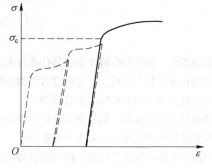

图 2-9 重复荷载作用下的拉伸试验曲线图

钢结构的冷加工包括剪、冲、钻、刨、铲、撑、敲等，这些工作绝大多数利用各种机床设备和专用工具进行。所有冷加工过程，对钢材性质来说，只有两种基本情况，第一种情况是作用于钢材的单位面积上的外力超过屈服点而小于极限强度，使其产生永久变形而不破坏钢材的连续性，如碾压、折、轧、矫正等；第二种情况是作用于钢材单位面积上的外力超过极限强度，促使钢材产生断裂，如剪、冲、钻等。两种情况都会使钢材内部发生冷作硬化现象。冷作硬化会改变钢材力学性能，即强度（比例极限、屈服点和抗拉强度等）提高，但是降低了钢材的塑性和冲击韧性，增加了出现脆性破坏的可能性，对钢结构是有害的。

对于特殊结构如高压容器、锅炉的汽包等，为了消除冷加工产生的不良影响，常需用热处理方法使钢材的力学性能恢复到正常状态。对于重型吊车梁和铁路桥梁等结构，为了消除因剪切钢板边缘和冲孔等引起的局部冷作硬化的不利影响，前者可将钢板边缘刨去 3~5 mm，后者可先冲成小孔再用铰刀扩大 3~5 mm，再去掉冷作硬化部分。

【例 2-1】 某单层多跨钢结构厂房，跨度 33 m，设有重级工作制的软钩桥式吊车，工作温度不高于 -20 ℃，结构安全等级为二级。假定，厂房构件按抗震烈度 8 度（0.2g）进行钢结构抗震性能化设计。试问，钢结构承重构件受拉板件选材时，下列何项符合《钢结构设计标准》《钢结构通用规范》的要求？（　　）

A. 所用钢材厚度为 30 mm 时，材质为 Q235

B. 所用钢材厚度为 40 mm 时，材质为 Q235

C. 所用钢材厚度为 30 mm 时，材质为 Q390

D. 所用钢材厚度为 40 mm 时，材质为 Q390

答案：A

【例 2-2】 某工字形柱采用 Q235 钢，截面为 HM455×300×11×18。试问，作为轴心受压构件，该柱的抗压强度设计值（N/mm²）取下列哪项数值时最为合适？（　　）

A. 200

B. 205

C. 215

D. 235

答案：B

习　题

2-1　钢材的塑性、韧性和冷弯性能各是什么含义？在设计钢结构时，对这些性能的要求是如何体现的？

2-2　钢结构在承受静力荷载，甚至在没有外力的情况下也有可能出现脆性断裂，这是什么原因？

2-3　引起钢材性能变脆的影响因素有哪些？

2-4　何谓钢材的疲劳破坏，钢材疲劳破坏的特点是什么？

2-5　影响钢结构疲劳强度的主要因素有哪些？

2-6　钢材的应力集中除了导致截面内局部高峰应力，还会产生哪些危害？

参 考 文 献

[1]　中华人民共和国住房和城乡建设部. GB 55006—2021 钢结构通用规范 [S]. 北京：中国建筑工业出版社，2021.

[2]　中华人民共和国住房和城乡建设部. GB/T 50344—2019 建筑结构检测技术标准 [S]. 北京：中国建筑工业出版社，2020.

[3]　中华人民共和国住房和城乡建设部. GB 50482—2002 冷弯薄壁型钢结构技术规范 [S]. 北京：中国计划出版社，2003.

3 焊缝与螺栓

【本章重点】 焊接方法及焊缝连接形式；焊接应力和焊接变形产生的原因及其对结构工作的影响；螺栓的排列、螺栓连接的构造要求、螺栓连接中普通螺栓、高强度螺栓连接的受力特性及其计算。

【本章难点】 对接焊缝的构造及计算；角焊缝的构造及计算；复杂受力状态下螺栓连接的设计计算。

【大纲要求】 了解焊接方法种类及各自的特点；了解焊接连接的工作性能；掌握焊缝连接的计算方法及构造要求；了解焊接应力和焊接变形产生的原因及其对结构工作的影响；掌握普通螺栓连接工作性能及高强度螺栓连接工作性能。

【能力要求】 能够根据实际工程的复杂问题合理地选用连接方式；能够根据土木工程复杂问题的特性和研究目的正确地选用螺栓。

【规范主要内容】

(1) 首次采用的钢材焊接材料、焊接方法、接头形式、焊接位置、焊后热处理制度以及焊接工艺参数，预热和后热措施等各种参数的组合条件，应在钢结构制作及安装施工之前，按照规定程序进行焊接工艺评定，并制定焊接操作规程，焊接施工过程应遵守焊接操作规程规定。

(2) 钢结构焊接连接构造设计应符合下列规定：1) 尽量减少焊缝的数量和尺寸；2) 焊缝的布置宜对称于构件截面的形心轴；3) 节点区留有足够空间，便于焊接操作和焊后检；4) 应避免焊缝密集和双向、三向相交；5) 焊缝位置宜避开最大应力区；6) 焊缝连接宜选择等强匹配，当不同强度的钢材连接时，可采用与低强度钢材相匹配的焊接材料。

(3) 对于普通螺栓连接，铆钉连接，高强度螺栓连接，应计算螺栓（铆钉），受剪、受拉、剪拉联合承载力，以及连接板的承压承载力，并应考虑螺栓孔削弱和连接板撬力对连接承载力的影响。

【序言】 钢结构是由钢板、型钢通过必要的连接组成构件，各构件再通过一定的安装连接而形成整体结构。连接部分应有足够的承载力、刚度及延性。被连接构件间应保持正确的相互位置，以满足传力和使用要求。连接的加工和安装比较复杂、费工，因此选定合适的连接方案和节点构造是钢结构设计中重要的环节。连接设计不合理会影响结构的造价、安全和寿命。钢结构的连接方法可分为焊接连接、铆接连接、普通螺栓连接和高强度螺栓连接。

3.1 焊缝连接

焊缝连接是现代钢结构最主要的连接方法之一。其优点是：构造简单，任何形式的构件都可直接相连；用料经济，不削弱截面；制作加工方便，可实现自动化操作；连接的密闭性好，结构刚度大。其缺点是：在焊缝附近的热影响区内，钢材的金相组织发生改变，导致局部材质变脆，材质不均匀，应力集中；焊接残余应力和残余变形使受压构件承载力和动力荷载作用下的承载性能降低；焊接结构对裂纹很敏感，局部裂纹一旦发生，就容易扩展到整体，低温冷脆问题和反复荷载作用下的疲劳问题较为突出。

3.2 焊接方法及焊缝连接形式

3.2.1 焊接方法

焊接方法很多，根据工艺特点不同，可分为熔化焊和电阻焊两大类。

熔化焊：将主体金属（母材）在连接处局部加热至熔融状态，并附加熔化的填充金属使金属晶体互相结合而成为整体（形成接头）。熔化焊有电弧焊、气焊（用氧和乙炔火焰加热）等。引弧应在焊道处进行，严禁在焊道区以外的母材上打火引弧。

电阻焊：将金属通电后由接触面上的发热电阻将接头加热到塑性状态或局部熔融状态，并施加压力而形成接头。

钢结构中主要用电弧焊。薄钢板（t 厚度不大于 3 mm）的连接可以采用电阻焊或气焊。模压及冷弯型钢结构常用电阻点焊。

电弧焊就是采用低电压（一般为 50~70 V），大电流（几十安培到几百安培）引燃电弧，使焊条和焊件之间产生很大热量和强烈的弧光，利用电弧热来熔化焊件的接头和焊条进行焊接。电弧焊又分为手工焊、自动焊和半自动焊等。

3.2.1.1 手工电弧焊

手工电弧焊是最常用的一种焊接方法（图 3-1）。通电后，在涂有药皮的焊条与焊件之间产生电弧，电弧的温度可高达 3000 ℃。在高温作用下，电弧周围的金属变成液体，形成熔池。同时，焊条中的焊丝很快熔化，滴落入熔池中，与焊件的熔融金属相互结合，冷却后即形成焊缝。焊条药皮在焊接过程中产生气体，保护电弧和熔化金属，并形成熔渣覆盖焊缝，防止空气中的氧、氮等有害气体与熔化金属接触而形成易脆的化合物。

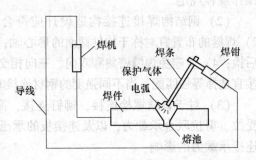

图 3-1 手工电弧焊

手工电弧焊的设备简单，操作灵活方便，适用于任意空间位置的焊接，特别适用焊接短焊缝。但其生产效率低，劳动强度大，焊接质量与焊工的技术水平和精神状态有很大关系。

手工电弧焊所用焊条应与焊件钢材（即主体金属）相适应，一般要求是：对 Q235 钢采用 E43 型焊条（E4300~E4328）；对 Q345 钢采用 E50 型焊条（E5000~E5048）；对 Q390 钢和 Q420 钢采用 E55 型焊条（E5500~E5518）。焊条型号中，字母 E 表示焊条（electrode），前两位数字为熔融金属的最小抗拉强度的 1/10（单位为 N/mm²），第三、第四位数字表示适用的焊接位置，电流以及药皮类型等。不同钢种的钢材进行焊接时（例如 Q235 钢与 Q345 钢相焊接），宜采用低组配方案，即宜采用与低强度钢材相适应的焊条。

3.2.1.2 埋弧焊（自动或半自动）

埋弧焊是电弧在焊剂层下燃烧的一种电弧焊方法。焊丝送进和电弧焊接方向的移动由专门机械控制完成的焊接称为"埋弧自动电弧焊"（图 3-2）；焊丝送进有专门机构，而电弧按焊接方向的移动靠手工操作完成的称为"埋弧半自动电弧焊"。埋弧焊的焊丝不涂药皮，但施焊端为焊剂所覆盖，能对较细的焊丝采用大电流。电弧热量集中，熔深大，适于厚板的焊接，具有较高的生产率。由于采用了自动化或半自动化操作，焊接时的工艺条件稳定，焊缝的化学成分均匀，故形成的焊缝质量好，焊件变形小。同时，高焊速也减小了热影响区的范围。但埋弧对焊件边缘的装配精度（如间隙）要求比手工焊高。

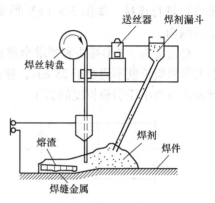

图 3-2 埋弧自动电弧焊

埋弧焊所用焊丝和焊剂应与主体金属强度相适应，即要求焊缝与主体金属等强度。

3.2.1.3 气体保护焊

气体保护焊是利用二氧化碳气体或其他惰性气体作为保护介质的一种电弧熔焊方法。它直接依靠保护气体在电弧周围形成局部保护层，以防止有害气体侵入并保证焊接过程中的稳定性。

气体保护焊的焊缝熔化区没有熔渣，焊工能够清楚地看到焊缝成形的过程。由于保护气体是喷射的，有助于熔滴的过渡，又由于热量集中，焊接速度快，焊件熔深大，故形成的焊缝强度比手工电弧焊高，塑性和耐腐蚀性好，适用于全位置的焊接。但不适用于在风较大的环境中施焊。当采用气体保护焊接时，焊接区域的风速应加以限制。风速在 2 m/s 以上时，应设置挡风装置，对焊接现场进行防护。

3.2.2 焊缝连接的形式及焊缝形式

3.2.2.1 焊缝连接的形式

按被连接钢构件的相互位置可分为对接、搭接、T 形连接和角部连接四种（图 3-3）。这些连接所采用的焊缝主要有对接焊缝、角焊缝以及对接与角接组合焊缝。对接连接主要用于厚度相同或接近相同的两构件的相互连接。图 3-3（a）所示为采用对接焊缝的对接连接，由于相互连接的两种构件在同一平面内，因而传力均匀平缓，没有明显的应力集中，且用料经济，但是焊件边缘需要加工，被连接两板的间隙和坡口尺寸有严格的要求。

图 3-3（b）所示为用双层盖板和角焊缝的对接连接，这种连接传力不均匀、费料，但施工简便，所连接两板的间隙大小无须严格控制。图 3-3（c）所示为用角焊缝的搭接连接，特别适用于不同厚度构件的连接。传力不均匀、材料较费，但构造简单、施工方便，目前仍广泛应用。

T形连接省工省料，常用于制作焊接截面。如图 3-3（d）所示，采用角焊缝连接时，焊件间存在缝隙，截面突变，应力集中现象严重，疲劳强度较低，因此可用于不直接承受动力荷载的结构连接中对于直接承受动力荷载的结构，如重级工作制吊车梁，其上翼缘与腹板的连接，应采用焊透的对接与角接组合焊缝（腹板边缘须加工成 K 形坡口）进行连接，如图 3-3（e）所示。图 3-3（f）、（g）所示的角部连接主要用于制作箱形截面。

对接接头、T 形接头和要求全熔透的角部焊缝，应在焊缝两端配置引弧板和引出板。手工焊引板长度不应小于 25 mm，埋弧自动焊引板长度不应小于 80 mm，引焊到引板的焊缝长度不得小于引板长度的 2/3。

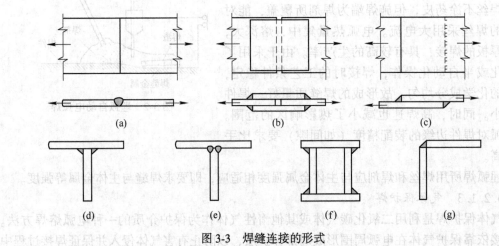

图 3-3　焊缝连接的形式

（a）对接连接；（b）用拼接盖板的对接连接；（c）搭接连接；（d）（e）T 形连接；
（f）（g）角部连接

3.2.2.2　焊缝形式

对接焊缝按受力方向分为正对接焊缝和斜对接焊缝，分别如图 3-4（a）、（b）所示。图 3-4（c）所示的角焊缝可分为正面角焊缝、侧面角焊缝和斜焊缝。

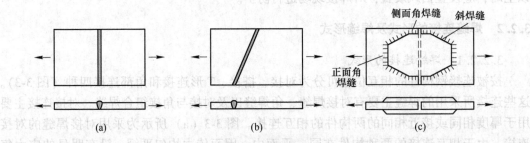

图 3-4　焊缝形式

（a）正对接焊缝；（b）斜对接焊缝；（c）角焊缝

焊缝沿长度方向的布置形式分为连续角焊缝和间断角焊缝两种（图 3-5）。连续角焊缝的受力性能较好，为主要的角焊缝形式；间断角焊缝的起、落弧处容易引起应力集中，重要结构应避免采用，只能用于一些次要构件的连接或受力很小的连接中。间断角焊缝焊

段的长度不得小于 $10h_f$（h_f 为角焊缝的焊脚尺寸）或 50 mm，其间断距离 L 不宜过长，以免连接不紧密，使得潮气侵入引起构件锈蚀。一般在受压构件中应满足 $L \leqslant 15t$，在受拉构件中 $L \leqslant 30t$，t 为较薄焊件的厚度。

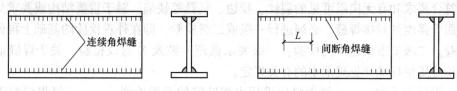

图 3-5　连续角焊缝和间断角焊缝

焊缝按施焊位置分为平焊、横焊、立焊及仰焊（图 3-6）。平焊（又称俯焊）施焊方便，立焊和横焊要求焊工的操作水平比平焊的高一些，仰焊的操作条件最差，焊缝质量不易保证，应尽量避免采用。

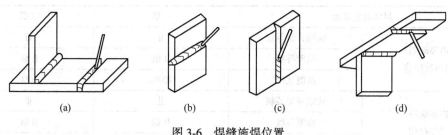

图 3-6　焊缝施焊位置
（a）平焊；（b）横焊；（c）立焊；（d）仰焊

3.2.3　焊缝缺陷及焊缝质量

3.2.3.1　焊缝缺陷

焊缝缺陷指焊接过程中产生于焊缝金属或附近热影响区钢材表面或内部的缺陷。常见的缺陷有裂纹、焊瘤、烧穿、弧坑、气孔、夹渣、咬边、未熔合、未焊透等（图 3-7），以及焊缝尺寸不符合要求、焊缝成型不良等。其中裂纹是焊缝连接中最危险的缺陷。产生裂纹的原因很多，如钢材的化学成分不当、焊接工艺条件（如电流、电压、焊速、施焊次序等）选择不合适、焊件表面油污未清除干净等。

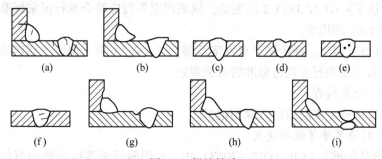

图 3-7　焊缝缺陷
（a）裂纹；（b）焊瘤；（c）烧穿；（d）弧坑；（e）气孔；（f）夹渣；
（g）咬边；（h）未熔合；（i）未焊透

3.2.3.2 焊缝质量检验标准

焊缝质量检验根据结构类型和重要性，遵照国家标准《钢结构工程施工质量验收规范》（GB 50205—2001）规定分为三级，其中三级只要求做外观检验，即检验焊缝实际尺寸是否符合要求和有无肉眼可见的裂纹、咬边、气孔等缺陷。对于重要结构或要求焊缝与母材金属等强度的对接焊缝，必须进行一级或二级检验，即在外观检验的基础上再做精确方法检验。二级要求做超声波检验；一级要求做超声波及 X 射线检验。关于焊缝缺陷的控制及检验质量标准详见规范中的有关规定。

"5.2.4 设计要求的一、二级焊缝应进行内部缺陷的无损检测，一、二级焊缝的质量等级和检测要求应符合表 5.2.4 的规定。

检查数量：全数检查。

检验方法：检查超声波或射线探伤记录。

表 5.2.4 一级、二级焊缝质量等级及无损检测要求

焊缝质量等级		一级	二级
内部缺陷 超声波探伤	缺陷评定等级	Ⅱ	Ⅲ
	检验等级	B 级	B 级
	检测比例	100%	20%
内部缺陷 射线探伤	缺陷评定等级	Ⅱ	Ⅲ
	检测等级	B 级	B 级
	检测比例	100%	20%

注：二级焊缝检测比例的计数方法应按以下原则确定：工厂制作焊缝按照焊缝长度计算百分比，且探伤长度不小于 200 mm；当焊缝长度小于 200 mm 时，应对整条焊缝探伤；现场安装焊缝应按照同一类型、同一施焊条件的焊缝条数计算百分比，且不应少于 3 条焊缝。

5.2.5 焊缝内部缺陷的无损检测应符合下列规定：

1 采用超声波检测时，超声波检测设备、工艺要求及缺陷评定等级应符合现行国家标准《钢结构焊接规范》GB 50661 的规定；

2 当不能采用超声波探伤或对超声波检测结果有疑义时，可采用射线检测验证，射线检测技术应符合现行国家标准《焊缝无损检测 射线检测 第 1 部分：X 和伽玛射线的胶片技术》GB/T 3323.1 或《焊缝无损检测 射线检测 第 2 部分：使用数字化探测器的 X 和伽玛射线技术》GB/T 3323.2 的规定，缺陷评定等级应符合现行国家标准《钢结构焊接规范》GB 50661 的规定；

3 焊接球节点网架、螺栓球节点网架及圆管 T、K、Y 节点焊缝的超声波探伤方法及缺陷分级应符合国家和行业现行标准的有关规定。

检查数量：全数检查。

检验方法：检查超声波或射线探伤记录。"

3.2.3.3 焊缝质量等级的选用

《钢结构设计标准》（GB 50017—2017）中，对焊缝质量等级的选用有如下规定：焊缝的质量等级应根据结构的重要性、荷载特性、焊缝形式、工作环境以及应力状态等情况，按下列原则选用：

（1）在承受动荷载且需要进行疲劳验算的构件中，凡要求与母材等强连接的焊缝应焊透，其质量等级应符合下列规定：

1）作用力垂直于焊缝长度方向的横向对接焊缝或 T 形对接与角接组合焊缝，受拉时应为一级，受压时不应低于二级；

2）作用力平行于焊缝长度方向的纵向对接焊缝不应低于二级；

3）重级工作制（A6～A8）和起重量 $Q \geqslant 50t$ 的中级工作制（A4、A5）吊车梁的腹板与上翼缘之间以及吊车桁架上弦杆与节点板之间的 T 形连接部位焊缝应焊透，焊缝形式宜为对接与角接的组合焊缝，其质量等级不应低于二级。

（2）在工作温度等于或低于−20 ℃的地区，构件对接焊缝的质量不得低于二级。

（3）不需要疲劳验算的构件中，凡要求与母材等强的对接焊缝宜焊透，其质量等级受拉时不应低于二级，受压时不宜低于二级。

（4）部分焊透的对接焊缝、采用角焊缝或部分焊透的对接与角接组合焊缝的 T 形连接部位，以及搭接连接角焊缝，其质量等级应符合下列规定：

1）直接承受动荷载且需要疲劳验算的结构和吊车起重量等于或大于 $50t$ 的中级工作制吊车梁以及梁柱、牛腿等重要节点不应低于二级；

2）其他结构可为三级。

3.2.4 焊缝符号

《焊缝符号表示法》（GB/T 324—2008）规定：焊缝符号一般由基本符号和指引线组成，必要时还可以加上补充符号、尺寸符号和数据等。基本符号表示焊缝的横截面形状，如用"◺"表示角焊缝，用"V"表示 V 形坡口的对接焊缝；补充符号则补充说明焊缝的某些特征，如用"▶"表示现场安装焊缝，用"["表示焊件三面有焊缝；指引线一般由横线和带箭头的斜线组成。箭头指向图形相应焊缝处，横线上方和下方用来标注基本符号和焊缝尺寸等。当指引线的箭头指向焊缝所在的一面时，应将基本符号和焊缝尺寸等标注在水平横线的上方；当箭头指向对应焊缝所在的另一面时，则应将基本符号和焊缝尺寸标注在水平横线的下方。表 3-1 列出了一些常用焊缝符号，可供设计时参考。

表 3-1　常用焊缝符号

项目	角焊缝				对接焊缝	塞焊缝	三面围焊
	单面焊缝	双面焊缝	安装焊缝	相同焊缝			
形式							

续表 3-1

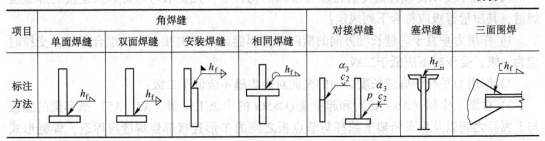

项目	角焊缝				对接焊缝	塞焊缝	三面围焊
	单面焊缝	双面焊缝	安装焊缝	相同焊缝			
标注方法							

注："c_2"表示焊件之间的间隙；"p"表示焊件的端部宽度；"α_3"表示对接焊缝的坡口角度；"h_f"表示角焊缝的焊脚尺寸。

当焊缝分布比较复杂或用上述标注方法不能表达清楚时，在标注焊缝代号的同时，可在图形上加栅线表示（图 3-8）。

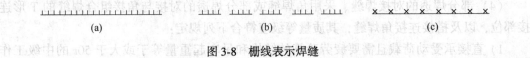

图 3-8　栅线表示焊缝

（a）正面焊接；（b）背面焊接；（c）安装焊接

3.3　对接焊缝连接的构造及计算

3.3.1　对接焊缝的构造

对接焊缝的焊件常需做成坡口形式，故又称为坡口焊缝。坡口形式与焊件厚度有关。当焊件厚度很小（手工焊小于 6 mm，埋弧焊小于 10 mm）时，可用直边缝。对于一般厚度的焊件可采用具有坡口角度的单边 V 形或 V 形焊缝。焊缝坡口和根部间隙共同组成一个焊条能够运转的施焊空间，使焊缝易于焊透；且钝边有托住熔化金属的作用。对于较厚的焊件（$t>20$ mm），则常采用 U 形、K 形和 X 形坡口（图 3-9）。对于 V 形缝和 U 形缝，需对焊缝根部进行补焊。对接焊缝坡口形式的选用，应根据板厚和施工条件按现行标准的要求进行。

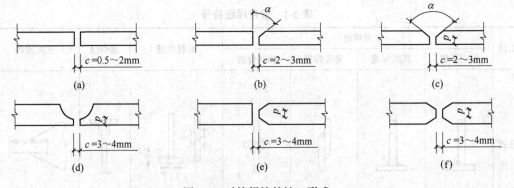

图 3-9　对接焊缝的坡口形式

（a）直边缝；（b）单边；（c）V 形坡口；（d）U 形坡口；（e）K 形坡口；（f）X 形坡口

在对接焊缝的拼接处，当焊件的宽度不同或厚度相差 4 mm 以上时，应分别在宽度方向或厚度方向从一侧或两侧做成坡度不大于 1：2.5 的斜角（图 3-10），使截面过渡平缓，减小应力集中。对于直接承受动力荷载或需要进行疲劳计算的结构，斜角要求更加平缓。《钢结构设计标准》规定斜角坡度不应大于 1：4。

在焊缝的起落弧处，常会出现弧坑等缺陷，这些缺陷对承载力影响极大，故焊接时一般应设置引弧板和引出板（图 3-11），焊接完成后将它割除。对承受静力荷载的结构设置引（出）弧板有困难时，允许不设置引（出）弧板，此时，可令焊缝计算长度等于实际长度减 2t（此处 t 为较薄焊件厚度）；当设置引（出）弧板时，可令焊缝计算长度等于实际长度。凡要求等强的对接焊缝施焊时均应采用引弧板和引出板，以避免焊缝两端的起、落弧缺陷。在某些特殊情况下无法采用引弧板和引出板时，计算每条焊缝长度时应减去 2t（t 为焊件的较小厚度）。

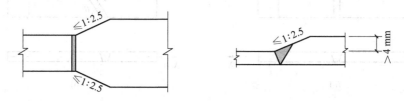

图 3-10　不同宽度或厚度钢板的拼接

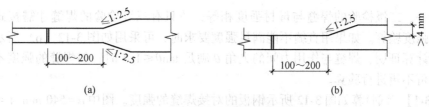

(a)　　　　　　　　　　　　　　　(b)

图 3-11　不同宽度与厚度钢板的对接
（a）不同宽度对接；（b）不同厚度对接

3.3.2　对接焊缝的计算

对接焊缝分焊透和部分焊透两种类型。

3.3.2.1　焊透的对接焊缝的计算

对接焊缝的强度与所用钢材的牌号、焊条型号及焊缝质量的检验标准等因素有关。如果焊缝中不存在任何缺陷，焊缝金属的强度是高于母材的。但由于焊接技术问题，焊缝中可能有气孔、夹渣、咬边、未焊透等缺陷。试验证明，焊接缺陷对受压、受剪的对接焊缝影响不大，故可认为受压、受剪的对接焊缝与母材强度相等，但受拉的对接焊缝对缺陷甚为敏感。当缺陷面积与焊件截面积之比超过 5% 时，对接焊缝的抗拉强度将明显下降。由于三级检验的焊缝允许存在的缺陷较多，故其抗拉强度为母材强度的 85%，而一、二级检验的焊缝的抗拉强度可认为与母材强度相等。

由于对接焊缝是焊件截面的组成部分，焊缝中的应力分布情况基本上与焊件母材的情况相同，故计算方法与构件的强度计算一样。

（1）轴心力作用下的对接焊缝计算。

轴心受力的对接焊缝（图3-12），可按下式计算：

$$\sigma = \frac{N}{l_w t} \leqslant f_t^w (f_c^w) \tag{3-1}$$

式中　　N——轴心拉力或压力设计值；

　　　　l_w——焊缝的计算长度，当未采用引弧板时，取实际长度减去 $2t$；

　　　　t——对接接头中连接件的较小厚度，在 T 形接头中为腹板厚度；

　　　　f_t^w，f_c^w——对接焊缝的抗拉、抗压强度设计值，N/mm²。

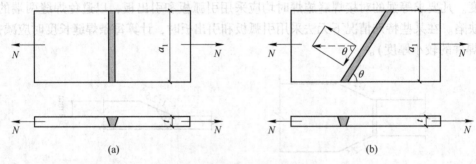

图 3-12　受轴心力的对接焊缝
（a）直对接焊缝；（b）斜对接焊缝

由于一、二级检验的焊缝与母材强度相等，故只有三级检验的焊缝才需按式（3-1）进行抗拉强度验算。如果用直缝不能满足强度要求时，可采用如图 3-12（b）所示的斜对接焊缝。计算证明，焊缝与作用力间的夹角 θ 满足 $\tan\theta \leqslant 1.5$ 时，斜焊缝的强度不低于母材强度，可不再进行验算。

【例 3-1】　试验算如图 3-12 所示钢板的对接焊缝的强度。图中 $a = 540$ mm，$t = 22$ mm，轴心力的设计值为 $N = 2150$ kN。钢材型号为 Q235-B，手工焊，焊条为 E43 型，三级检验标准的焊缝，施焊时加引弧板。

【解】

采用引弧板，故直缝连接计算长度 $l_w = 54$ cm。焊缝正应力为

$$\sigma = \frac{N}{l_w t} = \frac{2150 \times 10^3}{540 \times 22} \text{ N/mm}^2 = 181 \text{ N/mm}^2 > f_t^w = 175 \text{ N/mm}^2$$

不满足要求，改用斜对接焊缝，取截割斜度为 1.5 : 1，即 $\theta = 56°$，焊缝长度

$$l_w = \frac{a}{\sin\theta} = \frac{54}{\sin 56°} \text{cm} = 65 \text{ cm}$$

故此时焊缝的正应力为

$$\sigma = \frac{N\sin\theta}{l_w t} = \frac{2150 \times 10^3 \times \sin 56°}{650 \times 22} \text{ N/mm}^2 = 125 \text{ N/mm}^2 < f_t^w = 175 \text{ N/mm}^2$$

剪应力为

$$\tau = \frac{N\cos\theta}{l_w t} = \frac{2150 \times 10^3 \times \cos 56°}{650 \times 22} \text{ N/mm}^2 = 84 \text{ N/mm}^2 < f_v^w = 120 \text{ N/mm}^2$$

说明当 $\tan\theta \leqslant 1.5$ 时，焊缝强度能够保证，可不必计算。

（2）弯矩和剪力共同作用下对接焊缝计算。

矩形截面如图 3-13（a）所示，对接接头受到弯矩和剪力的共同作用，应力与剪应力分布分别为三角形与抛物线形，其最大值应分别满足下列强度条件：

$$\sigma_{max} = \frac{M}{W_w} = \frac{6M}{l_w^2 t} \leq f_t^w \tag{3-2}$$

$$\tau_{max} = \frac{VS_w}{I_w t} = \frac{3}{2} \frac{V}{l_w t} \leq f_v^w \tag{3-3}$$

式中　　W_w——焊缝计算截面的截面模量；

　　　　S_w——计算剪应力处以上焊缝计算截面对其中和轴的面积矩；

　　　　I_w——焊缝计算截面对其中和轴的惯性矩。

工字形截面梁的接头如图 3-13（b）所示，采用对接焊缝，除应分别验算最大正应力和剪应力外，对于同时受有较大正应力和较大剪应力处，例如腹板与翼缘的交点 "1" 处，还应按下式验算折算应力：

$$\sqrt{\sigma_1^2 + 3\tau_1^2} \leq 1.1 f_t^w \tag{3-4}$$

式中　　σ_1，τ_1——验算点 "1" 处的焊缝正应力和剪应力；

　　　　1.1——考虑到最大折算应力只在构件局部出现，将强度设计值适当提高的
　　　　　　　　系数。

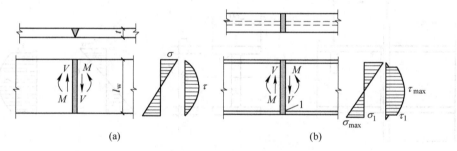

图 3-13　对接焊缝受弯矩和剪力联合作用
（a）矩形截面焊缝；（b）工字形截面焊缝

（3）轴心力、弯矩和剪力共同作用下的对接焊缝计算。

当轴心力与弯矩、剪力共同作用时，焊缝的最大正应力为轴心力和弯矩引起的应力之和，剪应力按式（3-3）验算，折算应力仍按式（3-4）验算。

【例 3-2】　计算工字形截面牛腿与钢柱连接的对接焊缝强度（图 3-14）。$F = 550$ kN（设计值），偏心距 $e = 300$ mm。钢材型号为 Q235-B，焊条为 E43 型，手工焊。焊缝为三级检验标准。上、下翼缘加引弧板施焊。

【解】　该连接中对接焊缝的计算截面与牛腿的横截面相同，因而

$$I_x = \left(\frac{1}{12} \times 1.2 \times 38^3 + 2 \times 1.6 \times 26 \times 19.8^2 \right) \text{cm}^4 = 38100 \text{ cm}^4$$

$$S_{x1} = 26 \times 1.6 \times 19.8 \text{ cm}^4 = 824 \text{ cm}^4$$

$$V = F = 550 \text{ kN}, \quad M = 550 \times 0.30 \text{ kN} \cdot \text{m} = 165 \text{ kN} \cdot \text{m}$$

最大正应力

$$\sigma_{\max} = \frac{M}{I_x} \cdot \frac{h}{2} = \frac{165 \times 10^6 \times 206}{38100 \times 10^4} \, \text{N/mm}^2 = 89.2 \, \text{N/mm}^2 < f_t^w = 185 \, \text{N/mm}^2$$

最大剪应力

$$\tau_{\max} = \frac{VS_w}{I_w t} = \frac{550 \times 10^3}{38100 \times 10^4 \times 12} \times \left(260 \times 16 \times 198 + 190 \times 12 \times \frac{190}{2}\right) \text{N/mm}^2$$

$$= 15.1 \, \text{N/mm}^2 \approx f_v^w = 125 \, \text{N/mm}^2$$

上翼缘和腹板交接处 "1" 点的正应力

$$\sigma_1 = \sigma_{\max} \cdot \frac{190}{206} = 82.3 \, \text{N/mm}^2$$

剪应力

$$\tau_1 = \frac{VS_{x1}}{I_x t} = \frac{550 \times 10^3 \times 824 \times 10^3}{38100 \times 10^4 \times 12} \text{N/mm}^2 = 99.1 \, \text{N/mm}^2$$

由于 "1" 点同时受有较大的正应力和剪应力，故应按式（3-4）验算折算应力：

$$\sqrt{82.3^2 + 3 \times 99.1^2} \, \text{N/mm}^2 = 190.4 \, \text{N/mm}^2 < 1.1 \times 185 \, \text{N/mm}^2 = 203.5 \, \text{N/mm}^2$$

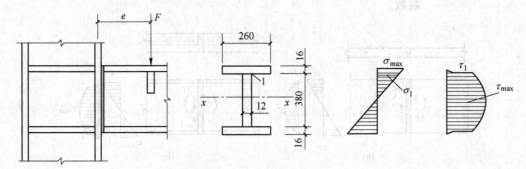

图 3-14　例 3-2 图（mm）

3.3.2.2　部分焊透的对接焊缝

当受力很小，焊缝主要起联系作用，或焊缝受力虽然较大，但采用焊透的对接焊缝将使强度不能充分发挥时，可采用部分焊透的对接焊缝。比如用四块较厚的板焊成箱形截面的轴心受压构件，显然用图 3-15（a）所示的焊透对接焊缝是不必要的；如采用图 3-15（b）所示的角焊缝，则外形不平整；采用部分焊透的对接焊缝可以省工省料，且美观大方，如图 3-15（c）所示。

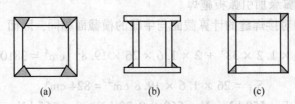

图 3-15　箱形截面轴心压杆的焊缝连接

部分焊透的对接焊缝以及 T 形对接与角接组合焊缝必须在设计图上注明坡口的形式和尺寸。坡口形式分为 V 形、单边 V 形、U 形、J 形和 K 形。由图可见，部分焊透的对接焊缝实际上可视为在坡口内焊接的角焊缝，故其强度计算方法与前述直角角焊缝相同，在垂直于焊缝长度方向的压力作用下，取正面角焊缝的强度设计值增大系数 $\beta_f = 1.22$，其他受力情况取 $\beta_f = 1.0$。对 U 形、J 形和坡口角 $\alpha \geqslant 60°$ 的 V 形坡口，取焊缝有效厚度 h_e 等于焊缝根部至焊缝表面（不考虑余高）的最短距离 s，即

$$h_e = s$$

但对于 $\alpha < 60°$ 的 V 形坡口焊缝，考虑到焊缝根部处不易实现满焊，并且在熔合线上强度较低，因而将 h 降低，取 $h_e = 0.75s$。

对 K 形和单边 V 形坡口焊缝（$\alpha = 45°\pm5°$），则取 $h_e = (s - 3)\,\mathrm{mm}$。

当熔合线处焊缝截面边长等于或接近于最短距离 s 时，如图 3-16 （b）、（d）、（e）所示，应验算焊缝在熔合线上的抗剪强度，其抗剪强度设计值取 0.9 倍角焊缝的强度设计值。

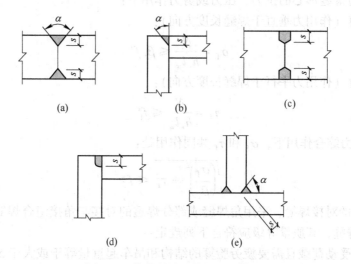

图 3-16　部分焊缝对接焊缝的截面
（a）V 形坡口；（b）单边 V 形坡口；（c）U 形坡口；（d）J 形坡口；（e）K 形坡口

依据《钢结构设计标准》第 11.2.4 条规定：

"部分熔透的对接焊缝（图 11.2.4）和 T 形对接与角接组合焊缝（图 11.2.4 （c））的强度，应按式（11.2.2-1）至式（11.2.2-3）计算，当熔合线处焊缝截面边长等于或接近于最短距离 s 时，抗剪强度设计值应按角焊缝的强度设计值乘以 0.9。在垂直于焊缝长度方向的压力作用下，取 $\beta_f = 1.22$，其他情况取 $\beta_f = 1.0$，其计算厚度 h_e（mm）宜按下列规定取值，其中 s 为坡口深度，即根部至焊缝表面（不考虑余高）的最短距离（mm）；α 为 V 形、单边 V 形或 K 形坡口角度：

1　V 形坡口（图 11.2.4 （a））：当 $\alpha \geqslant 60°$ 时，$h_e = s$；当 $\alpha < 60°$ 时，$h_e = 0.75s$；

2　单边 V 形和 K 形坡口（图 11.2.4 （b）、（c））：当 $\alpha = 45°\pm5°$ 时，$h_e = s-3$；

3　U 形和 J 形坡口（图 11.2.4 （d）、（e））：当 $\alpha = 45°\pm5°$ 时，$h_e = s$。

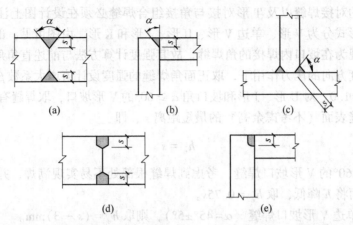

图 11.2.4　部分熔透的对接焊缝和 T 形对接与角接组合焊缝截面
(a) V 形坡口；(b) 单边 V 形坡口；(c) 单边 K 形坡口；(d) U 形坡口；(e) J 形坡口"

"1　在通过焊缝形心的拉力、压力或剪力作用下：

正面角焊缝（作用力垂直于焊缝长度方向）：

$$\sigma_f = \frac{N}{h_e l_w} \leqslant \beta_f f_f^w \tag{11.2.2-1}$$

侧面角焊缝（作用力平行于焊缝长度方向）：

$$\tau_f = \frac{N}{h_e l_w} \leqslant f_f^w \tag{11.2.2-2}$$

2　在各种力综合作用下，σ_f 和 τ_f 共同作用处：

$$\sqrt{\left(\frac{\sigma_f}{\beta_f}\right)^2 + \tau_f^2} \leqslant f_f^w \tag{11.2.2-3} "$$

"部分焊透的对接焊缝、采用角焊缝或部分焊透的对接与角接组合焊缝的 T 形连接以及搭接连接角焊缝，其质量等级应符合下列规定：

1）直接承受动荷载且需要疲劳验算的结构和吊车起重量等于或大于 50 t 的中级工作制吊车梁以及梁柱、牛腿等重要节点不应低于二级；

2）其他结构可为三级。"

3.4　角焊缝连接的构造及计算

3.4.1　角焊缝的形式和强度

角焊缝是最常用的焊缝。角焊缝按其与作用力的关系可分为：焊缝长度方向与作用力垂直的正面角焊缝，焊缝长度方向与作用力平行的侧面角焊缝以及斜焊缝。按其截面形式可分为直角角焊缝（图 3-17）和斜角角焊缝（图 3-18）。

直角角焊缝通常焊成表面微凸的等腰三角形截面，如图 3-17（a）所示。在直接承受动力荷载的结构中，为了减少应力集中，提高构件的抗疲劳强度，正面角焊缝的截面采用如图 3-17（b）所示的形式，而侧面角焊缝的截面则焊成如图 3-17（c）所示的凹面式。

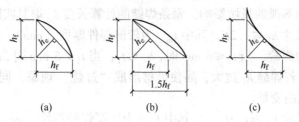

图 3-17 直角角焊缝截面

（a）等边直角焊缝截面；（b）不等边直角焊缝截面；（c）等边凹形直角焊缝截面

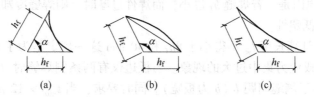

图 3-18 斜角角焊缝截面

（a）凹形锐角焊缝截面；（b）钝角焊缝截面；（c）凹形钝角焊缝截面

两焊脚边的夹角 $\alpha \geq 90°$ 或 $\alpha < 90°$ 的焊缝称为斜角角焊缝（图 3-18）。斜角角焊缝常用于钢漏斗和钢管结构中。对于夹角 $\alpha \geq 135°$ 或 $\alpha < 60°$ 的斜角角焊缝，除钢管结构外，不宜用作受力焊缝。

大量试验结果表明，侧面角焊缝（图 3-19）主要承受剪应力，其塑性较好，弹性模量（$E = 7 \times 10^4 \sim 7 \times 10^5 \text{ N/mm}^2$）低，强度也较低。传力通过侧面角焊缝时产生弯折，因而应力沿焊缝长度方向的分布不均匀，呈两端大而中间小的状态，焊缝越长，应力分布不均匀性越显著。静力作用时，接近塑性工作阶段时由于应力重分布，可使应力分布的不均匀现象渐趋缓和。

正面角焊缝（图 3-20）受力复杂，截面中各处均存在正应力和剪应力，焊根处存在严重的应力集中。这一方面是由力线弯折引起的，另一方面是由于焊根处正好是两焊件接触面的端部，相当于裂缝的尖端，因此产生应力集中。正面角焊缝的破坏强度高于侧面角焊缝，但塑性变形要差些。而斜焊缝的受力性能和强度值则介于正面角焊缝和侧面角焊缝之间。

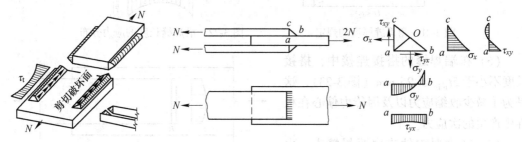

图 3-19 侧面角焊缝的应力状态　　　　图 3-20 正面角焊缝的应力状态

3.4.2 角焊缝的构造要求

焊脚尺寸 h_f 和焊缝计算长度 l_w 是角焊缝的主要尺寸。这也是设计计算所需确定的尺寸。它们应该满足下列构造要求：

（1）考虑起弧和落弧的弧坑影响，每条焊缝的计算长度 l_w 取其实际长度减去 $2h_f$。

（2）最大焊脚尺寸 $h_f \leqslant 1.2t$，其中 t_{min} 为较薄焊件厚度（mm），如图 3-21 所示。对板件厚度为 t_1 的板边焊缝，当 $t_1 \leqslant 6$ mm 时，$h_f \leqslant t_1$；当 $t_1 > 6$ mm 时，$h_f \leqslant t_1 - (1 \sim 2)$ mm。这一规定的原因是：若焊缝 h_f 过大，易使母材形成"过烧"现象，同时也会产生过大的焊接应力，使焊件翘曲变形。

（3）最小焊脚尺寸 $h_f \geqslant 1.5t_{max}$，其中 t_{max} 为较厚焊件厚度（mm），如图 3-21 所示。对自动焊 h_f 可减去 1 mm；对 T 形连接单面焊 h_f 应增加 1 mm；当 $t_{max} \leqslant 4$ mm 时，用 $h_f = t_{max}$。这一规定的原因是：若焊缝 h_f 过小，而焊件过厚时，则焊缝冷却过快，焊缝金属易产生淬硬组织，降低塑性。

（4）最小焊缝计算长度 l_w 不得小于 $8h_f$ 和 40 mm 这一规定是为了避免发生起落弧的弧坑相距太近而造成应力集中过大的现象。当板边仅有两条侧焊缝时（图 3-22），则每条侧焊缝长度 l_w 不小于侧缝间距 b（b 为板宽）。同时要求：当 $t_{min} > 12$ mm 时，$b \leqslant 16t_{min}$；当 $t_{min} \leqslant 12$ mm 时，$b \leqslant 190$ mm。t_{min} 为搭接板较薄的厚度。这是为了避免焊缝横向收缩时，引起板件拱曲太大。

（5）最大侧焊缝计算长度 $l_w \leqslant 60h_f$。这一规定的原因是：由外力在侧焊缝内引起的剪应力，在弹性阶段时，沿侧焊缝长度方向的分布不均匀，两端大而中部小，如图 3-22 所示，焊缝越长，两端与中部的应力差值越大。为避免端部首先破坏，对焊缝长度应加以限制，若 l_w 超出上述规定，超长部分计算时不予考虑。但是，当作用力沿侧焊缝全长均布作用时，则计算长度不受此限制。

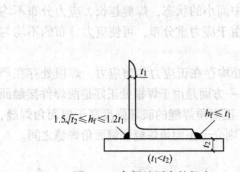

图 3-21　角焊缝厚度的规定

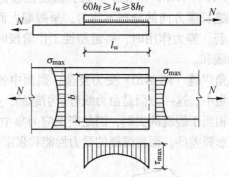

图 3-22　沿焊缝长度的应力分布

（6）在端焊缝的搭接连接中，搭接长度不小于 $5t_{min}$ 及 25 mm（图 3-23），这是为了减少收缩应力以及因传力偏心在板件中产生的次应力。

（7）在次要构件或次要焊缝中，由于焊缝受力很小，若采用连续焊缝，其计算厚度小于最小容许厚度时，可改为采用间断焊缝。各段之间的净距 $l \leqslant 15t_{min}$（受压板件）或 $l \leqslant 30t_{min}$（受拉板件），以避免局部凸曲面对受力不利和潮气侵入引起锈蚀。

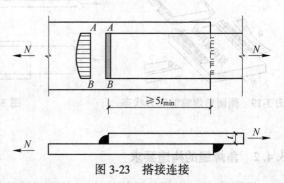

图 3-23　搭接连接

以上关于角焊缝的构造要求的总结见表 3-2 和表 3-3。

表 3-2　焊脚尺寸的构造要求

焊　缝　形　式	最大焊脚尺寸/mm	最小焊脚尺寸/mm
	$h_f \leqslant 1.2t_1$（或 $1.2t_2$，$t_2 < t_1$）	$h_f \geqslant 1.5\sqrt{t_1}$（或 $1.5\sqrt{t_2}$，$t_2 > t_1$）
	（1）$t > 6$ mm，$h_f \leqslant t-(1\sim2)$ mm 　　　$t \leqslant 6$ mm，$h_f \leqslant t$ （2）$h_f \leqslant 1.2t'$（$t' < t$）	$h_f \geqslant 1.5\sqrt{t}$（或 $1.5\sqrt{t'}$，$t' < t$）

注：在最小焊脚尺寸计算当中，若是自动焊，h_f 的取值可减少 1 mm；对 T 形连接的单面角焊缝，h_f 的取值应增加 1 mm；焊件厚度小于 4 mm 时，则 h_f 的取值与焊件厚度相同。t_1 和 t_2 分别为垂直连接的两个构件的厚度；t 和 t' 分别为搭接连接的两个构件的厚度。

表 3-3　焊缝计算长度的构造要求

焊缝类别	侧面角焊缝的最大计算长度	角焊缝的最小计算长度	仅用两条侧面角焊缝的搭接连接	仅用正面角焊缝的搭接连接
构造要求	$l_w \leqslant 60h_f$	$l_w(l'_w) \geqslant 8h_f$ 或 40 mm	$b/l_w \leqslant 1$ $b \leqslant 16t_3$（$t_3 > 12$ mm） 或 190 mm（$t_3 \leqslant 12$ mm）	$l'_w \geqslant 5t_3$ （或 25 mm，$5t_3 < 25$ mm）

注：l_w 为侧面角焊缝的计算长度，l'_w 为正面角焊缝的计算长度，t_3 为较薄焊件的厚度。

《钢结构设计标准》（GB 50017—2017）第 11.3.5 条规定：

"角焊缝的尺寸应符合下列规定：

1　角焊缝的最小计算长度应为其焊脚尺寸 h_f 的 8 倍，且不应小于 40 mm；焊缝计算长度应为扣除引弧、收弧长度后的焊缝长度；

2　断续角焊缝焊段的最小长度不应小于最小计算长度；

3　角焊缝最小焊脚尺寸宜按表 11.3.5 取值，承受动荷载时角焊缝焊脚尺寸不宜小于 5 mm；

4　被焊构件中较薄板厚度不小于 25 mm 时，宜采用开局部坡口的角焊缝；

5　采用角焊缝焊接连接，不宜将厚板焊接到较薄板上。

表 11.3.5　角焊缝最小焊脚尺寸　　　　　　　　　　　　（mm）

母材厚度 t	角焊缝最小焊脚尺寸 h_f
$t \leqslant 6$	3
$6 < t \leqslant 12$	5
$12 < t \leqslant 20$	6
$t > 20$	8

注：1. 采用不预热的非低氢焊接方法进行焊接时，t 等于焊接连接部位中较厚件厚度，宜采用单道焊缝；采用预热的非低氢焊接方法或低氢焊接方法进行焊接时，t 等于焊接连接部位中较薄件厚度。

2. 焊缝尺寸 h_f 不要求超过焊接连接部位中较薄件厚度的情况除外。"

3.4.3 直角角焊缝的计算

图 3-24 所示为直角角焊缝的截面。直角边边长 h_f ，称为角焊缝的焊脚尺寸。试验表明，直角角焊缝的破坏常发生在喉部，即直角角焊缝的 45° 方向截面为其破坏截面，故长期以来对角焊缝的研究均着重于这一部位，破坏截面的 $h_e = 0.7h_f$ ，称为直角角焊缝的有效焊脚尺寸。通常认为直角角焊缝是以 45° 方向的最小截面（即有效厚度与焊缝计算长度的乘积）作为有效截面或称为计算截面。作用于焊缝有效截面上的应力如图 3-25 所示，这些应力包括：垂直于焊缝有效截面的正应力 $\sigma_\perp$ ，垂直于焊缝长度方向的剪应力 $\tau_\perp$ ，以及沿焊缝长度方向的剪应力 $\tau_{/\!/}$ 。

我国现行《钢结构设计标准》在简化计算时，假定焊缝在有效截面处发生破坏，各应力分量满足折算应力公式：

$$\sqrt{\sigma_\perp^2 + 3(\tau_\perp^2 + \tau_{/\!/}^2)} = f_f^w \tag{3-5}$$

式中 f_f^w ——焊缝金属的抗拉强度，按附表 1-2 取值。

由于《钢结构设计标准》规定的角焊缝强度设计值 f_f^w 是根据抗剪条件确定的，而 $\sqrt{3}f_f^w$ 相当于角焊缝的抗拉强度设计值，则式（3-5）变为

$$\sqrt{\sigma_\perp^2 + 3(\tau_\perp^2 + \tau_{/\!/}^2)} = \sqrt{3}f_f^w \tag{3-6}$$

国内对直角角焊缝的大批试验结果表明：正面焊缝的破坏强度是侧面焊缝的 1.35 ~ 1.55 倍。并且通过有关的试验数据，通过加权回归分析和偏于安全方面的修正，对任何方向的直角角焊缝的强度条件可用表达式 $\sqrt{\sigma_\perp^2 + 3(\tau_\perp^2 + \tau_{/\!/}^2)} = \sqrt{3}f_f^w$ 。

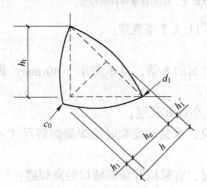 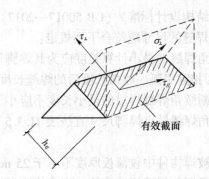

图 3-24   直角角焊缝的截面   图 3-25   角焊缝有效截面上的应力

以图 3-26 所示受任意方向轴心力 N（互相垂直的分力为 N_y 和 N_x ）作用的直角角焊缝为例，说明角焊缝基本公式的推导。N_y 在焊缝有效截面上产生垂直于焊缝一个直角边的应力 σ ，该应力对有效截面既不是正应力，也不是剪应力，而是 $\sigma_\perp$ 和 $\tau_\perp$ 的合应力。

$$\sigma_f = \frac{N_y}{h_e l_w} \tag{3-7}$$

式中 N_y ——垂直于焊缝长度方向的轴心力；

     h_e ——直角角焊缝的有效厚度，$h_e = h_t \cos 45° \approx 0.7h_f$ ；

     l_w ——焊缝的计算长度，考虑起灭弧缺陷，按各条焊缝的实际长度每端减去 h 计算。

由图 3-26（b）可知，对直角角焊缝有：

$$\sigma_{\perp} = \tau_{\perp} = \sigma_f / \sqrt{2} \tag{3-8}$$

沿焊缝长度方向的分力 N_x，在焊缝有效截面上引起平行于焊缝长度方向的剪应力：

$$\tau_f = \tau_{/\!/} = \frac{N_x}{h_e l_w} \tag{3-9}$$

这样，直角角焊缝在各种应力综合作用下，即 $\sigma_{\perp}$ 和 $\tau_{\perp}$ 共同作用的计算表达式为

$$\sqrt{4\left(\frac{\sigma_f}{\sqrt{2}}\right)^2 + 3\tau_f^2} \leqslant \sqrt{3} f_f^w$$

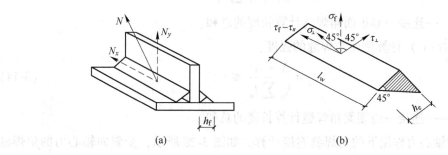

图 3-26 直角角焊缝的计算

（a）直角角焊缝连接；（b）角焊缝应力分析

即

$$\sqrt{\left(\frac{\sigma_f}{\beta_f}\right)^2 + \tau_i^2} \leqslant f_f^w \tag{3-10}$$

式中 β_f——正面角焊缝的强度增大系数。对于承受静力荷载和间接承受动力荷载的结

构，取 $\beta_f = \dfrac{\sqrt{3}}{2} = 1.22$ 对于直接承受动力荷载结构中的角焊缝，取 $\beta_f = 1.0$。

对于直接承受动力荷载结构中的焊缝，虽然正面角焊缝的强度试验值比侧面角焊缝高，但判别结构或连接的工作性能，除考虑是否具有较高的强度指标外，还需检验其延性指标（即塑性变形能力）。由于正面角焊缝的刚度高，韧度低，将其强度降低使用，故对于直接承受动力荷载结构中的角焊缝，公式中取 $\beta_f = 1.0$。

式（3-10）为角焊缝的基本计算公式。只要将焊缝应力分解为垂直于长度方向的应力 σ_f 和平行于焊缝长度方向的应力 τ_f，上述基本公式就可适用于任何受力状态。

对正面角焊缝，此时 $\tau_f = 0$，则上式即

$$\sigma_f = \frac{N}{h_e l_w} \leqslant \beta_f f_f^w \tag{3-11}$$

对侧面角焊缝，此时 $\sigma_f = 0$，则上式即

$$\tau_f = \frac{N}{h_e l_w} \leqslant f_f^w \tag{3-12}$$

3.4.4　不同受力状态下直角角焊缝连接的计算

3.4.4.1　轴心力作用下角焊缝连接的计算

（1）用盖板的对接连接承受轴心力（拉力、压力）作用时。

当焊件受到通过连接焊缝中心的轴心力作用时，可认为焊缝应力是均匀分布的。在如图 3-27 所示的连接中，当只有侧面角焊缝时，按式（3-12）计算；当只有正面角焊缝时，按式（3-11）计算；当采用三面围焊时，对矩形拼接板，可先按式（3-11）计算正面角焊缝所承担的内力：

$$N' = \beta_f f_f^w h_e \sum l_w \tag{3-13}$$

式中　$\sum l_w$——连接一侧正面角焊缝计算长度的总和。

再由力（$N-N'$）计算侧面角焊缝的强度：

$$\tau_f = \frac{N - N'}{h_e \sum l_w} \leqslant f_f^w \tag{3-14}$$

式中　$\sum l_w$——连接一侧侧面角焊缝计算长度的总和。

（2）斜向轴心力作用下的角焊缝连接计算。如图 3-28 所示，受斜向轴心力的角焊缝连接计算有两种方法。

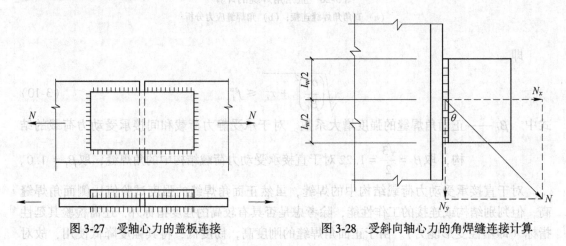

图 3-27　受轴心力的盖板连接　　　　图 3-28　受斜向轴心力的角焊缝连接计算

1）分力法。将力 N 分解为垂直于焊缝长度方向的分力 $N_x = N\sin\theta$，和平行于焊缝长度方向的分力 $N_y = N\cos\theta$，则有

$$\sigma_f = \frac{N\sin\theta}{h_e \sum l_w} \tag{3-15}$$

$$\tau_f = \frac{N\cos\theta}{h_e \sum l_w} \tag{3-16}$$

代入式（3-10）验算角焊缝的强度。

2）直接法。不将力 N 分解，直接将式（3-15）和式（3-16）的 σ_f 和 τ_f 代入式（3-10）中：

$$\sqrt{\left(\frac{N\sin\theta}{\beta_f h_e \sum l_w}\right)^2 + \left(\frac{N\cos\theta}{h_e \sum l_w}\right)^2} \leqslant f_f^w$$

取 $\beta_f^2 = 1.22^2 \approx 1.5$，得

$$\frac{N}{h_e \sum l_w}\sqrt{\frac{\sin^2\theta}{1.5} + \cos^2\theta} = \frac{N}{h_e \sum l_w}\sqrt{1 - \sin^2\theta/3} \leqslant f_f^w$$

令 $\beta_{f\theta} = \dfrac{1}{\sqrt{1 - \sin^2\theta/3}}$，则斜焊缝的计算式为

$$\frac{N}{h_e \sum l_w} \leqslant \beta_{f\theta} f_f^w \qquad\qquad (3\text{-}17)$$

式中 $\beta_{f\theta}$——斜焊缝的强度增大系数，其值介于 1.0~1.22；对直接承受动力荷载结构中的焊缝，取 $\beta_{f\theta} = 1.0$；

θ——作用力与焊缝长度方向的夹角。

（3）轴心力作用下的角钢角焊缝计算。

在钢桁架中，角钢腹杆与节点板的连接焊缝一般采用两面侧焊，也可采用三面围焊，特殊情况也允许采用 L 形围焊，如图 3-29（c）所示。腹杆受轴心力作用时，为了避免焊缝偏心受力，焊缝所传递的合力的作用线应与角钢杆件的轴线重合。

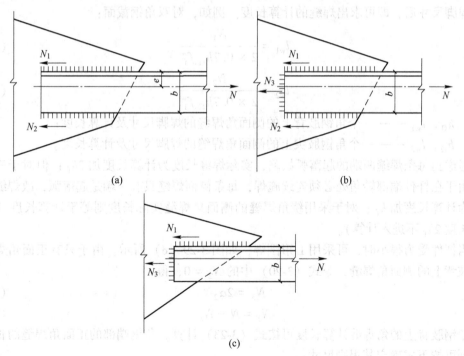

图 3-29　桁架腹杆与节点板的连接
（a）两面侧焊；（b）三面围焊；（c）L 形围焊

对于如图 3-29（b）所示的三面围焊，可先假定正面角焊缝的焊脚尺寸 h_{f3}，求出正面角焊缝所分担的轴心力 N_3。当腹杆为双角钢组成的 T 形截面，且肢宽为 b 时

$$N_3 = 2 \times 0.7 h_{f3} b \beta_f f_f^w \tag{3-18}$$

由平衡条件（$\sum M = 0$）可得

$$N_1 = \frac{N(b - e)}{b} - \frac{N_3}{2} = \alpha_1 N - \frac{N_3}{2} \tag{3-19}$$

$$N_2 = \frac{Ne}{b} - \frac{N_3}{2} = \alpha_2 N - \frac{N_3}{2} \tag{3-20}$$

式中　N_1，N_2——角钢肢背和肢尖上的侧面角焊缝所分担的轴力；

　　　　e——角钢的形心距；

　　　　α_1，α_2——角钢肢背和肢尖焊缝的内力分配系数，设计时可近似取 $\alpha_1 = \dfrac{2}{3}$，$\alpha_2 = \dfrac{1}{3}$，等肢角钢：$\alpha_1 = 0.7$，$\alpha_2 = 0.3$，不等肢角钢短肢相并：$\alpha_1 = 0.75$，$\alpha_2 = 0.25$，不等肢角钢长肢相并：$\alpha_1 = 0.65$，$\alpha_2 = 0.35$。

对于两面侧焊，如图 3-29（a）所示，因 $N_3 = 0$，得

$$N_1 = \alpha_1 N \tag{3-21}$$

$$N_2 = \alpha_2 N \tag{3-22}$$

求得各条焊缝所受的内力后，按构造要求（角焊缝的尺寸限制）设定肢背和肢尖焊缝的焊脚尺寸后，即可求出焊缝的计算长度。例如，对双角钢截面：

$$l_{w1} = \frac{N_1}{2 \times 0.7 h_{f1} f_f^w} \tag{3-23}$$

$$l_{w2} = \frac{N_2}{2 \times 0.7 h_{f2} f_f^w} \tag{3-24}$$

式中　h_{f1}，l_{w1}——一个角钢肢背上的侧面角焊缝的焊脚尺寸及计算长度；

　　　　h_{f2}，l_{w2}——一个角钢肢尖上的侧面角焊缝的焊脚尺寸及计算长度。

考虑到每条焊缝两端的起落弧缺陷，实际焊缝长度为计算长度加 $2h_f$；但对于三面围焊，由于在杆件端部转角处必须连续施焊，每条侧面焊缝只有一端是起落弧，故焊缝实际长度为计算长度加 h_f；对于采用绕角焊缝的侧面角焊缝实际长度则等于计算长度（绕角焊缝长度 $2h_f$ 不进入计算）。

当杆件受力很小时，可采用 L 形围焊，如图 3-29（c）所示。由于只有正面角焊缝和角钢肢背上的侧面角焊缝，令式（3-20）中的 $N_2 = 0$，得

$$N_3 = 2\alpha_2 N \tag{3-25}$$

$$N_1 = N - N_3 \tag{3-26}$$

角钢肢背上的角焊缝计算长度可按式（3-23）计算，角钢端部的正面角焊缝的长度已知，则可按下式确定其焊脚尺寸：

$$h_{f3} = \frac{N_3}{2 \times 0.7 \times l_{w3} \beta_f f_f^w} \tag{3-27}$$

式中，$l_{w3} = b - h_{f3}$。

【例 3-3】　试验算图 3-28 所示直角焊缝的强度。已知焊缝承受的静态斜向力 $N =$

280 kN（设计值），$\theta = 60°$，角焊缝焊脚尺寸 $h_f = 8$ mm，实际长度 $l'_w = 155$ mm，钢材型号为 Q235-B，手工焊，焊条为 E43 型。

【解】 现用两种方法计算受斜向轴心力的角焊缝。

1）分力法。

将力 N 分解为垂直于焊缝长度方向和平行于焊缝长度方向的分力，即

$$N_x = N\sin\theta = N\sin60° = 280 \text{ kN} \times \frac{\sqrt{3}}{2} = 242.5 \text{ kN}$$

$$N_y = N\cos\theta = N\cos60° = 280 \text{ kN} \times \frac{1}{2} = 140 \text{ kN}$$

$$\sigma_f = \frac{N_x}{2h_e l_w} = \frac{242.5 \times 10^3}{2 \times 0.7 \times 8 \times (155 - 16)} \text{N/mm}^2 = 155.8 \text{ N/mm}^2$$

$$\tau_f = \frac{N_y}{2h_e l_w} = \frac{140 \times 10^3}{2 \times 0.7 \times 8 \times (155 - 16)} \text{N/mm}^2 = 89.9 \text{ N/mm}^2$$

焊缝同时承受 σ_f 和 τ_f 作用，代入式（3-10）验算：

$$\sqrt{\left(\frac{\sigma_f}{\beta_f}\right)^2 + \tau_f^2} = \sqrt{\left(\frac{155.8}{1.22}\right)^2 + 89.9^2} \text{ N/mm}^2 = 156.2 \text{ N/mm}^2 < f_f^w = 160 \text{ N/mm}^2$$

2）直接法。

直接法也就是直接用式（3-17）进行计算。已知 $\theta = 60°$，则斜焊缝强度增大系数

$$\beta_{f\theta} = \frac{1}{\sqrt{1 - \sin^2 60°/3}} = 1.15$$

则

$$\frac{N}{2h_e l_w \beta_{f\theta}} = \frac{280 \times 10^3}{2 \times 0.7 \times 8 \times (155 - 16) \times 1.15} \text{N/mm}^2 = 156.4 \text{ N/mm}^2 < f_f^w = 160 \text{ N/mm}^2$$

用分力法计算概念明确，用直接法计算则较为简练。

【例 3-4】 试设计用拼接盖板的对接连接（图 3-30）。已知钢板宽 $B = 270$ mm，厚度 $t_1 = 28$ mm，拼接盖板厚度 $t_1 = 16$ mm。该连接承受的静态轴心力 $N = 1400$ kN（设计值），钢材型号为 Q235-B，手工焊，焊条为 E43 型。

【解】 设计拼接盖板的对接连接有两种方法。一种方法是首先设定焊脚尺寸，然后求焊缝长度，再由焊缝长度确定拼接板的尺寸；另一种方法是先设定焊脚尺寸和拼接盖板的尺寸，然后验算焊缝的承载力。如果设定的焊缝尺寸不能满足承载力要求时，则应调整焊脚尺寸，再进行检查，直到满足承载力要求为止。

角焊缝的焊脚尺寸 h_f 应根据板件厚度、构造要求设定。由于此处的焊缝在板件边缘施焊，且拼接盖板厚度 $t_2 = 16$ mm > 6 mm，$t_2 < t_1$，则

$$h_{fmax} = t_2 - (1 \sim 2) \text{mm} = [16 - (1 \sim 2)] \text{mm} = (14 \sim 15) \text{mm}$$

$$h_{fmin} = 1.5\sqrt{t_1} = 1.5\sqrt{28} \text{ mm} = 7.9 \text{ mm}$$

取 $h_f = 10$ mm，查附表 1-2 得角焊缝强度设计值 $f_f^w = 160$ N/mm²。

1）采用两面侧焊时，如图 3-30（a）所示，连接一侧所需焊缝的总长度可按式（3-12）计算

$$\sum l_{\mathrm{w}} = \frac{N}{h_{\mathrm{e}} f_{\mathrm{f}}^{\mathrm{w}}} = \frac{1400 \times 10^3}{0.7 \times 10 \times 160} \mathrm{mm} = 1250 \mathrm{\ mm}$$

此对接连接采用了上下两块拼接盖板，共有四条侧焊缝，故一条侧焊缝的实际长度为

$$l_{\mathrm{w}}' = \frac{\sum l_{\mathrm{w}}}{4} + 2h_{\mathrm{f}} = \frac{1250 \mathrm{\ mm}}{4} + 20 \mathrm{\ mm} = 333 \mathrm{\ mm} < 60h_{\mathrm{f}} = (60 \times 10)\mathrm{mm} = 600 \mathrm{\ mm}, \ 取 335 \mathrm{\ mm}$$

所需拼接盖板长度

$$L = 2l_{\mathrm{w}}' + 10 \mathrm{\ mm} = 2 \times 333 \mathrm{\ mm} + 10 \mathrm{\ mm} = 676 \mathrm{\ mm}, \ 取 680 \mathrm{\ mm}$$

式中　10 mm——两块被连接钢板间的间隙。

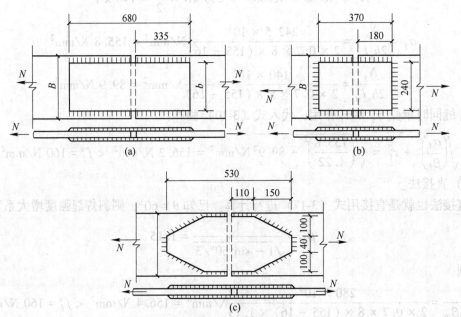

图 3-30　拼接盖板的对接连接（mm）❶

（a）矩形拼接板两面侧焊连接；（b）矩形拼接板三面围焊连接；（c）菱形拼接板围焊连接

拼接盖板的宽度 b 就是两条侧面角焊缝之间的距离，应根据强度条件和构造要求确定。根据强度条件，在钢材种类相同的情况下，拼接盖板的截面积 A' 应等于或大于被连接钢板的截面积。

选定拼接盖板宽度 $b = 240$ mm，则

$$A' = 240 \times 2 \times 16 \mathrm{\ mm^2} = 7680 \mathrm{\ mm^2} > A = 270 \times 28 \mathrm{\ mm^2} = 7560 \mathrm{\ mm^2}$$

满足强度要求。

根据构造要求，应满足

$$b = 240 \mathrm{\ mm} < l_{\mathrm{w}} = 315 \mathrm{\ mm}$$

且

$$b < 16t = 16 \times 16 \mathrm{\ mm} = 256 \mathrm{\ mm}$$

满足要求，故选定拼接盖板尺寸为 680 mm × 240 mm × 16 mm。

---

❶ 本书图中若无特别标注，单位均为 mm。

2）采用三面围焊时，如图 3-30（b）所示，采用三面围焊可以减小两侧侧面角焊缝的长度，从而减少拼接盖板的尺寸。设拼接盖板的宽度和厚度与采用两面侧焊时相同，仅需求盖板长度。已知正面角焊缝的长度 $l'_w = b = 240$ mm，则正面角焊缝所能承受的内力

$$N' = 2h_e l'_w \beta_f f_f^w = 2 \times 0.7 \times 10 \times 240 \times 1.22 \times 160 \text{ N} = 655872 \text{ N}$$

所需连接一侧侧面角焊缝的总长度为

$$\sum l_w = \frac{N - N'}{h_e f_f^w} = \frac{1400000 - 655872}{0.7 \times 10 \times 160} \text{mm} = 664 \text{ mm}$$

连接一侧共有四条侧面角焊缝，则一条侧面角焊缝的长度为

$$l'_w = \frac{\sum l_w}{4} + h_f = \frac{664}{4} \text{mm} + 10 \text{ mm} = 176 \text{ mm}，采用 180 \text{ mm}$$

拼接盖板的长度为

$$L = 2l'_w + 10 = 2 \times 180 \text{ mm} + 10 \text{ mm} = 370 \text{ mm}$$

3）采用菱形拼接盖板时，如图 3-30（c）所示，当拼接板宽度较大时，采用菱形拼接盖板可减小角部的应力集中，从而使连接的工作性能得以改善。菱形拼接盖板的连接焊缝由正面角焊缝、侧面角焊缝和斜焊缝等组成。设计时，一般先假定拼接盖板的尺寸再进行验算。拼接盖板尺寸如图 3-30（c）所示，则各部分焊缝的承载力分别为

正面角焊缝

$$N_1 = 2h_e l_{w1} \beta_f f_f^w = 2 \times 0.7 \times 10 \times 40 \times 1.22 \times 160 \text{ N} = 109.3 \text{ kN}$$

侧面角焊缝

$$N_2 = 4h_e l_{w2} f_f^2 = 4 \times 0.7 \times 10 \times (110 - 10) \times 160 \text{ N} = 448.0 \text{ kN}$$

斜焊缝：此焊缝与作用力夹角 $\theta = \arctan\dfrac{100}{150} = 33.7°$，可得

$$\beta_{f\theta} = 1/\sqrt{1 - \sin^2 33.7/3} = 1.06$$

故有

$$N_3 = 4h_e l_{w3} \beta_{f\theta} f_f^w = 4 \times 0.7 \times 10 \times 180 \times 1.06 \times 160 \text{ N} = 854.8 \text{ kN}$$

连接一侧焊缝所能承受的内力为

$$N' = N_1 + N_2 + N_3 = 109.3 \text{ kN} + 448.0 \text{ kN} + 854.8 \text{ kN} = 1412.1 \text{ kN} > N = 1400 \text{ kN}$$

满足要求。

【例 3-5】 试确定图 3-31 所示承受静态轴心力的三面围焊连接的承载力及肢尖焊缝的长度。已知角钢为 2∟125×10，与厚度为 8 mm 的节点板连接，其搭接长度为 300 mm，焊脚尺寸 $h_f = 8$ mm，钢材型号为 Q235-B，手工焊，焊条为 E43 型。

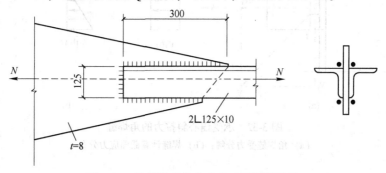

图 3-31 承受静态轴心力的三面围焊连接

【解】 角焊缝强度设计值 $f_f^w = 160 \ N/mm^2$。焊缝内力分配系数为 $\alpha_1 = 0.67$，$\alpha_2 = 0.33$。正面角焊缝的长度等于相连角钢肢尖的宽度，即 $l_{w3} = b = 125 \ mm$。则正面角焊缝所能承受的内力 N_3 为

$$N_3 = 2h_e l_{w3}\beta_f f_f^w = 2 \times 0.7 \times 8 \times 125 \times 1.22 \times 160 \ N = 273.3 \ kN$$

肢背角焊缝所能承受的内力 N_1 为

$$N_1 = 2h_e l_w f_f^w = 2 \times 0.7 \times 8 \times (300 - 8) \times 160 \ N = 523.3 \ kN$$

而

$$N_1 = \alpha_1 N - \frac{N_3}{2} = 0.67N - \frac{273.3}{2}kN = 523.3 \ kN$$

则

$$N = \frac{523.3 + 136.6}{0.67}kN = 985 \ kN$$

计算肢尖焊缝承受的内力 N_2 为

$$N_2 = \alpha_2 N - \frac{N_3}{2} = 0.33 \times 985 \ kN - 136.6 \ kN = 188 \ kN$$

由此可算出肢尖焊缝的长度为

$$l'_{w2} = \frac{N_2}{2h_e f_f^w} + 8 \ mm = \frac{188 \times 10^3}{2 \times 0.7 \times 8 \times 160}mm + 8 \ mm = 113 \ mm$$

3.4.4.2 承受弯矩、轴心力或剪力联合作用的角焊缝连接计算

图 3-32 (a) 所示的双面角焊缝连接承受偏心斜拉力 N 作用，可将作用力 N 分解为 N_x 和 N_y 两个分力。则角焊缝可视为同时承受轴心力 N_x、剪力 N_y 和弯矩 $M = N_x e$ 的共同作用。焊缝计算截面上的应力分布如图 3-32 (b) 所示，图中 A 点应力最大，且为控制设计点。此处垂直于焊缝长度方向的应力由两部分组成，即由轴心拉力 N_x 产生的应力

$$\sigma_N = \frac{N_x}{A_e} = \frac{N_x}{2h_e l_w} \tag{3-28}$$

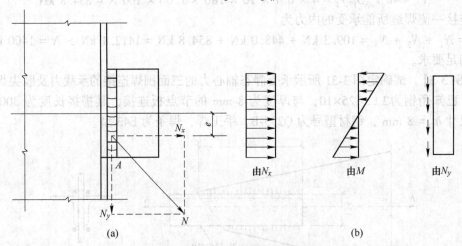

图 3-32 承受偏心斜拉力的角焊缝

(a) 角焊缝受力分解；(b) 焊缝计算截面应力分布

由弯矩 M 产生的应力

$$\sigma_M = \frac{M}{W_e} = \frac{6M}{2h_e l_w^2} \tag{3-29}$$

这两部分应力由于在 A 点处的方向相同，可直接叠加，故 A 点垂直于焊缝长度方向的应力为

$$\sigma_f = \frac{N_x}{2h_e l_w} + \frac{6M}{2h_e l_w^2}$$

剪力 N_y 在 A 点处产生平行于焊缝长度方向的应力

$$\tau_y = \frac{N_y}{A_e} = \frac{N}{2h_e l_w}$$

式中 l_w ——焊缝的计算长度，为实际长度减 $2h_f$。

则焊缝的强度计算式为

$$\sqrt{\left(\frac{\sigma_f}{\beta_f}\right)^2 + \tau_f^2} \leqslant f_f^w$$

当连接直接承受动力荷载作用时，取 $\beta_f = 1.0$。

对于工字梁（或牛腿）与钢柱翼缘的角焊缝连接（图 3-33），通常承受弯矩 M 和剪力 V 的联合作用。由于翼缘的竖向刚度较差，在剪力作用下，如果没有腹板焊缝存在，翼缘将发生明显挠曲。这就说明，翼缘板的抗剪能力极差。因此，计算时通常假设腹板焊缝承受全部剪力，而弯矩则由全部焊缝承受。

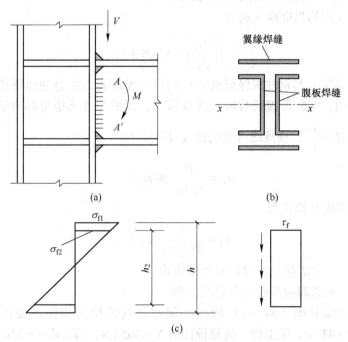

图 3-33 工字梁（或牛腿）的角焊缝连接
（a）角焊缝连接；（b）焊缝截面；（c）应力分布

为了使焊缝分布更加合理，宜在每个翼缘的上下两侧均匀布置角焊缝，由于翼缘焊缝只承受垂直于焊缝长度方向的弯曲应力，此弯曲应力沿梁高度呈三角形分布，如图 3-33 (c) 所示，最大应力发生在翼缘焊缝最外纤维处，为了保证焊缝的正常工作，应使翼缘焊缝最外纤维处的应力满足角焊缝的强度条件，即

$$\sigma_{f1} = \frac{M}{I_w} \cdot \frac{h}{2} \leqslant \beta_f f_f^w \qquad (3\text{-}30)$$

式中　M——全部焊缝所承受的弯矩；

　　　I_w——全部焊缝有效截面对中和轴的惯性矩；

　　　h——上下翼缘焊缝有效截面最外纤维之间的距离。

腹板焊缝承受两种应力的联合作用，即垂直于焊缝长度方向且沿梁高度呈三角形分布的弯曲应力和平行于焊缝长度方向且沿焊缝截面均匀分布的剪应力的作用，设计控制点为翼缘焊缝与腹板焊缝的交点处 A，此处的弯曲应力和剪应力分别按下式计算：

$$\sigma_{f2} = \frac{M}{I_w} \cdot \frac{h_2}{2}$$

$$\tau_f = \frac{V}{\sum (h_{e2} l_{w2})}$$

式中　$\sum (h_{e2} l_{w2})$——腹板焊缝有效截面积之和；

　　　h_2——腹板焊缝的实际长度。

腹板焊缝在 A 点的强度验算式为

$$\sqrt{\left(\frac{\sigma_{f2}}{\beta_f}\right) + \tau_f^2} \leqslant f_f^w$$

工字梁（或牛腿）与钢柱翼缘焊缝连接的另一种计算方法是使焊缝传递应力与母材所承受应力相协调，即假设腹板焊缝只承受剪力；翼缘焊缝承担全部弯矩，并将弯矩 M 化为一对水平力 $H = \frac{M}{h}$，则翼缘焊缝的强度计算式为

$$\sigma_f = \frac{H}{h_{e1} l_{w1}} \leqslant \beta_f f_f^w$$

腹板焊缝的强度计算式为

$$\tau_f = \frac{V}{2 h_{e2} l_{w2}} \leqslant f_f^w$$

式中　$h_{e1} l_{w1}$——一个翼缘角焊缝的有效截面积；

　　　$2 h_{e2} l_{w2}$——两条腹板焊缝的有效截面积。

【例 3-6】　试验算图 3-34 (a) 所示牛腿与钢柱连接角焊缝的强度。钢材型号为 Q235-B，焊条为 E43 型，手工焊。荷载设计值 $N = 365$ kN，偏心距 $e = 350$ mm，焊脚尺寸 $h_{f1} = 8$ mm，$h_{f2} = 6$ mm。图 3-34 (b) 为焊缝有效截面示意图。

【解】　力 N 在角焊缝形心处引起剪力

$$V = N = 365 \text{ kN}$$

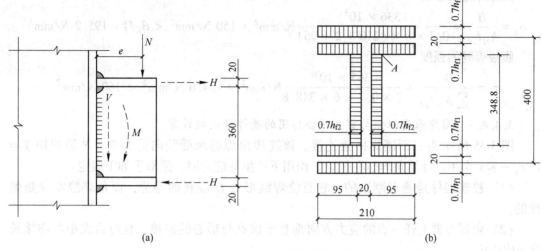

图 3-34 牛腿与钢柱连接角焊缝

（a）连接角焊缝；（b）焊缝有效截面

和弯矩

$$M = Ne = 365 \text{ kN} \times 0.35 \text{ m} = 127.8 \text{ kN} \cdot \text{m}$$

（1）考虑腹板焊缝参加传递弯矩的计算方法。

全部焊缝有效截面对中和轴的惯性矩为

$$I_w = \left(2 \times \frac{0.42 \times 34.88^3}{12} + 2 \times 21 \times 0.56 \times 20.28^2 + 4 \times 9.5 \times 0.56 \times 17.72^2 \right) \text{cm}^4$$

$$= 19326 \text{ cm}^4$$

翼缘焊缝的最大应力

$$\sigma_{f1} = \frac{M}{I_w} \cdot \frac{h}{2} = \frac{127.8 \times 10^6}{18779 \times 10^4} \times 205.6 \text{ N/mm}^2 = 140 \text{ N/mm}^2 < \beta_f f_f^w = 1.22 \times 160 \text{ N/mm}^2$$

$$= 195.2 \text{ N/mm}^2$$

腹板焊缝中由于弯矩 M 引起的最大应力

$$\sigma_{f2} = 140 \times \frac{170}{205.6} \text{N/mm}^2 = 115.8 \text{ N/mm}^2$$

由于剪力 V 在腹板焊缝中产生的平均剪应力

$$\tau_f = \frac{V}{\sum (h_{e2} l_{w2})} = \frac{365 \times 10^3}{2 \times 0.7 \times 6 \times 348.8} \text{N/mm}^2 = 124.6 \text{ N/mm}^2$$

则腹板焊缝的强度（A 点为设计控制点）为

$$\sqrt{\left(\frac{\sigma_{f2}}{\beta_f} \right)^2 + \tau_f^2} = \sqrt{\left(\frac{115.8}{1.22} \right)^2 + 124.6^2} \text{ N/mm}^2 = 156.7 \text{ N/mm}^2 < f_f^w = 160 \text{ N/mm}^2$$

（2）按不考虑腹板焊缝传递弯矩的计算方法。

翼缘焊缝所承受的水平力

$$H = \frac{M}{h} = \frac{127.8 \times 10^6}{380} \text{kN} = 336 \text{ kN} （h \text{ 的近似值取为翼缘中线间距离}）$$

翼缘焊缝的强度

$$\sigma_f = \frac{H}{h_{e1}l_{w1}} = \frac{336 \times 10^3}{0.7 \times 8 \times (210 + 2 + 95)} N/mm^2 = 150 \ N/mm^2 < \beta_f f_f^w = 195.2 \ N/mm^2$$

腹板焊缝的强度

$$\tau_f = \frac{V}{\sum h_{ew}l_{w2}} = \frac{365 \times 10^3}{2 \times 0.7 \times 6 \times 348.8} N/mm^2 = 124.6 \ N/mm^2 < 160 \ N/mm^2$$

3.4.4.3　围焊承受扭矩与剪力联合作用的角焊缝连接计算

图 3-35 所示为三面围焊搭接连接。该连接角焊缝承受竖向剪力 $V = F$ 和扭矩 $T = F(e_1 + e_2)$ 作用。计算角焊缝在扭矩 T 作用下产生的应力时，采取了如下假定：

（1）被连接件是绝对刚性的，它有绕焊缝形心 O 旋转的趋势，而角焊缝本身是弹性的。

（2）角焊缝群上任一点的应力方向垂直于该点与形心的连接，且应力大小与连接长度 r 成正比。

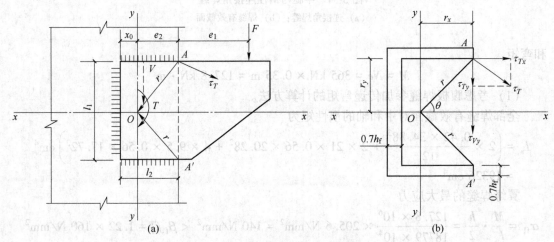

图 3-35　受剪力和扭矩作用的角焊缝

(a) 角焊缝；(b) 角焊缝有效截面

在图 3-35 中，A 点与 A' 点距形心 O 点最远，故 A 点和 A' 点由扭矩 T 引起的剪应力 τ_T 最大，焊缝群其他各处由扭矩 T 引起的剪应力 τ_T 均小于 A 点和 A' 点的剪应力，故 A 点和 A' 点为设计控制点。

在扭矩 T 作用下，A 点（或 A' 点）的应力为

$$\tau_T = \frac{Tr}{I_p} = \frac{Tr}{I_x + I_y} \tag{3-31}$$

式中　I_p——焊缝有效截面的极惯性矩，$I_p = I_x + I_y$。

将 τ_T 沿 x 轴和 y 轴分解为两分力

$$\tau_{Tx} = \tau_T \sin\theta = \frac{Tr}{I_p} \cdot \frac{r_y}{r} = \frac{Tr_y}{I_p} \tag{3-32}$$

$$\tau_{Ty} = \tau_T \cos\theta = \frac{Tr}{I_p} \cdot \frac{r_x}{r} = \frac{Tr_x}{I_p} \tag{3-33}$$

假设由剪力 V 在焊缝群引起的剪应力 τ_V 均匀分布，则在 A 点（或 A' 点）引起的应力 τ_{Vy} 为

$$\tau_{Vy} = \frac{V}{\sum h_e I_w}$$

则 A 点受到垂直于焊缝长度方向的应力为

$$\sigma_f = \tau_{Ty}\tau_{Vy}$$

沿焊缝长度方向的应力为 τ_{Tx}，则 A 点的合应力满足的强度条件为

$$\sqrt{\left(\frac{\tau_{Ty} + \tau_{Vy}}{\beta_f}\right)^2 + \tau_{Tx}^2} \leqslant f_f^w \tag{3-34}$$

当连接直接承受动态荷载时，取 $\beta_f = 1.0$。

【例 3-7】 如图 3-35 所示，钢板长度 $l_1 = 400\ mm$，搭接长度 $l_2 = 300\ mm$，荷载设计值 $F = 217\ kN$，偏心距 $e_1 = 300\ mm$（至柱边缘的距离），钢材型号为 Q235-B，手工焊，焊条为 E43 型，试确定该焊缝的焊脚尺寸并验算该焊缝的强度。

【解】 图 3-35 中的所有焊缝组成的围焊共同承受剪力 V 和扭矩 $T = F(e_1 + e_2)$ 的作用，首先设焊缝的焊脚尺寸均为 $h_f = 8\ mm$，则焊缝计算截面的重心位置为

$$x_0 = \frac{2l_2 \times (l_2/2)}{2l_2 + l_1} = \frac{30^2}{60 + 40}cm = 9\ cm$$

计算中，由于焊缝的实际长度稍大于 l_1 和 l_2，故焊缝的计算长度可直接采用 l_1 和 l_2，不再扣除水平焊缝的端部缺陷。

焊缝截面的极惯性矩

$$I_x = \left(\frac{1}{12} \times 0.7 \times 0.8 \times 40^3 + 2 \times 0.7 \times 0.8 \times 30 \times 20^2\right) cm^4 = 16427\ cm^4$$

$$I_y = \left[\frac{1}{12} \times 2 \times 0.7 \times 0.8 \times 30^3 + 2 \times 0.7 \times 0.8 \times 30 \times (15 - 9)^2 + 0.7 \times 0.8 \times 40 \times 9^2\right] cm^4$$

$$= 5544\ cm^4$$

$$I_p = I_x + I_y = (16427 + 5544)cm^4 = 21971\ cm^4$$

由于

$$e_2 = l_2 - x_0 = (30 - 9)cm = 21\ cm$$

$$r_x = 21\ cm \quad r_y = 20\ cm$$

故扭矩 $T = F(e_1 + e_2) = 217 \times (30 + 21) \times 10^{-2}\ kN \cdot m = 110.7\ kN \cdot m$

$$\tau_{Tx} = \frac{Tr_y}{I_p} = \frac{110.7 \times 10^6 \times 200}{21971 \times 10^4}N/mm^2 = 100.8\ N/mm^2$$

$$\tau_{Ty} = \frac{Tr_x}{I_p} = \frac{110.7 \times 10^6 \times 210}{21971 \times 10^4}\ N/mm^2 = 105.8\ N/mm^2$$

剪力 V 在 A 点产生的应力为

$$\tau_{Vy} = \frac{V}{\sum h_e l_w} = \frac{217 \times 10^3}{0.7 \times 8 \times (2 \times 300 \times 400)}N/mm^2 = 38.3\ N/mm^2$$

由图 3-35（b）可见，τ_{Ty} 与 τ_{Vy} 在 A 点的作用方向相同，且垂直于焊缝长度方向，可

用 σ_f 表示

$$\sigma_f = \tau_{Ty} + \tau_{Vy} = (105.8 + 38.8) \, \text{N/mm}^2 = 1446 \, \text{N/mm}^2$$

τ_{Tx} =平行于焊缝长度方向, $\tau_f = \tau_{Tx}$ ，则

$$\sqrt{\left(\frac{\sigma_f}{\beta_f}\right)^2 + \tau_f^2} = \sqrt{\left(\frac{144.6}{1.22}\right)^2 + 100.8^2} \, \text{N/mm}^2 = 155.6 \, \text{N/mm}^2 < f_f^w = 160 \, \text{N/mm}^2$$

说明取 $h_f = 8 \, \text{mm}$ 是合适的。

3.5　焊接应力和焊接变形

焊接构件在未受荷载时，由于施焊的电弧高温作用而引起的应力和变形称为焊接应力和焊接变形，它会直接影响到焊接结构的制造质量、正常使用和安全可靠性。因此在设计和制造焊接钢结构，特别是承受动载或低温环境工作的焊接结构时，必须对此问题充分重视。

3.5.1　焊接残余应力和焊接残余变形产生的原因

焊接应力有暂时应力与残余应力之分。暂时应力只在焊接过程中、一定的温度情况下才存在，当焊件冷却至常温时，暂时应力自行消失，对结构性能没有影响。而焊接残余应力是施焊结束金属冷缩后残留在焊件内的应力，又称为收缩应力，对结构工作性能有较大影响。

如图 3-36（a）所示，一端固定约束而另一端自由的钢构件，受热膨胀而增长，长度增加量为 Δl ，冷却后构件将恢复原尺寸，结构体系的热胀冷缩能够自由发展，构件内部不会产生附加应力，因此也不会发生变形；但若热胀冷缩的自由发展受到约束则结构内会产生显著的内力。如图 3-36（b）所示，两端固定约束的构件，受热时构件膨胀，由于受到约束而在构件内部产生较大内力，使构件产生较大变形，这一点完全不同于图 3-36（a）所示热胀冷缩能自由发展的构件。若将构件加热到 600 ℃以上而达到塑性状态（此时 $f_y = 0$ ），则加热过程中的伸长（受热膨胀）因受到约束而不能自由发展，内部则产生压缩的塑性变形，由于 600 ℃时钢材弹性模量接近于零，所以无压缩应力。但是待冷却至常温时，此杆件的冷缩不能自由发展，同样受到约束而在构件内产生较大的拉应力，约束内则产生压应力来平衡构件内的拉应力，结构体系中应力自相平衡。

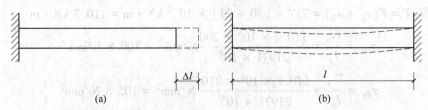

图 3-36　钢杆加热后的残余变形

（a）一端固定约束一端自由的钢杆钢结构；（b）两端固定约束的钢杆钢结构

与此类似，焊接过程是一个不均匀加热和冷却的过程，先施焊的焊缝则先冷却凝固，后施焊则后冷却的焊缝相对于先施焊部位成为高温区。该高温区金属材料的冷却收缩将受

到先冷却部位的低温凝固金属材料的约束，因而该相对高温区金属材料内将产生拉应力。整个过程是一个无任何外荷载参与的，纯粹由于温度变化而产生的系统应力变化，是一个自相平衡的结构系统应力，因此，既然高温区存在拉应力，相应地，低温区必然存在压应力与之平衡。这是焊接残余应力产生的原因。焊接残余应力是焊接体系自相平衡的内力。

具体来说，焊接构件的残余应力可分为：纵向残余应力、横向残余应力、厚度方向的残余应力。图 3-37（a）所示为两块钢板对接焊接后的残余应力分布情况。

（1）纵向焊接残余应力。施焊时电弧对钢板不均匀加热，焊缝及其附近热影响区金属达到热塑性状态，其冷却过程中由于远离焊缝的金属约束该高温区的自由收缩，因而焊缝区发生了很大的纵向（沿焊缝长度方向）残余拉应力。在低碳钢和低合金钢中，这种纵向焊件残余拉应力甚至达到钢材的屈服点，相应地，由于体系内力的自相平衡，低温区金属受到纵向残余压应力，如图 3-37（b）所示。

（2）横向焊接残余应力。产生纵向残余应力的同时，在垂直于焊缝方向产生横向残余应力，其原因是：

1）当焊缝纵向收缩时，有使两块钢板向外弯成弓形的趋势，如图 3-37（a）所示，但这种趋势被焊缝金属所阻止，因而产生焊缝中部受拉、两端受压的横向应力，如图 3-37（c）所示。

2）由于焊缝是依次施焊的，后焊部分的收缩因受到已经冷缩的先焊部分的约束，后焊部分产生横向拉应力，并使邻近的先焊部分产生横向压应力，如图 3-37（d）所示。焊缝的横向残余应力是上述两种原因产生的应力的合成，如图 3-37（e）所示，横向残余应力值一般不高（100 N/mm² 数量级内）。纵向和横向残余应力在焊件中部焊缝中形成了同号双向拉应力场，如图 3-37（a）所示，这就是焊接结构易发生脆性破坏的原因之一。

（3）沿焊缝厚度方向的焊接残余应力。在厚钢板的连接中焊缝需要多层施焊，因此，除有纵向和横向焊接残余应力（σ_x、σ_y）外，沿厚度方向还存在着焊接残余应力（σ_z），如图 3-38 所示。这三种应力形成较严重的同号三向应力场，使焊缝的工作更为不利。

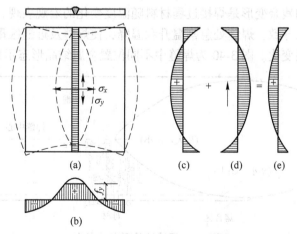

图 3-37　钢板的焊后残余应力图
（a）两块钢板对接焊接后残余应力分布；（b）低温区金属残余应力分布；
（c）焊缝中部受拉、两端受压的横向应力；（d）焊缝邻近先焊部分横向压应力；（e）焊缝横向残余应力

以上分析是焊件在无外加约束情况下的焊接残余应力。在实际结构中，同时受到其他约束作用，焊接变形和焊接残余应力的分布更为复杂，对焊缝的工作不利。因此，设计连接构造及焊缝的施焊次序时，要尽可能使焊件能够自由伸缩，以便减少约束应力。

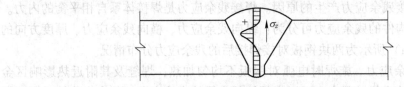

图 3-38　沿焊缝厚度方向的残余应力

（4）焊件冷缩后还会发生残余变形。残余变形类型有缩短（纵向和横向的收缩变形）、角度改变、弯曲变形等，分别如图 3-39（a）~（c）所示，另外还有扭曲及波浪形变形等。

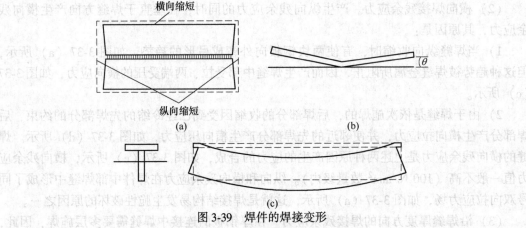

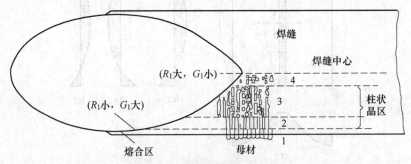

（c）

图 3-39　焊件的焊接变形

（a）收缩变形；（b）角度变形；（c）弯曲变形

3.5.2　焊接残余应力和焊接变形产生的金相微观变化

焊接残余应力和残余变形是焊接过程材料随温度变化的宏观表现，其实质是：焊接过程中不均匀的热输入导致，焊缝处急剧温升和温降，使焊缝及近缝区母材金属内部的金相组织改变而带来剧烈变化。图 3-40 为焊缝中不同位置金属结晶形态示意图。

![图 3-40]

图 3-40　焊缝结晶形态的变化

R_1—晶体长大速度；G_1—液相中的温度梯度；

1—平面晶；2—胞状晶；3—枝状晶；4—等轴晶

焊缝融合区的结晶形态比较复杂，该区域由于熔滴的过渡或电弧吹力作用不均匀而使温度很不均匀，母材晶粒相对最有利导热方向的取向是有差异的，从而造成该区域不均匀的熔化现象，如图3-41所示。该区域存在局部熔化和局部不熔化的固、液两相共存区域，表现出显著的化学不均匀性。同时，焊缝及周边热影响区和母材金属的金相组织微观结构（如图3-42所示）将发生变化，从而导致组织的分布不均匀，最终在宏观上表现为焊接处的变形。

因此，实际的变形是各种因素综合作用的结果。

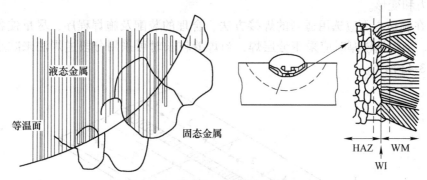

图 3-41　熔合区晶粒熔化的情况
HAZ—纯热影响区 ；WI—焊接界面区；WM—焊缝

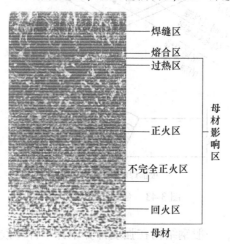

图 3-42　焊缝处金相组织微观结构

3.5.3　焊接残余应力和变形的危害性及解决措施

常温下承受静载的焊接结构，当没有严重的应力集中时，焊接残余应力并不显著影响结构的静力强度。当残余应力与外加荷载引起的应力同号相加以后，该处材料将提前进入屈服阶段，局部形成塑性区，若继续加荷，则变形加快，这说明残余应力的存在会降低结构的刚度，增大变形，降低稳定性。同时由于残余应力一般为三向同号应力状态，材料在这种应力状态下易转向脆性，疲劳强度降低。尤其在低温动载作用下，容易产生裂纹，有时会导致结构发生低温脆性断裂。

焊接残余变形会使结构的安装发生困难，对于使用质量有很大影响，过大的变形将显著地降低结构的承载能力，甚至使结构不能使用。因此，在设计和制造时必须采取适当措施来减轻焊接应力和变形的影响。

3.5.3.1　减小或消除焊接残余应力的措施

（1）在构造设计方面应着重避免能引起三向拉应力的情况。当几个构件相交时，应避免焊缝过分集中于一点。在正常情况下，当不采用特殊措施时，设计焊缝厚度和板厚均不宜过大（标准规定低碳钢厚度不宜大于 50 mm，低合金钢厚度不宜大于 36 mm），以减小焊接应力和变形。

（2）在制造方面应选用适当的焊接方法、合理的装配及施焊程序，尽量使各焊件能自由收缩。当焊缝较厚时应采用分层焊，当焊缝较长时可采用分段逆焊法来减小残余应力，如图 3-43 所示。

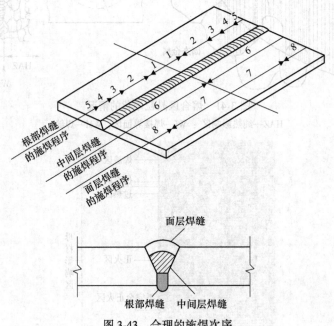

图 3-43　合理的施焊次序

按照现行的设计标准，一般钢结构在强度计算中并不计算残余应力，因为此应力是集中在焊缝区的局部应力，当它与外载产生的应力叠加时，只是引起应力分布不均，如同应力集中一样。但是采用高强度钢（$f_u > 490$ N/mm²）、厚板的重型焊接结构时，重要节点部位必须采取措施减少或消除残余应力，以符合某些专门设计规范的容许限度。

焊件焊前预热和焊后热处理是防止焊接裂缝产生和减少残余应力的有效方法。焊前预热可减少焊缝金属和主体金属的温差，从而减少残余应力，减轻局部硬化和改善焊缝质量。焊后将焊件做退火处理（加热至 600 ℃左右，然后缓缓冷却），虽能消除焊接残余应力，但因工艺和设备都较复杂，除特别重要的构件和尺寸不大的重要零部件外，一般采用较少。

3.5.3.2　减小或消除焊接变形的措施

（1）反变形法，即在施焊前预留适当的收缩量或根据制造经验预先造成适当大小的相反方向的变形，来抵消焊后变形，如图 3-44（a）和（b）所示。这种方法如掌握适当，效果甚好，一般适用于较薄板件。

（2）采用合理的装配和焊接顺序对于控制变形而言也十分有效。

（3）焊接变形的矫正方法，以机械矫正和局部火焰加热矫正较为常用。对于低合金钢而言，不宜使用锤击方法进行矫正。

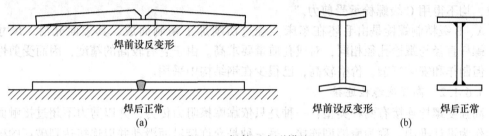

焊前设反变形

焊后正常

(a)

焊前设反变形

焊后正常

(b)

图 3-44 焊件反变形措施

3.6 螺 栓

3.6.1 螺栓连接

螺栓连接安装操作简单，先在连接件上钻孔，然后装入预制的螺栓杆，拧紧螺母即可。螺栓连接又便于拆卸，故广泛用于结构的安装连接、需经常装拆的结构及临时固定连接中。螺栓又分为普通螺栓和高强度螺栓。高强度螺栓连接紧密，耐疲劳，承受动载可靠，成本也不太高，目前在一些重要的永久性结构的安装连接中，它已成为替代铆钉连接的优良连接方法。螺栓连接分普通螺栓连接和高强度螺栓连接两种。

3.6.1.1 普通螺栓连接

普通螺栓分为 A、B、C 三级。A 级与 B 级为精制螺栓，C 级为粗制螺栓。C 级螺栓材料性能等级为 4.6 级或 4.8 级：小数点前的数字表示螺栓成品的抗拉强度不小于 400 N/mm²，小数点及小数点以后数字分别表示其屈强比（屈服强度与抗拉强度之比）为 0.6 或 0.8。A 级和 B 级螺栓性能等级则为 8.8 级，其抗拉强度不小于 800 N/mm²，屈强比为 0.8。

C 级螺栓由未经加工的圆钢轧制而成。由于螺栓表面粗糙，一般采用在单个零件上一次冲成，或采用钻模钻成设计孔径的孔（Ⅱ类孔）。螺栓孔的直径比螺栓杆的直径大 1.5~3 mm（详见表 3-4）。若采用 C 级螺栓连接，由于螺栓杆与螺栓孔之间有较大的间隙，受剪力作用时，将会产生较大的剪切滑移，因此连接的变形大。但 C 级螺栓安装方便，且能有效地传递拉力，故一般可用于沿螺栓杆轴受拉的连接中，以及次要结构的抗剪连接或安装时的临时固定。

表 3-4 C 级螺栓孔径

螺栓公称直径/mm	12	16	20	22	24	27	30
螺栓孔公称直径/mm	13.5	17.5	22	24	26	30	33

"C 级螺栓与孔壁间有较大空隙，故不宜用于重要的连接。例如：

1 制动梁与吊车梁上翼缘的连接：承受着反复的水平制动力和卡轨力，应优先采用高强度螺栓，其次是低氢型焊条的焊接，不得采用 C 级螺栓；

2 制动梁或吊车梁上翼缘与柱的连接：由于传递制动梁的水平支承反力，同时受到反复的动力荷载作用，不得采用 C 级螺栓；

3 在柱间支撑处吊车梁下翼缘与柱的连接，柱间支撑与柱的连接等承受剪力较大的部位，均不得用 C 级螺栓承受剪力。"

A、B 级精制螺栓是由毛坯在车床上经过切削加工精制而成。其表面光滑，尺寸准确，螺杆直径与螺栓孔径相同，对成孔质量要求高。由于它有较高的精度，因而受剪性能好，但制作和安装复杂，价格较高，已很少在钢结构中采用。

3.6.1.2　高强度螺栓连接

高强度螺栓连接有两种类型：一种是只依靠摩擦阻力传力，并以剪力不超过接触面摩擦力作为设计准则，称为摩擦型连接；另一种是允许接触面滑动并以连接达到破坏的极限承载力作为设计准则，称为承压型连接。

高强度螺栓紧固过程分初拧、终拧，其目的是使摩擦面能密贴，且螺栓受力均匀，对大型节点强调安装顺序是防止节点中螺栓预应力损失不均，影响连接的刚度。

高强度螺栓一般采用 45 号钢、40B 和 20MnTiB 钢加工而成，经热处理后，螺栓抗拉强度应分别不低于 800 N/mm² 和 1000 N/mm²，即前者的性能等级为 8.8 级，后者的性能等级为 10.9 级。摩擦型连接高强度螺栓的孔径比螺栓公称直径 d 大 1.5~2.0 mm，承压型连接高强度螺栓的孔径比螺栓公称直径 d 大 1.0~1.5 mm。

摩擦型连接螺栓的剪切变形小、弹性性能好、施工较简单、可拆卸、耐疲劳，特别适用于承受动力荷载的结构。承压型连接的承载力高于摩擦型的，连接紧凑，但剪切变形大，故不得用于直接承受动力荷载的结构中。

3.6.1.3　螺栓的排列方式

螺栓的排列方式分为并列和错列两种，如图 3-45 所示。其中并列连接排列紧凑，布孔简单，传力大，但是截面削弱较大，并列连接是目前常用的排列形式。错列排列的截面削弱小，连接不紧凑，传力小，型钢连接中由于型钢截面尺寸的原因，常采用此种形式，如 H 形钢、角钢等拼接连接。

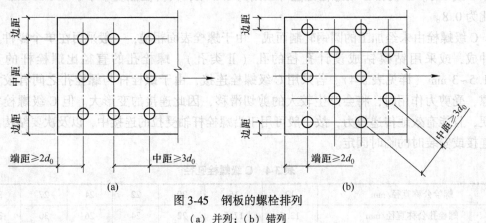

图 3-45　钢板的螺栓排列

（a）并列；（b）错列

3.6.1.4　螺栓的容许间距

螺栓在构件上的布置和排列应满足受力要求、构造要求和施工要求。

（1）受力要求。在垂直于受力方向：对于受拉构件，各排螺栓的中距及边距不能过小，以免使螺栓周围应力集中相互影响，且使钢板的截面削弱过多，降低其承载能力。在顺力作用方向：端距应按被连接件材料的抗挤压及抗剪切等强度条件确定，以使钢板在端部不致被螺栓撕裂，标准规定端距不应小于 $2d_0$；受压构件上的中距不宜过大，否则在被连接板件间容易发生鼓曲现象。

（2）构造要求。螺栓的中距及边距不宜过大，否则钢板间不能紧密贴合，潮气侵入缝隙使钢材锈蚀。

（3）施工要求。要保证一定的施工空间，便于转动螺栓扳手，因此标准规定了螺栓最小容许间距。

根据以上要求，《钢结构设计标准》规定了钢板上螺栓的容许距离，详见图 3-45 及表 3-5。螺栓沿型钢长度方向上排列的间距，除应满足表 3-5 的最大、最小距离外，尚应充分考虑拧紧螺栓时的净空要求。在角钢、普通工字钢、槽钢规格截面上排列螺栓的线距应满足表 3-5~表 3-8 的要求。在 H 形钢截面上排列螺栓的线距如图 3-46 所示，腹板上的 c 值可参照普通工字钢；翼缘上的 e 值或 e_1、e_2 值可根据其外伸宽度参照角钢。

表 3-5　螺栓的最大、最小容许距离

名称	位置和方向			最大容许距离（取两者的较小值）/mm	最小容许距离/mm
中心间距	外排（垂直内力方向或顺内力方向）			$8d_0$ 或 $12t$	$3d_0$
	中间排	垂直内力方向		$16d_0$ 或 $24t$	
		顺内力方向	压力	$12d_0$ 或 $18t$	
			拉力	$16d_0$ 或 $24t$	
	沿对角线方向			—	
中心至构件边缘距离	顺内力方向			$4d_0$ 或 $8t$	$2d_0$
	垂直内力方向	剪切边或手工气割边			$1.5d_0$
		轧制边自动精密气割或锯割边	高强度螺栓		$1.2d_0$
			其他螺栓		

注：1. d_0 为螺栓孔直径，t 为外层较薄板件的厚度；
　　2. 钢板边缘与刚性构件（如角钢、槽钢等）相连的螺栓的最大间距，可按中间排的数值采用。

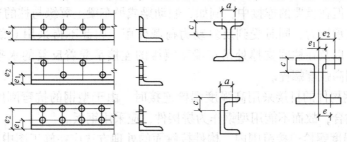

图 3-46　型钢的螺栓排列

表 3-6　角钢上螺栓线距表 （mm）

	角钢肢宽	40	45	50	56	63	70	75	80	90	100	110	125
单行排列	线距 e	25	25	30	30	35	40	40	45	50	55	60	70
	钉孔最大直径	11.5	13.5	13.5	15.5	17.5	20	22	22	24	24	26	26

	角钢肢宽	125	140	160	180	200	双行并列	角钢肢宽	160	180	200
双行错排	e_1	55	60	70	70	70		e_2	60	70	80
	e_1	90	100	120	140	160		e_2	130	140	160
	钉孔最大直径	24	24	26	26	26		钉孔最大直径	24	24	26

表 3-7　工字钢和槽钢腹板上的螺栓线距表 （mm）

工字钢型号	12	14	16	18	20	22	25	28	32	36	40	45	50	56	63
线距 c_{min}	40	45	45	45	50	50	55	60	60	65	70	75	75	75	75
槽钢型号	12	14	16	18	20	22	25	28	32	36	40	—	—	—	—
线距 c_{min}	40	45	50	50	55	55	60	60	70	75	—	—	—	—	—

表 3-8　工字钢和槽钢翼缘上的螺栓线距表 （mm）

工字钢型号	12	14	16	18	20	22	25	28	32	36	40	45	50	56	63
线距 a_{min}	40	40	50	55	60	65	65	70	75	80	80	85	90	95	95
槽钢型号	12	14	16	18	20	22	25	28	32	36	40	—	—	—	—
线距 a_{min}	30	35	35	40	40	45	45	45	50	56	60	—	—	—	—

3.6.1.5　螺栓连接的构造要求

螺栓连接除了满足上述螺栓排列的容许距离外，根据不同情况尚应满足下列构造要求：

（1）为了使连接可靠，每一杆件在节点上以及拼接接头的一端，使用的永久性螺栓数不宜少于两个。但根据实践经验，对于组合构件的缀条，其端部连接可采用一个螺栓。

（2）对直接承受动力荷载的普通螺栓连接，应采用双螺帽或其他防止螺帽松动的有效措施。例如采用弹簧垫圈，或将螺帽和螺杆焊死等方法。

（3）由于 C 级螺栓与孔壁有较大间隙，宜用于沿其杆轴方向受拉的连接。承受静力荷载结构的次要连接、可拆卸结构的连接和临时固定构件用的安装连接中，也可用 C 级螺栓承受剪力。但在重要的连接中，例如，制动梁或吊车梁上翼缘与柱的连接，由于传递制动梁的水平支承反力，同时受到反复动力荷载作用，因此不得采用 C 级螺栓。柱间支撑与柱的连接，以及在柱间支撑处吊车梁下翼缘的连接承受着反复的水平制动力和卡轨力，应优先采用高强度螺栓。

（4）当型钢构件的拼接采用高强度螺栓连接时，由于型钢的抗弯刚度较大，不能保证摩擦面紧密贴合，故而不能用型钢作为拼接件，应采用钢板。

（5）在高强度螺栓连接范围内，构件接触面的处理方法应在施工图中说明。

在螺栓连接的设计计算中，就是要根据连接体系，分析作为连接枢纽的螺栓传力路径，明确螺栓自身的工作性能，首先确定单个螺栓的极限承载能力，据此确定连接体系所需螺栓个数并进行排列设计。确定拼接板的尺寸，检验母材构件是否满足强度要求。按标准绘制施工图。

"**11.5.1** 螺栓孔的孔径与孔型应符合下列规定：

1 B 级普通螺栓的孔径 d_0 较螺栓公称直径 d 大 $0.2 \sim 0.5$ mm，C 级普通螺栓的孔径 d_0 较螺栓公称直径 d 大 $1.0 \sim 1.5$ mm。

2 高强度螺栓承压型连接采用标准圆孔时，其孔径 d_g 可按表 11.5.1 采用。

3 高强度螺栓摩擦型连接可采用标准孔、大圆孔和槽孔，孔型尺寸可按表 11.5.1 采用。采用扩大孔连接时，同一连接面只能在盖板和芯板其中之一的板上采用大圆孔或槽孔，其余仍采用标准孔。

表 11.5.1 高强度螺栓连接的孔型尺寸匹配　（mm）

螺栓公称直径			M12	M16	M20	M22	M24	M27	M30
孔型	标准孔	直径	13.5	17.5	22	24	26	30	33
	大圆孔	直径	16	20	24	28	30	35	38
	槽孔	短向	13.5	17.5	22	24	26	30	33
		长向	22	30	37	40	45	50	55

4 高强度螺栓摩擦型连接盖板按大圆孔、槽孔制孔时，应增大垫圈厚度或采用连续型垫板，其孔径与标准垫圈相同，对 M24 及以下的螺栓，厚度不宜小于 8 mm；对 M24 以上的螺栓，厚度不宜小于 10 mm。"

3.6.1.6 螺栓、螺栓孔图例

在钢结构施工图上需要将螺栓、螺栓孔的施工要求用图形表达清楚，以免引起混淆，表 3-9 为常用的螺栓、螺栓孔图例。

表 3-9 螺栓、螺栓孔图例

序 号	名 称	图 例	说 明
1	永久螺栓		
2	安装螺栓		
3	高强度螺栓		1. 细 "+" 表示定位线； 2. 必须标注螺栓、螺栓孔直径
4	螺栓圆孔		
5	椭圆形螺孔		

3.6.2 普通螺栓连接的工作性能和计算

普通螺栓连接按受力情况可分为三类：（1）螺栓只承受剪力；（2）螺栓只承受拉力；

（3）螺栓承受拉力和剪力的共同作用。下面将分别论述这三类连接的工作性能和计算方法。

3.6.2.1 普通螺栓的抗剪连接

A 抗剪连接的工作性能

抗剪连接是最常见的螺栓连接。如果以图 3-47（a）所示的螺栓连接试件做抗剪试验，则可得出试件上 a、b 两点之间的相对位移 δ 与作用力 N 的关系曲线，即图 3-47（b）。由此关系曲线可见，试件由零载一直加载至连接破坏的全过程，经历了以下四个阶段。

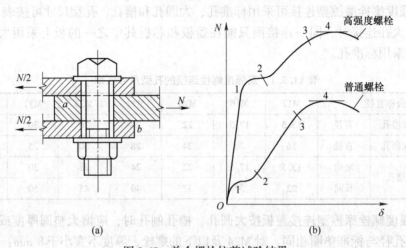

图 3-47　单个螺栓抗剪试验结果

（a）单个螺栓连接试件；（b）试件 a、b 之间相对位移 δ 与作用力 N 的关系曲线

（1）摩擦传力的弹性阶段。在施加荷载之初，荷载较小，连接中的剪力也较小，荷载靠构件间接触面的摩擦力传递，螺栓杆与孔壁之间的间隙保持不变，连接工作处于弹性阶段，在 N-δ 图上呈现出 $O1$ 斜直线段。但由于板件间摩擦力的大小取决于拧紧螺帽时在螺杆中的初始拉力，一般说来，普通螺栓的初拉力很小，故此阶段很短可略去不计。

（2）滑移阶段。当荷载增大，连接中的剪力达到构件间摩擦力的最大值，板件间突然产生相对滑移，其最大滑移量为螺栓杆与孔壁之间的间隙，直至螺栓杆与孔壁接触，即 N-δ 图中"12"水平段。

（3）栓杆直接传力的弹性阶段。如果荷载再增加，连接所承受的外力就主要是靠螺栓与孔壁接触传递。螺栓杆除主要受剪力外，还有弯矩和轴向拉力，而孔壁受到挤压。由于接头材料的弹性性质，也由于螺栓杆的伸长受到螺帽的约束，增大了板件间的压紧力，使板件间的摩擦力也随之增大。所以 N-δ 曲线呈上升状态，达到"3"点时，表明螺栓或连接板达到弹性极限，此阶段结束。

（4）弹塑性阶段。荷载继续增加，在此阶段即使给荷载很小的增量，连接和剪切变形也迅速加大，直到连接的最后破坏。N-δ 图上曲线的最高点"4"所对应的荷载即普通螺栓连接的极限荷载。

抗剪螺栓连接达到极限承载力时，可能的破坏形式有：

（1）当栓杆直径较小，板件较厚时，栓杆可能先被剪断，如图 3-48（a）所示；

（2）当栓杆直径较大，板件较薄时，板件可能先被挤坏，由于栓杆和板件的挤压是相对的，故也可把这种破坏叫作螺栓承压破坏，如图 3-48（b）所示；

（3）板件可能因螺栓孔削弱太多而被拉断，如图 3-48（c）所示；

（4）端距太小，端距范围内的板件有可能被栓杆冲剪破坏，如图 3-48（d）所示；

（5）当螺栓杆较长（被连接钢材总厚度较大）较细时，可能发生螺栓杆弯曲破坏，如图 3-48（e）所示。

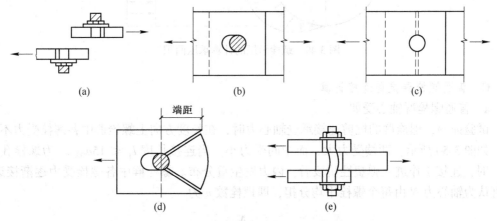

图 3-48　抗剪螺栓连接的破坏形式

（a）螺栓杆剪断；（b）钢板被拉断；（c）孔壁挤压；（d）钢板剪断；（e）螺栓弯曲

　　上述第（3）种破坏形式属于构件的强度问题；对于（4）、（5）两种破坏形式，可以通过构造措施加以解决，一是限制螺栓端距大于 2，以避免板因受螺栓杆挤压而被剪断，如图 3-48（d）所示；二是限制板叠厚度不超过 5（为螺栓杆直径），以避免螺杆弯曲过大而影响承载能力，如图 3-48（e）所示。因此，抗剪螺栓连接的计算只考虑第（1）、（2）种破坏形式。

　　B　单个普通螺栓的抗剪承载力

　　普通螺栓连接的抗剪承载力，应考虑螺栓杆受剪和孔壁承压两种情况。假定螺栓受剪面上的剪应力是均匀分布的，则单个抗剪螺栓的抗剪承载力设计值为

$$N_v^b = n_v \frac{\pi d^2}{4} f_v^b \qquad (3-35)$$

式中　　n_v——受剪面数目，单剪 $n_v = 1$，双剪 $n_v = 2$，四剪 $n_v = 4$；

　　　　d——螺栓杆直径；

　　　　f_v^b——螺栓抗剪强度设计值，按附表 1-3 取值。

　　由于螺栓的实际承压应力分布情况难以确定，为简化计算，假定螺栓承压应力分布于螺栓直径平面上，如图 3-49 所示，而且假定该承压面上的应力为均匀分布，则单个抗剪螺栓的承压承载力设计值为

$$N_c^b = d \sum t f_c^b \qquad (3-36)$$

式中　　$\sum t$——在同一受力方向的承压构件的较小总厚度；

　　　　f_c^b——螺栓承压强度设计值，按附表 1-3 取值。

　　一个螺栓抗剪的承载力设计值，取 N_v^b 和 N_c^b 两者中较小值，即：

$$N_{\min}^{b} = \min(N_{v}^{b}, N_{c}^{b}) \tag{3-37}$$

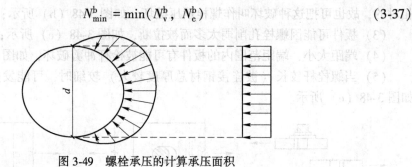

图 3-49　螺栓承压的计算承压面积

C　普通螺栓群抗剪连接计算

a　普通螺栓群轴心受剪

试验证明，螺栓群的抗剪连接承受轴心力时，在长度方向上螺栓群中各螺栓受力不均匀，如图 3-50 所示，两端受力大，而中间受力小。当连接长度 $l_1 \leqslant 15d_0$（d_0 为螺栓孔直径）时，连接工作进入弹塑性阶段后，内力发生重分布。螺栓群中各螺栓受力逐渐接近，故可认为轴心力 N 由每个螺栓平均分担，即螺栓数 n 为

$$n = \frac{N}{N_{\min}^{b}} \tag{3-38}$$

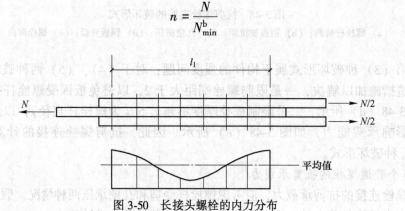

图 3-50　长接头螺栓的内力分布

当 $l > 15d_0$ 时，连接工作进入弹塑性阶段后，各螺杆所受内力也不易均匀。端部螺栓首先达到极限强度而破坏，随后由外向里依次破坏，即解纽扣效应。当 $l_1 / d_0 > 15$ 时，连接强度明显下降，开始下降较快，以后逐渐缓和，并趋于常值。当 $l_1 > 60d_0$ 时，折减系数取 0.7。我国现行《钢结构设计标准》所采用的曲线如图 3-51 中的实线所示，由此曲线可知折减系数为

$$\eta = 1.1 - \frac{l_1}{150d_0} \tag{3-39}$$

则对长连接，所需抗剪螺栓数为

$$n = \frac{N}{\eta N_{\min}^{b}} \tag{3-40}$$

此外，还应验算被螺栓孔削弱的构件净截面的强度。

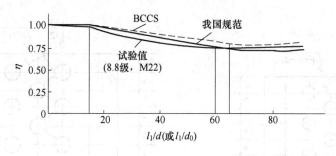

图 3-51 长连接抗剪螺栓的强度折减系数

母板的净截面强度验算公式为

$$\frac{N}{A_{n1}} \leqslant f$$

拼接板的净截面强度验算公式为

$$\frac{0.5N}{A_{n2}} \leqslant f$$

式中 A_{n1}——母板的净截面面积；

　　　　A_{n2}——拼接板的净截面面积。

当螺栓为并列排列时，如图 3-52（a）所示，母板的危险截面为截面 1—1，拼接板的危险截面为截面 2—2。

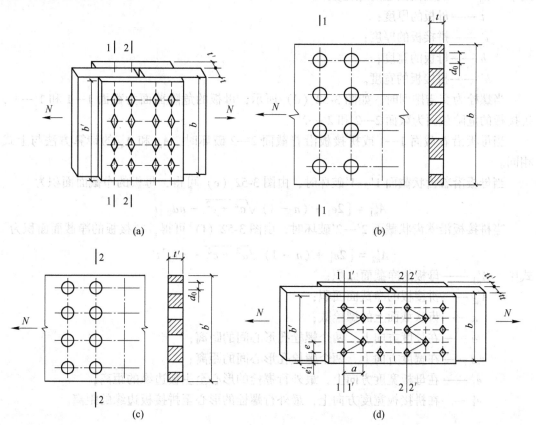

（a）

（b）

（c）

（d）

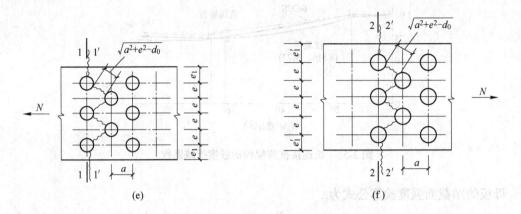

图 3-52　构件净截面面积计算

（a）螺栓为并列排列；（b）螺栓并列排列的母板；（c）螺栓并列排列的拼接板；（d）螺栓为交错排列；

（e）螺栓交错排列的母板；（f）螺栓交错排列的拼接板

由图 3-52（b）可得，母板的净截面面积为

$$A_{n1} = bt - n_1 d_0 t$$

由图 3-52（c）可得，拼接板的净截面面积为

$$A_{n2} = b't' - n_1 d_0 t'$$

式中　n_1——危险截面上的螺栓数；

　　　t——母板的厚度；

　　　t'——拼接板的厚度；

　　　b——母板的宽度；

　　　b'——拼接板的宽度。

当螺栓为交错排列时，如图 3-52（d）所示，母板的危险截面为截面 1—1 和 1′—1′，拼接板的危险截面为截面 2—2 和 2′—2′。

当母板沿着截面 1—1 或拼接板沿着截面 2—2 破坏时，A_{n1} 和 A_{n2} 的计算方法与上式相同。

当母板沿着齿状截面 1′—1′破坏时，由图 3-52（e）可得，母板的净截面面积为

$$A'_{n1} = \left[2e_1 + (n - 1) \sqrt{a^2 + e^2} - n d_0 \right] t$$

当拼接板沿着齿状截面 2′—2′破坏时，由图 3-52（f）可得，拼接板的净截面面积为

$$A'_{n2} = \left[2e'_1 + (n - 1) \sqrt{a^2 + e^2} - n d_0 \right] t'$$

式中　A'_{n1}——母板的净截面面积；

　　　A'_{n2}——拼接板的净截面面积；

　　　n——齿状截面上的螺栓数；

　　　a——在长度方向上，两个螺栓孔形心间的距离；

　　　e——在宽度方向上，两个螺栓孔形心间的距离；

　　　e_1——在母板宽度方向上，最外行螺栓的形心至主板边缘的距离；

　　　e'_1——在拼接板宽度方向上，最外行螺栓的形心至拼接板边缘的距离。

b 普通螺栓群偏心受剪

图 3-53 所示即为螺栓群承受偏心剪力的情形，剪力 F 的作用线至螺栓群中心线的距离为 e ，故螺栓群同时受到轴心力 F 和扭矩 $T = Fe$ 的联合作用。

在轴心力作用下可认为每个螺栓平均受力，则

$$N_{1F} = \frac{F}{n} \tag{3-41}$$

螺栓群在扭矩 $T = Fe$ 作用下，每个螺栓均受剪，连接按弹性设计法的计算基于下列假设：

（1）连接板件为绝对刚性，螺栓为弹性体；

（2）连接板件绕螺栓群形心旋转，各螺栓所受剪力大小与该螺栓至形心距离 r_i 成正比，其方向则与连线 r_i 垂直，如图 3-53（c）所示。

螺栓 1 距形心 O 最远，其所受剪力 N_{1T} 最大：

$$N_{1T} = A_1 \tau_{1T} = A_1 \frac{Tr_1}{A_1 \sum r_i^2} = \frac{Tr_1}{\sum r_i^2} \tag{3-42}$$

式中　A_1——一个螺栓的截面面积；

τ_{1T}——螺栓 1 的剪应力；

r_i——任意螺栓至形心的距离。

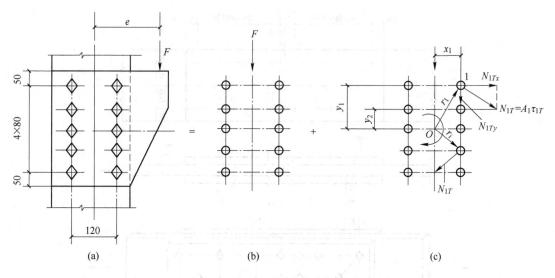

图 3-53　螺栓群偏心受剪

（a）螺栓群承受偏心力；（b）螺栓群排列；（c）螺栓群受力分析

将 N_{1T} 分解为水平分力 N_{1Tx} 和垂直分力 N_{1Ty} ：

$$N_{1Tx} = N_{1T} \frac{y_1}{r_1} = \frac{Ty_1}{\sum r_i^2} = \frac{Ty_1}{\sum x_i^2 + \sum y_i^2} \tag{3-43}$$

$$N_{1Ty} = N_{1T} \frac{x_1}{r_1} = \frac{Tx_1}{\sum r_i^2} = \frac{Tx_1}{\sum x_i^2 + \sum y_i^2} \tag{3-44}$$

由此可得，螺栓群偏心受剪时，受力最大的螺栓 1 所受合力为

$$\sqrt{N_{1Tx}^2 + (N_{1Ty} + N_{1F})^2} \leqslant \sqrt{\left(\frac{Ty_1}{\sum x_i^2 + \sum y_i^2}\right)^2 + \left(\frac{Tx_1}{\sum x_i^2 + \sum y_i^2} + \frac{F}{n}\right)^2} \leqslant N_{\min}^b$$

(3-45)

当螺栓群布置在一个狭长带，例如 $y_1 > 3x_1$ 时，可取 $x_i = 0$ 以简化计算，则上式为

$$\sqrt{\left(\frac{Ty_1}{\sum y_i^2}\right)^2 + \left(\frac{F}{n}\right)^2} \leqslant N_{\min}^b$$

(3-46)

设计中，通常是先按构造要求排好螺栓，再用式（3-46）验算受力最大的螺栓。可想而知，由于计算是由受力最大的螺栓的承载力控制，而此时其他螺栓受力较小，不能充分发挥作用。因此这是一种偏安全的弹性设计法。

【例 3-8】　设计两块钢板用普通螺栓的盖板拼接。已知轴心拉力的设计值 $N =$ 325 kN，钢材型号为 Q235，螺栓直径 $d = 20$ mm（粗制螺栓）。

【解】　一个螺栓的承载力设计值计算如下：

抗剪承载力设计值

$$N_v^b = n_v \frac{\pi d^2}{4} f_v^b = 2 \times \frac{3.14 \times 20^2}{4} \times 140 \text{ N} = 87900 \text{ N} = 87.9 \text{ kN}$$

图 3-54 为两块钢板用普通螺栓的盖板拼接。

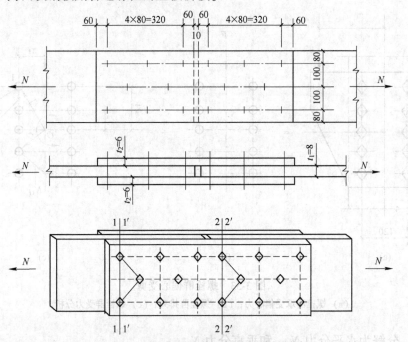

图 3-54　两块钢板用普通螺栓的盖板拼接

承压承载力设计值

$$N_c^b = d \sum t f_c^b = 20 \times 8 \times 305 \text{ N} = 48800 \text{ N} = 48.8 \text{ kN}$$

连接一侧所需螺栓数 $n = \dfrac{325}{48.8} = 6.7$ 个，取 8 个（图 3-54）。

螺栓为交错排列，故母板的危险截面为截面 1—1 和 1—1′，拼接板的危险截面为截面 2—2 和 2′—2′。由于拼接板的宽度与母板相同，并且两层拼接板的厚度之和大于母板的厚度，故只需验算母板的净截面强度。

当母板沿着截面 1—1 破坏时，母板的净截面面积为

$$A_{n1} = (360 \times 8 - 2 \times 20 \times 8) \text{ mm}^2 = 2560 \text{ mm}^2$$

当母板沿着截面 1′—1′ 破坏时，母板的齿状净截面面积为

$$A'_{n1} = [2 \times 80 + (3-1) \times \sqrt{100^2 + 80^2} - 3 \times 20] \times 8 \text{ mm}^2 = 2849 \text{ mm}^2$$

由于 $A_{n1} < A'_{n1}$，故只需验算母板沿着截面 1—1 破坏时的净截面强度。

$$\frac{N}{A_{n1}} = \frac{325 \times 10^3}{2560} \text{ N/mm}^2 = 127 \text{ N/mm}^2 < f = 215 \text{ N/mm}^2，满足要求。$$

【例 3-9】 设计如图 3-53（a）所示的普通螺栓连接。柱翼缘厚度为 10 mm，连接板厚度为 8 mm，钢材型号为 Q235-B，荷载设计值 $F = 150$ kN，偏心距 $e = 250$ mm，粗制螺栓型号为 M22。

【解】

$$\sum x_i^2 + \sum y_i^2 = 10 \times 6^2 \text{ cm}^2 + (4 \times 8^2 + 4 \times 16^2) \text{ cm}^2 = 1640 \text{ cm}^2$$

$$T = Fe = 150 \times 25 \times 10^{-2} \text{ kN} \cdot \text{m} = 37.5 \text{ kN} \cdot \text{m}$$

$$N_{1Tx} = \frac{Ty_1}{\sum x_i^2 + \sum y_i^2} = \frac{37.5 \times 16 \times 10^2}{1640} \text{ kN} = 36.6 \text{ kN}$$

$$N_{1Ty} = \frac{Tx_1}{\sum x_i^2 + \sum y_i^2} = \frac{37.5 \times 6 \times 10^2}{1640} \text{ kN} = 13.7 \text{ kN}$$

$$N_{1F} = \frac{F}{n} = \frac{150}{10} \text{ kN} = 15 \text{ kN}$$

螺栓直径 $d = 22$ mm，一个螺栓的设计承载力如下：

螺栓抗剪

$$N_v^b = n_v \frac{\pi d^2}{4} f_v^b = 1 \times \frac{3.14 \times 22^2}{4} \times 140 \text{ kN} = 53.2 \text{ kN} > 46.5 \text{ kN}$$

构件承压

$$N_c^b = d \sum t f_c^b = 22 \times 8 \times 305 \text{ N} = 53700 \text{ N} = 53.7 \text{ kN} > 46.5 \text{ kN}$$

3.6.2.2 普通螺栓的抗拉连接

A　单个普通螺栓的抗拉承载力

抗拉螺栓连接在外力作用下，构件的接触面有脱开趋势。此时螺栓受到沿杆轴方向的拉力作用，故抗拉螺栓连接的破坏形式为栓杆被拉断。

单个抗拉螺栓的承载力设计值为

$$N_t^b = A_e f_t^b = \frac{\pi d_e^2}{4} f_t^b \tag{3-47}$$

式中　d_e——螺栓的有效直径；

f_t^b——螺栓抗拉强度设计值，按附表 1-3 取值。

下面要特别说明两个问题。

（1）螺栓的有效截面积。由于螺纹是斜方向的，所以螺栓抗拉时采用的直径，不是净直径 d_n ，而是有效直径 d_e （图 3-55）。根据现行国家标准，取

$$d_e = d - 0.9382 a_1 \tag{3-48}$$

式中 a_1——螺距。

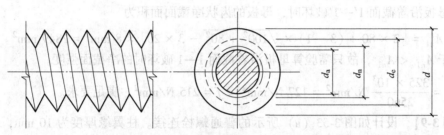

图 3-55   螺栓螺纹处的直径

（2）螺栓垂直连接件的刚度对螺栓抗拉承载力的影响。螺栓受拉时，通常不可能使拉力正好作用在螺栓轴线上，而是通过与螺杆垂直的板件传递拉力。如图 3-56 所示的 T 形连接，如果连接件的刚度较小，受力后与螺栓垂直的连接件总会有变形，因而形成杠杆作用，螺栓有被撬开的趋势，使螺杆中的拉力增加并产生弯曲现象。

考虑杠杆作用时，螺杆的轴心力为

$$N_1 = N + Q$$

式中 Q——由于杠杆作用对螺栓产生的撬力。

撬力的大小与连接件的刚度有关，连接件的刚度越小，撬力越大；同时撬力也与螺栓直径和螺栓所在位置等因素有关。由于确定撬力比较复杂，我国现行《钢结构设计标准》为了简化，规定普通螺栓抗拉强度设计值为螺栓钢材抗拉强度设计值 f 的 0.8 倍，即 $f_t^b = 0.8f$，以考虑撬力的影响。此外，在构造上也可采取一些措施加强连接件的刚度，如设置加劲肋（图 3-57），可以减小甚至消除撬力的影响。

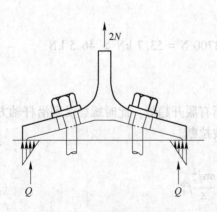

图 3-56   受拉螺栓的撬力

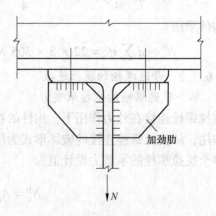

图 3-57   带加劲肋的 T 形连接

B　普通螺栓群轴心受拉

如图 3-58 所示螺栓群在轴心力作用下的抗拉连接，通常假定每个螺栓平均受力，则连接所需螺栓数为

$$n = \frac{N}{N_t^b}$$

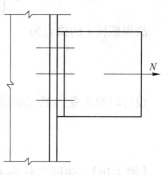

式中　　N_t^b ——一个螺栓的抗拉承载力设计值，按式 (3-47) 计算。

C　普通螺栓群弯矩受拉

图 3-59 所示为螺栓群在弯矩作用下的抗拉连接（图中的剪力 V 通过承托板传递）。按弹性设计法，在弯矩作

图 3-58　螺栓群承受轴心拉力

用下，离中和轴越远的螺栓所受拉力越大，而压应力由弯矩指向一侧的部分端板承受，如图 3-59（c）所示，设中和轴至端板受压边缘的距离为 c_1。这种连接的受力有如下特点：受拉螺栓截面只是孤立的几个螺栓点，而端板受压区是宽度较大的实体矩形截面，如图 3-59（b）、（c）所示。当计算其形心位置作为中和轴时，所求得的端板受压区高度 c_1 总是很小，中和轴通常在弯矩指向一侧最外排螺栓附近的某个位置。因此，实际计算时可近似地取中和轴位于最下排螺栓 O 处，即弯矩作用方向如图 3-59（a）所示时，认为连接变形为绕 O 处水平轴转动，螺栓拉力与 O 点算起的纵坐标 y 成正比，即：$\dfrac{N_1}{y_1} = \dfrac{N_2}{y_2} = \cdots = \dfrac{N_i}{y_i} = \cdots = \dfrac{N_n}{y_n}$。

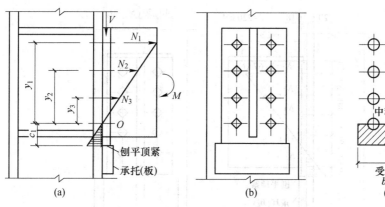
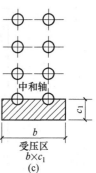

图 3-59　普通螺栓弯矩受拉

（a）螺栓群在弯矩作用下的抗拉连接；（b）螺栓群排列；（c）端板受压区

在 O 处水平轴列弯矩平衡方程时，偏安全地忽略力臂很小的端板受压区部分的力矩，而只考虑受拉螺栓部分，则得（各 y 轴原点均自 O 点算起）：

$$\frac{N_1}{y_1} = \frac{N_2}{y_2} = \cdots = \frac{N_i}{y_i} = \cdots \frac{N_n}{y_n}$$

$$M = N_1 y_1 + N_2 y_2 + \cdots + N_i y_i + \cdots + N_n y_n$$

$$= \left(\frac{N_1}{y_1}\right) y_1^2 + \left(\frac{N_2}{y_2}\right) y_2^2 + \cdots + \left(\frac{N_i}{y_i}\right) y_i^2 + \cdots + \left(\frac{N_n}{y_n}\right) y_n^2$$

$$= \left(\frac{N_i}{y_i}\right) \sum y_i^2$$

故得螺栓 i 的拉力为

$$N_i = \frac{My_i}{\sum y_i^2} \tag{3-49}$$

设计时要求受力最大的最外排螺栓拉力不超过一个螺栓的抗拉承载力设计值

$$N_i = \frac{My_i}{\sum y_i^2} \leqslant N_t^b \tag{3-50}$$

【例3-10】 牛腿与柱用 C 级普通螺栓和承托连接, 如图 3-60 所示, 承受竖向荷载 (设计值) $F = 220$ kN, 偏心距 $e = 200$ mm。试设计其螺栓连接。已知构件和螺栓均用 Q235 钢材, 螺栓型号为 M20, 孔径为 21.5 mm。

【解】 牛腿的剪力 $V = F = 220$ kN, 由端板刨平顶紧于承托传递; 弯矩 $M = Fe = 220$ kN×200 mm = $44×10^3$ kN·mm, 由螺栓连接传递, 使螺栓受拉。初步假定螺栓布置如图 3-60 所示。对最下排螺栓 O 轴取矩, 最大受力螺栓的拉力为

$$N_1 = M y_1 / \sum y_i^2 = (44 \times 10^3 \times 320)/[2 \times (80^2 + 160^2 + 240^2 + 320^2)] \text{kN} = 36.67 \text{ kN}$$

一个螺栓的抗拉承载力设计值为

$$N_t^b = A_e f_t^b = 244.8 \times 170 \text{ N} = 41620 \text{ N} = 41.62 \text{ kN} > N_1 = 36.67 \text{ kN}$$

所假定螺栓连接满足设计要求, 确定采用。

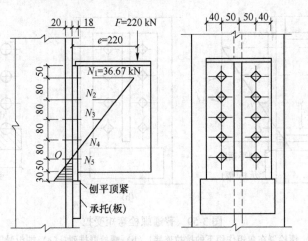

图 3-60   牛腿与柱用普通螺栓和承托连接

D   普通螺栓群偏心受拉

由图 3-61 (a) 可知, 螺栓群偏心受拉相当于连接轴心受拉力 N 和弯矩 $M = Ne$ 的联合作用。按弹性设计法, 根据偏心距的大小可能出现小偏心受拉和大偏心受拉两种情况。

a   小偏心受拉

如图 3-61 (a) 所示的小偏心情况, 所有螺栓均承受拉力作用, 端板与柱翼缘有分离趋势, 故在计算时轴心拉力 N 由各螺栓均匀承受。而弯矩 M 则引起以螺栓群形心 O 处水平轴为中和轴的三角形应力分布, 如图 3-61 (b) 所示, 使上部螺栓受拉, 下部螺栓受

压，叠加后则全部螺栓均匀受拉如图 3-61（c）。这样可得最大和最小受力螺栓的拉力和满足设计要求的公式如下（各 y 均自 O 点算起）：

$$N_{max} = \frac{N}{n} + \frac{Ney_1}{\sum y_i^2} \leqslant N_t^b \qquad (3\text{-}51a)$$

$$N_{min} = \frac{N}{n} - \frac{Ney_1}{\sum y_i^2} \geqslant 0 \qquad (3\text{-}51b)$$

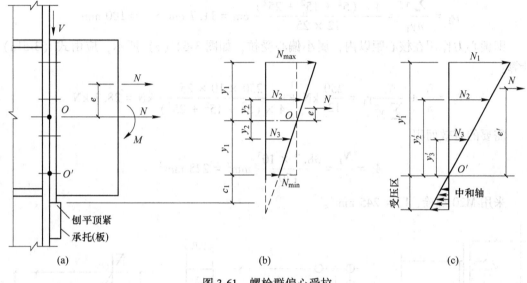

图 3-61　螺栓群偏心受拉

式（3-51a）表示最大受力螺栓的拉力不超过一个螺栓的承载力设计值；式（3-51b）则表示全部螺栓受拉，不存在受压区。由此式可得 $N_{min} \geqslant 0$ 时的偏心距 $e \leqslant \dfrac{\sum y_i^2}{ny_1}$，令 $\rho_1 = \dfrac{W_e}{nA_e} = \sum y_i^2 / (ny_1)$ 为螺栓有效截面组成的核心距，即 $e \leqslant \rho_1$ 时为小偏心受拉。

b　大偏心受拉

当偏心距 e 较大时，即 $e > \rho_1 = \dfrac{\sum y_i^2}{ny_1}$ 时，则端板底部将出现受压区，如图 3-61（c）所示，近似并偏安全取中和轴位于最下排螺栓 O' 处，按相似步骤写对 O' 处水平轴的弯矩平衡方程，可得（e'' 和各 y' 自 O' 点算起，最上排螺栓 1 的拉力最大）：

$$\frac{N_1}{y_1'} = \frac{N_2}{y_2'} = \cdots = \frac{N_i}{y_i'} = \cdots \frac{N_n}{y_n'}$$

$$N_e' = N_1 y_1' + N_2 y_2' + \cdots + N_i y_i' + \cdots + N_n y_n'$$

$$= \left(\frac{N_1}{y_1'}\right) y_1'^2 + \left(\frac{N_2}{y_2'}\right) y_2'^2 + \cdots + \left(\frac{N_i}{y_i'}\right) y_i'^2 + \cdots + \left(\frac{N_n}{y_n'}\right) y_n'^2 +$$

$$\left(\frac{N_i}{y_i'}\right) \sum y_i'^2$$

$$N_1 = \frac{Ne'y_1'}{\sum y_i'^2} \leq N_c^b \quad N_i = \frac{Ne'y_i'}{\sum y_i'^2}$$

【例 3-11】 设图 3-62 为一刚接屋架下弦节点，竖向力由承托承受。螺栓为 C 级，只承受偏心拉力。设 $N = 250$ kN，$e = 100$ mm。螺栓布置如图 3-62（a）所示，试对螺栓连接进行校核。

【解】 螺栓有效截面的核心距

$$\rho_1 = \frac{\sum y_i^2}{ny_1} = \frac{4 \times (5^2 + 15^2 + 25^2)}{12 \times 25} \text{ cm} = 11.7 \text{ cm} > e = 100 \text{ mm}$$

即偏心力作用在核心距以内，属小偏心受拉，如图 3-62（c）所示，应由式（3-51a）计算：

$$N_1 = \frac{N}{n} + \frac{Ne}{\sum y_i^2} y_1 = \frac{250}{12} \text{ kN} + \frac{250 \times 10 \times 25}{4 \times (5^2 + 15^2 + 25^2)} \text{ kN} = 38.7 \text{ kN}$$

需要的有效面积

$$A_e = \frac{N_1}{f_t^b} = \frac{38.7 \times 10^3}{170} \text{ mm}^2 = 228 \text{ mm}^2$$

采用 M20 螺栓，$A_e = 245$ mm^2。

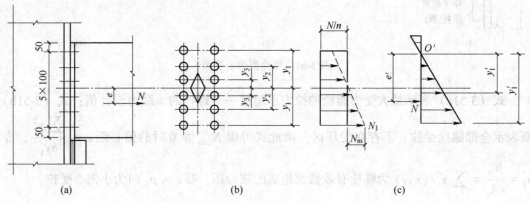

图 3-62　刚接屋架下弦节点
（a）刚接屋架下弦节点；（b）螺栓布置；（c）螺栓受力分析

E　普通螺栓受剪力和拉力的联合作用

图 3-63 所示连接，螺栓群承受剪力 V 和偏心拉力 N（轴心拉力 N 和弯矩 $M = Ne$）的联合作用。承受剪力和拉力联合作用的普通螺栓应考虑两种可能的破坏形式：一是螺杆受剪兼受拉破坏，二是孔壁承压破坏。

根据试验结果可知，兼受剪力和拉力的螺杆，将剪力和拉力分别除以各自单独作用的承载力，这样无量纲化后的相关关系近似为一圆曲线，故螺杆的计算式为

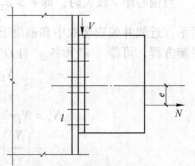

图 3-63　螺栓群受剪力和
拉力的联合作用

$$\left(\frac{N_{\rm v}}{N_{\rm v}^{\rm b}}\right)^2 + \left(\frac{N_{\rm t}}{N_{\rm t}^{\rm b}}\right)^2 \leqslant 1 \tag{3-52a}$$

或

$$\sqrt{\left(\frac{N_{\rm v}}{N_{\rm v}^{\rm b}}\right)^2 + \left(\frac{N_{\rm t}}{N_{\rm t}^{\rm b}}\right)^2} \leqslant 1 \tag{3-52b}$$

式中　　$N_{\rm v}$，$N_{\rm t}$ —— 一个螺栓承受的剪力、拉力设计值，一般假定剪力 V 由每个螺栓平均承担，即 $N_{\rm v} = \dfrac{V}{N}$。n 为螺栓个数。由偏心拉力引起的螺栓最大拉力 N，仍按上述方法计算。

　　　　　$N_{\rm v}^{\rm b}$，$N_{\rm t}^{\rm b}$ —— 一个螺栓的抗剪和抗拉承载力设计值。

本来在式（3-52a）左侧加根号在数学上没有意义。但加根号后可以更明确地看出计算结果的余量和不足量。假如按式（3-52a）左侧算出的数值为 0.9，不能误认为富余量为 10%，实际上应为式（3-52b）算出的数值 0.95，富余量仅为 5%。

孔壁承压的计算式为

$$N_{\rm v} < N_{\rm c}^{\rm b} \tag{3-53}$$

式中　　$N_{\rm c}^{\rm b}$ —— 一个螺栓的孔壁承压承载力设计值。

【例 3-12】 设图 3-64 为短横梁与柱翼缘的连接，剪力 $V = 250\ {\rm kN}$，$e = 120\ {\rm mm}$，螺栓为 C 级，梁端竖板下有承托。钢材型号为 Q235-B，手工焊，焊条为 E43 型，试按考虑承托传递全部剪力 V 和不考虑承托传递全部剪切力 V 两种情况设计此连接。

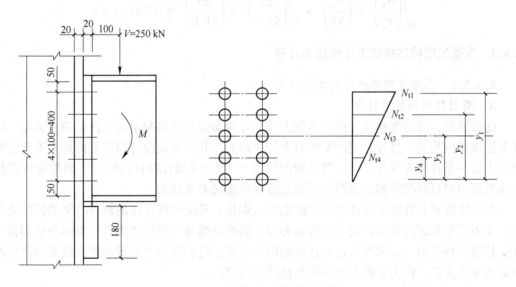

图 3-64　短横梁与柱翼缘的连接

【解】 （1）承托传递全部剪力 $V = 250\ {\rm kN}$ 的情况下，螺栓群只承受由偏心力引起的弯矩 $M = Ve = 250 \times 0.12\ {\rm kN \cdot m} = 30\ {\rm kN \cdot m}$。按弹性设计法，可假定螺栓群旋转中心在弯矩指向的最下排螺栓的轴线上。设螺栓型号为 M20（$A_{\rm e} = 244.8\ {\rm mm}^2$），则受拉螺栓数 $n_{\rm t} = 8$，连接中为双列螺栓，用 m 表示，一个螺栓的抗拉承载力设计值为

$$N_t^b = A_e f_t^b = 2.448 \times 170 \times 10^{-1} \text{ kN} = 41.6 \text{ kN}$$

螺栓的最大拉力

$$N_t = \frac{M_{y1}}{m \sum y_i^2} = \frac{30 \times 10^2 \times 40}{2 \times (10^2 + 20^2 + 30^2 + 40^2)} \text{ kN} = 20 \text{ kN} < N_t^b = 41.6 \text{ kN}$$

设承托与柱翼缘连接角焊缝为两面侧焊，并取焊脚尺寸 $h_f = 10$ mm，焊缝应力为

$$\tau_f = \frac{1.35V}{h_e \sum l_w} = \frac{1.35 \times 250 \times 10^3}{2 \times 0.7 \times 10 \times (180 - 2 \times 10)} \text{ N/mm}^2 = 150.7 \text{ N/mm}^2 < f_f^w = 160 \text{ N/mm}^2$$

式中的常数 1.35 是考虑剪力 V 对承托与柱翼缘连接角焊缝的偏心影响而附加的系数。

（2）不考虑承托承受剪力 V，螺栓群同时承受剪力 $V = 250$ kN 和弯矩 $M = 30$ kN·m 作用。则一个螺栓承载力设计值为

$$N_v^b = n_v \frac{\pi d^2}{4} f_v^b = 1 \times \frac{3.14 \times 2^2}{4} \times 140 \times 10^{-1} \text{ kN} = 44.0 \text{ kN}$$

$$N_c^b = d \sum t f_c^b = 2 \times 2 \times 305 \times 10^{-1} \text{ kN} = 122 \text{ kN}$$

$$N_t^b = 41.6 \text{ kN}$$

一个螺栓的最大拉力 $N_t = 20$ kN

一个螺栓的剪力 $N_v = \dfrac{V}{n} = \dfrac{250}{10}$ kN $= 25$ kN $< N_c^b = 122$ kN

剪力和拉力联合作用下：

$$\sqrt{\left(\frac{N_v}{N_v^b}\right)^2 + \left(\frac{N_t}{N_t^b}\right)^2} = \sqrt{\left(\frac{25}{44.0}\right)^2 + \left(\frac{20}{41.6}\right)^2} = 0.744 < 1$$

3.6.3　高强度螺栓连接的工作性能和计算

3.6.3.1　高强度螺栓连接的工作性能

A　高强度螺栓的预拉力

前已述及，高强度螺栓连接按其受力特征分为摩擦型连接和承压型连接两种类型。摩擦型连接是依靠被连接件之间的摩擦阻力传递内力，并以荷载设计值引起的剪力不超过摩擦阻力这一条件作为设计准则。螺栓的预拉力 P（板件间的法向压紧力）、摩擦面间的抗滑移系数和钢材种类等都直接影响到高强度螺栓连接的承载力。

高强度螺栓和普通螺栓连接受力的主要区别是：普通螺栓连接的螺母拧紧的预拉力很小，受力后全靠螺杆承压和抗剪来传递剪力；而高强螺栓是靠拧紧螺母，对螺杆施加强大而受控制的预拉力，此预拉力将被连接的构件夹紧，这种靠构件夹紧而使接触面间产生摩擦阻力来承受连接内力是高强度螺栓连接受力的特点。

a　预拉力的控制方法

高强度螺栓分大六角头形和扭剪型两种，由图 3-65 可知，虽然这两种高强度螺栓预拉力的具体控制方法各不相同，但对螺栓施加预拉力这一总的思路都是一样的。它们都是通过拧紧螺帽，使螺杆受到拉伸作用，产生预拉力，从而在被连接板件间产生压紧力。

对大六角头螺栓的预拉力控制方法如下。

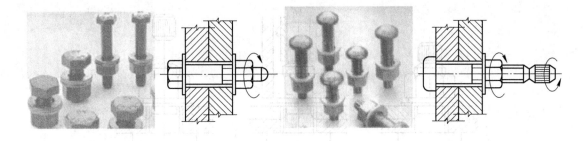

图 3-65　扭剪型高强度螺栓

（1）力矩法。一般采用指针式扭力（测力）扳手或预置式扭力（定力）扳手。目前用得多的是电动扭矩扳手。力矩法是通过控制拧紧力矩来实现控制预拉力。拧紧力矩大小可由试验确定，务必使施工时控制的预拉力为设计预拉力的 1.1 倍。

为了克服板件和垫圈等的变形，基本消除板件之间的间隙，使拧紧力矩系数有较好的线性度，从而提高施工控制预拉力值的准确度，在安装大六角头高强度螺栓时，应先按拧紧力矩的 50% 进行初拧，然后按 100% 拧紧力矩进行终拧。对于大型节点，在初拧之后，还应按初拧力矩进行复拧，然后进行终拧。

力矩法的优点是较简单、易实施、费用少，但由于连接件和被连接件的表面质量和拧紧速度的差异，测得的预拉力值误差大且分散，一般误差为±25%。

（2）转角法。先用普通扳手进行初拧，使被连接板件相互紧密贴合，再以初拧位置为起点，按终拧角度，用长扳手或风动扳手旋转螺母，拧至该角度值时，螺栓的拉力即达到施工控制预拉力。

扭剪型高强度螺栓是我国 20 世纪 60 年代开始研制，80 年代制定出标准的新型连接件之一。它具有强度高、安装简便和质量易于保证，可以单面拧紧，对操作人员没有特殊要求等优点。扭剪型高强度螺栓与普通大六角形高强度螺栓不同。如图 3-65 所示，螺栓头为盘头，螺纹段端部有一个承受拧紧反力矩的十二角体和一个能在规定力矩下剪断的断颈槽。

扭剪型高强度螺栓连接副的安装过程如图 3-66 所示。安装时使用特制的电动扳手，共有两个套头，一个套在螺母六角体上；另一个套在螺栓的十二角体上。拧紧时，对螺母施加顺时针力矩 M，对螺栓十二角体施加大小相等的逆时针力矩 M_1'，使螺栓断颈部分承受扭剪，其初拧力矩为拧紧力矩的 50%，复拧力矩等于初拧力矩，终拧至断颈剪断为止，安装结束，相应的安装力矩即为拧紧力矩。安装后一般不拆卸。

　b　预拉力的确定

高强度螺栓的预拉力设计值 P 由下式计算得到：

$$P = \frac{0.9 \times 0.9 \times 0.9}{1.2} A_e f_u \tag{3-54}$$

式中　A_e——螺栓的有效截面面积；

　　　f_u——螺栓材料经热处理后的最低抗拉强度，对于 8.8S 螺栓，$f_u = 830 \ \text{N/mm}^2$；
　　　　对于 10.9S 螺栓，$f_u = 1040 \ \text{N/mm}^2$。

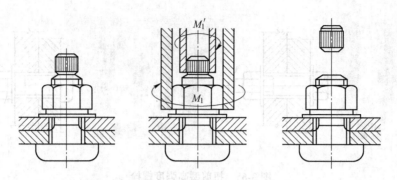

图 3-66   扭剪型高强度螺栓连接副的安装过程

式（3-54）中的系数考虑了以下几个因素：

（1）拧紧螺帽时螺栓同时受到由预拉力引起的拉应力和由螺栓纹力矩引起的扭转剪应力作用。折算应力为

$$\sqrt{\sigma^2 + 3\tau^2} = \eta\sigma \qquad\qquad (3\text{-}55)$$

根据试验分析，系数 η 为 1.15~1.25，取平均值为 1.2。式（3-54）中分母的 1.2 即为考虑拧紧螺栓时扭矩对螺杆的不利影响系数。

（2）为了弥补施工时高强度螺栓预拉力的松弛损失，在确定施工控制预拉力时，考虑了为预拉力设计值的 1/0.9 的超张拉，故式（3-54）右端分子应考虑超张拉系数 0.9。

（3）考虑螺栓材质的不定性系数 0.9；再考虑用 f_u 而不是用 f_y 作为标准值增加的系数 0.9。

各种规格高强度螺栓预拉力的取值见表 3-10。

表 3-10   单个高强度螺栓的设计预拉力值   （kN）

螺栓的	螺栓公称直径/mm					
性能等级	M16	M20	M22	M24	M27	M30
8.8 级	80	125	155	180	230	285
10.9 级	100	155	190	225	290	355

B   高强度螺栓摩擦面抗滑移系数

高强度螺栓摩擦面抗滑移系数 μ 的大小与连接处构件接触面的处理方法、构件的钢号有关。试验表明，此系数值有随被连接构件接触面间的压紧力减小而降低的现象，故与物理学中的摩擦系数有区别。

我国现行《钢结构设计标准》推荐采用的接触面处理方法有：喷砂、喷砂后涂无机富锌漆、喷砂后生赤锈和钢丝刷消除浮锈或对干净轧制表面不做处理等，各种处理方法相应的 μ 值详见表 3-11。

钢材表面经过喷砂除锈后，表面看来光滑平整，实际上金属表面尚存在着微观的凹凸不平现象，高强度螺栓连接在很高的压紧力作用下，与被连接构件表面相互啮合，钢材强度和硬度越高，要使这种啮合的面产生滑移的力就越大，因此，μ 值与钢种有关。

表 3-11 钢材摩擦面的抗滑移系数 μ

连接处构件接触面的	构件的钢材牌号		
处理方法	Q235 钢	Q345 钢 Q390 钢	Q420 钢 Q460 钢
喷硬质石英砂或铸钢棱角砂	0.45	0.45	0.45
抛丸（喷砂）	0.40	0.40	0.40
钢丝刷清除浮锈或 未经处理的干净轧制面	0.30	0.35	—

注：1. 钢丝刷除锈方向应与受力方向垂直。

2. 当连接构件采用不同钢材牌号时，μ 按相应较低强度者取值。

3. 采用其他方法处理时，其处理工艺及抗滑移系数值均需经试验确定（依据《钢结构设计标准》更新表格和插入注释）。

试验证明，摩擦面涂丹红后，即使经处理后仍然很低，故严禁在摩擦面上涂刷丹红。另外，连接在潮湿或淋雨条件下的拼装，也会降低 μ 值，故应采取有效措施，保证连接处表面的干燥。

C 高强度螺栓抗剪连接的工作性能

a 高强度螺栓摩擦型连接

高强度螺栓在拧紧时，螺杆中产生了很大的预拉力，而被连接板件间则产生很大的预压力。连接受力后，由于接触面上产生的摩擦力，能在相当大的荷载情况下阻止板件间的相对滑移，因而弹性工作阶段较长。如图 3-47（b）所示，当外力超过了板间摩擦力后，板件间即产生相对滑动。高强度螺栓摩擦型连接是以板件间出现滑动为抗剪承载力极限状态，故它的最大承载力不能取图 3-47（b）的最高点，而应取板件产生相对滑动的起始点"1"点。

摩擦型连接的承载力取决于构件接触面的摩擦力，而此摩擦力的大小与螺栓所受预拉力和摩擦面的抗滑移系数以及连接的传力摩擦面数有关。因此，一个摩擦型连接高强度螺栓的抗剪承载力设计值为

$$N_v^b = 0.9 k n_f \mu P \tag{3-56}$$

式中 0.9——抗力分项系数 γ_R 的倒数，即取 $\gamma_R = \dfrac{1}{0.9} = 1.111$；

k ——孔型系数，标准孔取 1.0；大圆孔取 0.85；内力与槽孔长向垂直时取 0.7；内力与槽孔长向平行时取 0.6；

n_f ——传力摩擦面数目：单剪时，$n_f = 1$，双剪时，$n_f = 2$；

P ——单个高强度螺栓的设计预拉力，按表 3-10 采用；

μ ——摩擦面抗滑移系数，按表 3-11 采用。

试验证明，低温对摩擦型高强度螺栓抗剪承载力无明显影响，但当温度 $t = 100 \sim 150\,℃$ 时，螺栓的预拉力将产生温度损失，故应将摩擦型高强度螺栓的抗剪承载力设计值降低 10%；当 $t > 150\,℃$ 时，应采取隔热措施，以使连接温度在 150 ℃ 或 100 ℃ 以下。

b 高强度螺栓承压型连接

承压型连接受剪时，从受力直至破坏的荷载-位移（N-δ）曲线如图 3-47（b）所示，由于它允许接触面滑动并以连接达到破坏的极限状态为设计准则，接触面的摩擦力只起着

延缓滑动的作用，因此承压型连接的最大抗剪承载力应取图 3-47（b）曲线最高点，即"4"点。连接达到极限承载力时，由于螺杆伸长，预拉力几乎全部消失，故高强度螺栓承压型连接的计算方法与普通螺栓连接相同，仍可用式（3-35）和式（3-36）计算单个螺栓的抗剪承载力设计值，只是采用承压型连接高强度螺栓的强度设计值。当剪切面在螺纹处时，承压型连接高强度螺栓的抗剪承载力应按螺纹处的有效截面计算。但对于普通螺栓，其抗剪强度设计值是根据连接的试验数据统计而定的，试验时不分剪切面是否在螺纹处，故计算抗剪强度设计值时用公称直径。

　　D　高强度螺栓抗拉连接的工作性能

　　高强度螺栓在承受外拉力前，螺杆中已有很高的预拉力 P，板层之间则有压力 C，而 P 与 C 维持平衡，如图 3-67（a）所示。当对螺栓施加外拉力 N_t 时，则栓杆在板层之间的压力完全消失前被拉长，此时螺杆中拉力增量为 ΔP，同时把压紧的板件拉松，使压力 C 减少 ΔC，如图 3-67（b）所示。计算表明，当加于螺杆上的外拉力 N_t 为预拉力的 80% 时，螺杆内的拉力增加很少，因此可认为此时螺杆的预拉力基本不变。同时由试验得知，当外加拉力大于螺栓的预拉力时，卸荷后螺杆中的预拉力会变小，即发生松弛现象。但当外加拉力小于螺杆预拉力的 80% 时，即无松弛现象发生。也就是说，被连接板件接触面仍能保持一定的压紧力，可以假定整个板面始终处于紧密接触状态。因此，为使板件间保留一定的压紧力，现行《钢结构设计标准》规定，在杆轴方向受拉力的高强度螺栓摩擦型连接中，单个高强度螺栓抗拉承载力设计值取为

$$N_t^b = 0.8P \tag{3-57}$$

　　但对于承压型连接的高强度螺栓，N_t^b 仍按普通螺栓计算（强度设计值取值不同），不过其 N_t^b 的计算结果与 0.8P 相差不大。

　　应当注意，式（3-57）的取值没有考虑杠杆作用而引起的撬力影响，实际上这种杠杆作用存在于所有螺栓的抗拉连接中。研究表明，当外拉力 $N \leqslant 0.5P$ 时，不出现撬力，如图 3-67（c）所示，撬力 Q 大约在 N 达到 0.5P 时开始出现，起初增加缓慢，随后逐渐加快，到临近破坏时因螺栓开始屈服而又有所下降。

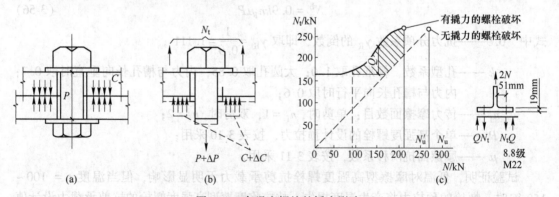

图 3-67　高强度螺栓的撬力影响

　　由于撬力 Q 的存在，外拉力的极限值由 N_u 下降到 N_u'。因此，如果在设计中不计算撬力 Q，应使 $N \leqslant 0.5P$；或者增大 T 形连接件翼缘板的刚度。分析表明，当翼缘板的厚度 t_1 不小于 2 倍螺栓直径时，螺栓中可完全不产生撬力，实际上很难满足这一条件，可采用

图 3-67 所示的加劲肋代替翼缘板。

在直接承受动力荷载的结构中，由于高强度螺栓连接受拉时的疲劳强度较低，每个高强度螺栓的外拉力不宜超过 $0.6P$。当需考虑撬力影响时，外拉力还需要降低。

E 高强度螺栓同时承受剪力和外拉力连接的工作性能

a 高强度螺栓摩擦型连接

如前所述，当螺栓所受外拉力 $N_t \leq P$ 时，虽然螺杆中的预拉力 P 基本不变，但板层间压力将减少到 $(P-N)$。试验研究表明，这时接触面的抗滑移系数 μ 也有所降低，而且 μ 值随 N_t 的增大而减小。现行《钢结构设计标准》将 N 乘以 1.125 的系数来考虑 μ 值降低的不利影响，故一个摩擦型连接高强度螺栓有拉力作用时的抗剪承载力设计值为

$$N_v^b = 0.9 n_f \mu (P - 1.25 \times 1.111 N_t) = 0.9 n_f \mu (P - 1.25 N_t) \tag{3-58}$$

式中 1.111——抗力分项系数 γ_R。

b 高强度螺栓承压型连接

同时承受剪力和杆轴方向拉力的承压型连接高强度螺栓的计算方法与普通螺栓相同，即

$$\sqrt{\left(\frac{N_v}{N_v^b}\right)^2 + \left(\frac{N_t}{N_t^b}\right)^2} \leq 1 \tag{3-59}$$

由于在剪应力单独作用下，高强度螺栓对板层间产生强大压紧力。当板层间的摩擦力被克服，螺杆与孔壁接触时，板件孔前区形成三向应力场，因而承压型连接高强度螺栓的承压强度比普通螺栓高得多（两者相差约 50%）。当承压型连接高强度螺栓受有杆轴拉力时，板层间的压紧力随外拉力的增加而减小，因而其承压强度设计值也随之降低。为了计算简便，我国现行《钢结构设计标准》规定，只要有外拉力存在，就将承压强度除以 1.2 予以降低，而未考虑承压强度设计值变化幅度随外拉力大小而变化这一因素。因为所有高强度螺栓的外拉力一般均不大于 $0.8P$。此时，可认为整个板层间始终处于紧密接触状态，采用统一 除以 1.2 的做法来降低承压强度，一般能保证安全。

因此，对于兼受剪力和杆轴方向拉力的承压型连接高强度螺栓，除按式（3-58）计算螺栓的强度外，尚应按下式计算孔壁承压：

$$N_v \leq \frac{N_c^b}{1.2} = \frac{1}{1.2} d \sum t f_c^b \tag{3-60}$$

式中 N_c^b——只承受剪力时孔壁承压承载力设计值；

f_c^b——承压型高强度螺栓在无外拉力状态的 f_c^b 值，按附表 1-3 取值。

根据上述分析，现将各种受力情况的单个螺栓（包括普通螺栓和高强度螺栓）承载力设计值的计算式汇总于表 3-12 中，以便于读者对照和应用。

3.6.3.2 高强度螺栓群抗剪计算

A 轴心力作用时的抗剪计算

此时，高强度螺栓连接所需螺栓数目应由下式确定：

$$n \geq \frac{N}{N_{min}^b}$$

对摩擦型连接，按表 3-12 查得的 N_v^b 表达式计算，即按式（3-56）计算：

$$N_{\rm v}^{\rm b} = 0.9kn_{\rm f}\mu P$$

表 3-12　单个螺栓承载力设计值

序号	螺栓种类	受力状态	计算式	备注
1	普通螺栓	受剪	$N_{\rm v}^{\rm b} = n_{\rm v}\dfrac{\pi d^2}{4}f_{\rm v}^{\rm b}$ $N_{\rm c}^{\rm b} = d\sum tf_{\rm c}^{\rm b}$	取 $N_{\rm v}^{\rm b}$ 与 $N_{\rm c}^{\rm b}$ 中较小者
		受拉 $\sqrt{\left(\dfrac{N_{\rm v}}{N_{\rm v}^{\rm b}}\right)^2 + \left(\dfrac{N_{\rm t}}{N_{\rm t}^{\rm b}}\right)^2}$	$N_{\rm t}^{\rm b} = \dfrac{\pi d_{\rm e}^2}{4}f_{\rm t}^{\rm b}$	—
		兼受剪拉	$\sqrt{\left(\dfrac{N_{\rm v}}{N_{\rm v}^{\rm b}}\right)^2 + \left(\dfrac{N_{\rm t}}{N_{\rm t}^{\rm b}}\right)^2} \leqslant 1$ $N_{\rm v} \leqslant N_{\rm c}^{\rm b}$	
2	摩擦型连接高强度螺栓	受剪	$N_{\rm v}^{\rm b} = 0.9n_{\rm f}\mu P$	—
		受拉	$N_{\rm t}^{\rm b} = 0.8P$	
		兼受剪拉	$N_{\rm v}^{\rm b} = 0.9n_{\rm f}\mu P$ $(P - 1.25\sum N_{\rm t})$ $N_{\rm t} \leqslant 1$	—
3	承压型连接高强度螺栓	受剪	$N_{\rm v}^{\rm b} = n_{\rm v}\dfrac{\pi d^2}{4}f_{\rm v}^{\rm b}$ $N_{\rm c}^{\rm b} = d\sum tf_{\rm c}^{\rm b}$	当剪切面在螺纹处时 $N_{\rm v}^{\rm b} = n_{\rm v}\dfrac{\pi d^2}{4}f_{\rm v}^{\rm b}$
		受拉	$N_{\rm t}^{\rm b} = \dfrac{\pi d_{\rm e}^2}{4}f_{\rm t}^{\rm b}$	
		兼受剪拉	$\sqrt{\left(\dfrac{N_{\rm v}}{N_{\rm v}^{\rm b}}\right)^2 + \left(\dfrac{N_{\rm t}}{N_{\rm t}^{\rm b}}\right)^2} \leqslant 1$ $N_{\rm v} \leqslant \dfrac{N_{\rm c}^{\rm b}}{1.2}$	—

对承压型连接，$N_{\min}^{\rm b}$ 为由表 3-12 查得的 $N_{\rm v}^{\rm b}$ 和 $N_{\rm c}^{\rm b}$ 表达式中算得的较小值，即分别按式（3-35）与式（3-36）计算

$$N_{\rm v}^{\rm b} = n_{\rm v}\frac{\pi d^2}{4}f_{\rm v}^{\rm b}$$

$$N_{\rm c}^{\rm b} = d\sum tf_{\rm c}^{\rm b}$$

式中　$f_{\rm v}^{\rm b}$——一个承压型连接高强度螺栓的抗剪强度设计值，按附表 1-3 取值；

　　　$f_{\rm c}^{\rm b}$——一个承压型连接高强度螺栓的承压强度设计值，按附表 1-3 取值。

当剪切面在螺纹处时，式（3-35）中的 d 应改为 d_e。

此外：

（1）对高强度摩擦型连接，还应验算板件毛截面强度及被螺栓孔削弱的构件净截面强度。

母板的净截面强度验算：

$$\left(1 - 0.5\frac{n_1}{n}\right)\frac{n}{A_{n_1}} \leqslant f$$

拼接板的净截面强度验算：

$$\left(1 - 0.5\frac{n_1}{n}\right)\frac{n}{A_{n_2}} \leqslant f$$

式中，A_{n_1} 和 A_{n_2} 的计算方法与普通螺栓的净截面计算方法完全相同。

母板的毛截面强度验算：

$$\frac{N}{A} \leqslant f$$

拼接板的毛截面强度验算：

$$\frac{N}{A'} \leqslant f$$

式中，A 和 A' 分别为母板和拼接板的毛截面面积，计算方法如下：

$$A = bt$$
$$A' = b't'$$

（2）对高强度承压型连接，净截面强度验算与普通螺栓的净截面验算完全相同。

B　高强度螺栓群的扭矩或扭矩、剪力共同作用时的抗剪计算

计算方法与普通螺栓群相同，但应采用高强度螺栓承载力设计值进行计算。

【例 3-13】　试设计一双盖板拼接的钢板连接。钢材型号为 Q235-B，高强度螺栓为 8.8 级的 M20，连接处构件接触面用喷砂处理，作用在螺栓群形心处的轴心拉力设计值 $N = 800\ \text{kN}$，试设计此连接。

【解】　（1）采用摩擦型连接时，由表 3-10 查得每个 8.8 级的 M20 高强度螺栓的预拉力 $P = 125\ \text{kN}$，由表 3-11 查得对于 Q235 钢材接触面做喷砂处理时，$\mu = 0.45$。

一个螺栓的承载力设计值为：

$$N_v^b = 0.9n\mu P = 0.9 \times 2 \times 0.45 \times 125\ \text{kN} = 101.3\ \text{kN}$$

所需螺栓数 $n = \dfrac{N}{N_v^b} = \dfrac{800}{101.3}$ 个 $= 7.9$ 个，取 9 个。

螺栓排列如图 3-68 右部分所示。

螺栓为并列排列，故母板的危险截面为截面 3—3，拼接板的危险截面为截面 4—4。由于拼接板的宽度与母板相同，并且两层拼接板的厚度之和大于母板的厚度，故只需验算母板的净截面强度和毛截面强度。

当母板沿着截面 3—3 破坏时，母板的净截面面积为：

$$A_n = (300 \times 20 - 3 \times 20 \times 20)\text{mm}^2 = 4800\ \text{mm}^2$$

母板净截面强度验算：

$$\left(1 - 0.5\frac{n_1}{n}\right)\frac{n}{A_{n_1}} \le f = \left(1 - 0.5 \times \frac{3}{9}\right)\frac{800 \times 10^3}{4800}\text{ N/mm}^2$$

$$= 138.9\text{ N/mm}^2 < f = 215\text{ N/mm}^2，满足要求$$

母板毛截面强度验算：

$$\frac{N}{A} = \frac{800 \times 10^3}{300 \times 20}\text{N/mm}^2 = 133.3\text{ N/mm}^2 < f = 215\text{ N/mm}^2，满足要求$$

（2）采用承压型连接时，一个螺栓的承载力设计值：

$$N_v^b = n_v\frac{\pi d^2}{4}f_v^b = 2 \times 2 \times \frac{3.14 \times 20^2}{4} \times 250\text{ N} = 157000\text{ N} = 157\text{ kN}$$

$$N_c^b = d\sum tf_c^b = 20 \times 20 \times 470\text{ N} = 188000\text{ N} = 188\text{ kN}$$

则所需螺栓数：

$$n = \frac{N}{N_{min}^b = \frac{800}{157}}\text{个} = 5.1\text{个，取}6\text{个。}$$

螺栓排列如图 3-68 左部分所示。

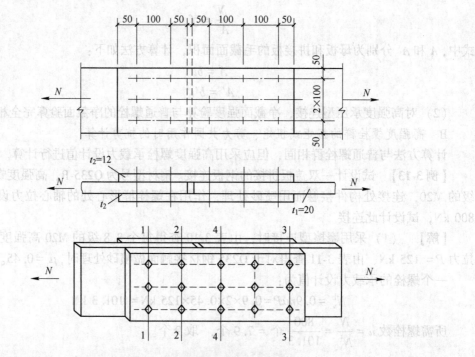

图 3-68　双盖板拼接的钢板连接

螺栓为并列排列，故母板的危险截面为截面 1—1，拼接板的危险截面为截面 2—2。由于拼接板的宽度与母板相同，并且两层拼接板的厚度之和大于母板的厚度，故只需验算母板的净截面强度和毛截面强度。

当母板沿着截面 1—1 破坏时，母板的净截面面积为

$$A_n = (300×20-3×20×20) \ \text{mm}^2 = 4800 \ \text{mm}^2$$

母板净截面强度验算

$$\frac{N}{A_n} = \frac{800 × 10^3}{4800} \ \text{N/mm}^2 = 166.7 \ \text{N/mm}^2 < f = 215 \ \text{N/mm}^2，满足要求。$$

3.6.3.3 高强度螺栓群的抗拉计算

A 轴心力作用时

高强度螺栓群连接所需螺栓数目：

$$n \geqslant \frac{N}{N_t^b}$$

式中 N_t^b——沿杆轴方向受拉力时，一个高强度螺栓（摩擦型或承压型）的承载力设计
值（表3-12）。

B 高强度螺栓群因弯矩受拉

高强度螺栓（摩擦型和承压型）的外拉力总是小于预拉力 P，在连接受弯矩而使螺栓沿栓杆方向受力时，被连接构件的接触面一直保持紧密贴合；因此，可认为中和轴在螺栓群的形心轴上（图3-69），最外排螺栓受力最大。按照普通螺栓小偏心受拉一段中，关于弯矩使螺栓产生的最大拉力的计算方法，可得高强度螺栓群因弯矩受拉时，最大拉力及其验算式为

$$N_1 = \frac{My_1}{\sum y_i^2} \leqslant N_t^b \tag{3-61}$$

式中 y_1——螺栓群形心轴至最外排螺栓的最大距离；

$\sum y_i^2$——形心轴上、下 各螺栓至形心轴距离的平方和。

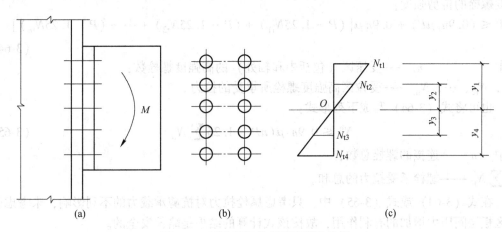

图 3-69 承受弯矩的高强度螺栓连接

C 高强度螺栓群偏心受拉

由于高强度螺栓偏心受拉时，螺栓的最大拉力不得超过 $0.8P$，才能够保证板层之间始终保持紧密贴合，端板不会拉开，故摩擦型连接高强度螺栓和承压型连接高强度螺栓均可按普通螺栓小偏心受拉计算，即

$$N_1 = \frac{N}{n} + \frac{N_e}{\sum y_i^2} y_1 \leqslant N_t^b \qquad (3\text{-}62)$$

D　高强度螺栓群承受拉力、弯矩和剪力的共同作用

图 3-70 所示为摩擦型连接高强度螺栓承受拉力、弯矩和剪力共同作用时的情况。螺栓连接板层间的压紧力和接触面的抗滑移系数随外拉力的增加而减小。前面已经给出，摩擦型连接高强度螺栓承受剪力和拉力联合作用时，一个螺栓抗剪承载力设计值为

$$N_{v.t}^b = 0.9 n_f \mu (P - 1.25 N_t) \qquad (3\text{-}63)$$

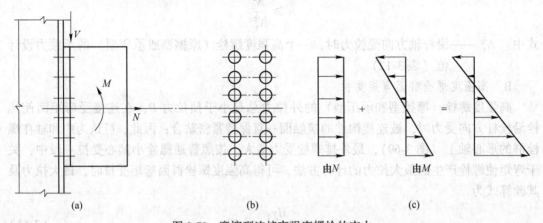

图 3-70　摩擦型连接高强度螺栓的应力
(a) 高强度螺栓连接；(b) 高强度螺栓排序；(c) 高强度螺栓应力分布

由图 3-70 (c) 可知，每行螺栓所受拉力 N 各不相同，故应按下式计算摩擦型连接高强度螺栓的抗剪强度：

$$V \leqslant (0.9 n_f \mu P) + 0.9 n_f \mu [(P - 1.25 N_{t1}) + (P - 1.25 N_{t2}) + \cdots + (P - 1.25 N_{tn})]$$
$$(3\text{-}64)$$

式中　　　　　n_f——受压区（包括中和轴处）的高强度螺栓数；
N_{t1}，N_{t2}，$\cdots$，N_{tn}——受拉区高强度螺栓所承受的拉力。

也可将式 (3-64) 写成下列形式：

$$N_v^b \leqslant 0.9 n_f \mu (nP - 1.25 \sum N_{ti}) \qquad (3\text{-}65)$$

式中　n——连接的螺栓总数；

$\sum N_{ti}$——螺栓承受拉力的总和。

在式 (3-64) 或式 (3-65) 中，只考虑螺栓拉力对抗剪承载力的不利影响，未考虑受压区板层间压力增加的有利作用，故按该式计算的结果是略偏安全的。

此外，螺栓最大拉力应满足：

$$N_{ti} \leqslant N_t^b$$

对承压型连接高强度螺栓，应按表 3-12 中的相应公式计算螺栓杆的抗拉抗剪强度，即按式 (3-59) 计算：

$$\sqrt{\left(\frac{N_v}{N_v^b}\right)^2 + \left(\frac{N_t}{N_t^b}\right)^2} \leqslant 1$$

同时还应按下式验算孔壁承压，即按式（3-60）验算：

$$N_v = \frac{N_c^b}{1.2}$$

式中的 1.2 为承压强度设计值降低系数。计算时 N_c^b 应采用无外拉力状态的 f_c^b 值。

【例 3-14】　图 3-71 所示高强度螺栓摩擦型连接，被连接构件的钢材型号为 Q235-B。螺栓为 10.9 级，直径 20 mm，接触面采用喷砂处理。试验算此连接的承载力。图中内力均为设计值。

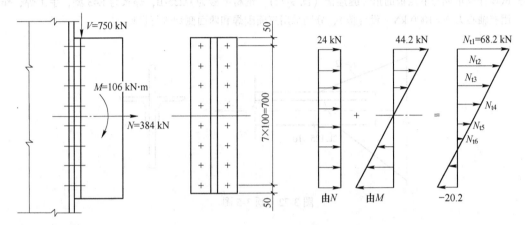

图 3-71　高强度螺栓摩擦型连接

【解】　由表 3-11 和表 3-10 查得抗滑移系数 $\mu = 0.45$，预拉力 $P = 155$ kN。

一个螺栓的最大拉力：

$$N_{t1} = \frac{N}{n} + \frac{N_e}{m \sum y_i^2} = \frac{384}{16} \text{ kN} + \frac{35 \times 106 \times 10^2}{2 \times 2 \times (35^2 + 25^2 + 15^2 + 5^2)} \text{ kN} = 68.2 \text{ kN} < 0.8P = 124 \text{ kN}$$

连接的受剪承载力设计值应按式（3-65）计算：

$$N_{v.t}^b = 0.9 n_f \mu (nP - 1.25 \sum N_{ti})$$

式中　n——螺栓总数；

$\sum N_{ti}$——螺栓所受拉力之和。按比例关系可求得：

$$N_{t1} = 68.2 \text{ kN}$$
$$N_{t2} = 55.6 \text{ kN}$$
$$N_{t3} = 42.9 \text{ kN}$$
$$N_{t4} = 30.3 \text{ kN}$$
$$N_{t5} = 17.7 \text{ kN}$$
$$N_{t6} = 5.1 \text{ kN}$$

故有 $\sum N_{ti} = (68.2 + 55.6 + 42.9 + 30.3 + 17.7 + 5.1) \times 2 \text{ kN} = 439.6 \text{ kN}$

验算受剪承载力设计值：

$$\sum N_{v.t}^b = 0.9 n_f \mu (nP - 1.25 \sum N_{ti}) = 0.9 \times 1 \times 0.45 \times (16 \times 155 - 1.25 \times 439.6)$$
$$= 781.9 \text{ kN} > V = 750 \text{ kN}$$

习　题

3-1 常用的连接有哪几类，各类的特点是什么？

3-2 角焊缝的尺寸在构造上有哪些要求，为什么？

3-3 扭矩作用下焊缝强度计算的基本假定是什么，如何求得焊缝最大应力？

3-4 普通螺栓与高强度螺栓在受力特性方面有什么区别，单个螺栓的抗剪承载力设计值是如何确定的？

3-5 试设计双角钢与节点板的角焊缝连接（图 3-72）。钢材型号为 Q235-B，焊条为 E43 型，手工焊，作用有轴心力 $N=1000$ kN（设计值），分别采用三面围焊和两面侧焊进行设计。

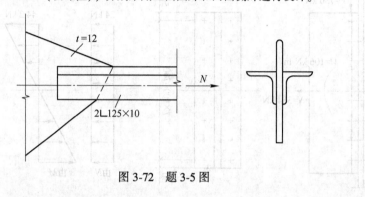

图 3-72　题 3-5 图

3-6 验算图 3-73 所示承受静力荷载的连接中角焊缝的强度。已知 $f_f^w = 160$ N/mm²，其他条件如图所示，无引弧板。

3-7 试求图 3-74 所示连接的最大设计荷载。钢材型号为 Q235-B，焊条为 E43 型，手工焊，角焊缝焊脚尺寸 $h_f = 8$ mm，$e_1 = 30$ cm。

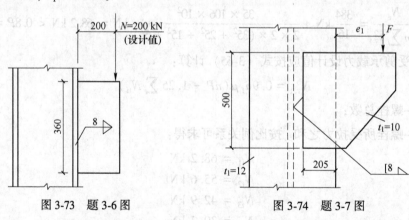

图 3-73　题 3-6 图　　　　　　　图 3-74　题 3-7 图

3-8 焊接工字形梁在腹板上设一道拼接的对接焊缝（图 3-75），拼接处作用有弯矩 $M=1122$ kN·mm，剪力 $V=374$ kN，钢材为 Q235 钢，焊条用 E43 型，半自动焊，三级检验标准，试验算该焊缝的强度。

3-9 验算柱与牛腿间高强螺栓摩擦型连接是否安全（图 3-76），已知：荷载设计值 $N=330$ kN，螺栓型号为 M20，孔径为 21.5 mm，10.9 级，摩擦面的抗滑移系数 $\mu=0.5$，高强螺栓的设计预拉力 $P=155$ kN。不考虑螺栓群长度对螺栓强度设计值的影响。

3-10 普通螺栓连接如图 3-77 所示，已知柱翼缘板厚度为 10 mm，连接板厚 8 mm，钢材型号为 Q235-B，荷载设计值 $F=150$ kN，偏心距 $e=250$ mm，$f_v^b = 140$ N/mm²，$f_c^b = 305$ N/mm²。

（1）求连接所用螺栓的公称直径 d；

（2）螺栓布置、所用钢材及尺寸，力的作用方式不变，若采用 M22 的 10.9 级摩擦型高强螺栓，μ = 0.45，P = 190 kN，求连接所能承受的最大荷载。

3-11 图 3-78 的牛腿用 2∟ 100×20（由大角钢截得）及 M22 摩擦型连接高强度螺栓（10.9 级）和柱相连，构件钢材型号为 Q235-B，接触面喷砂处理，要求确定连接角钢两个肢上的螺栓数目。

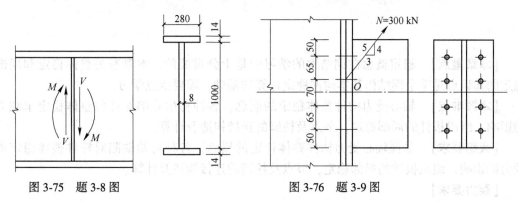

图 3-75　题 3-8 图　　　　　　　　　　　图 3-76　题 3-9 图

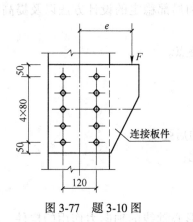
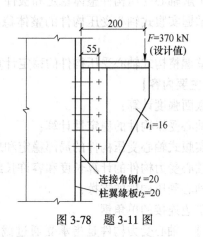

图 3-77　题 3-10 图　　　　　　　　　　图 3-78　题 3-11 图

参 考 文 献

［1］中华人民共和国住房和城乡建设部．GB 55006—2021 钢结构通用规范［S］．北京：中国建筑工业出版社，2021.

［2］中华人民共和国住房和城乡建设部．GB 50661—2011 钢结构焊接规范［S］．北京：中国建筑工业出版社，2011.

［3］中华人民共和国住房和城乡建设部．GB 50205—2020 钢结构工程施工质量验收标准［S］．北京：中国计划出版社，2020.

［4］中华人民共和国住房和城乡建设部．GB 50017—2017 钢结构设计标准［S］．北京：中国建筑工业出版社，2017.

［5］中华人民共和国国家质量监督检验检疫总局．GB/T 324—2008 焊缝符号表示法［S］．北京：中国标准出版社，2008.

4 轴心受力构件

【本章重点】 稳定概念在钢结构的学习中是十分重要的，本章有关整体稳定和局部稳定的知识点是整个钢结构基本构件稳定计算的基础，需要重点学习。

【本章难点】 轴心受力构件整体稳定的概念，各种初始缺陷对杆件整体稳定承载力的影响，组成板件的局部稳定，节点及柱脚的连接构造及计算。

【大纲要求】 掌握轴心受力构件整体稳定的概念，各种初始缺陷对杆件整体稳定承载力的影响，组成板件的局部稳定，节点及柱脚的连接构造及计算。

【能力要求】

（1）了解轴心受压构件整体稳定和板件（局部）稳定的基本理论和稳定分析方法；

（2）掌握实腹式轴心受压构件的整体稳定和局部稳定的设计方法以及提高稳定性的具体措施；

（3）掌握格构式轴心受压构件的稳定计算特点。

【规范主要内容】

（1）截面强度计算；

（2）轴心受压构件的稳定性计算；

（3）实腹式轴心受压构件的局部稳定和屈曲后强度；

（4）轴心受力构件的计算长度和容许长细比；

（5）轴心受压构件的支撑；

（6）单边连接的单角钢。

【序言】 轴心受力构件是指承受通过截面形心轴线的轴向力作用的构件。在钢结构中轴心受力构件的应用十分广泛，如桁架、塔架和网架等结构体系中的杆件。轴心受力构件常用的截面形式可分为实腹式与格构式两大类。本章需要学习并熟练掌握这些内容。

4.1 概　述

4.1.1 轴心受力构件的定义

轴心受力是杆件结构的基本受力形式，轴心受力构件是指承受通过构件截面形心轴线的轴向力作用的构件。轴心受力构件分轴心受拉及受压两类构件，作为一种受力构件，应该满足承载能力与正常使用两种极限状态的要求。

轴心受力构件广泛地应用于承重钢结构，如屋架、托架、塔架、网架和网壳等各种类型的平面或空间格构式体系以及支撑系统中，如图 4-1 所示。支承屋盖、楼盖或工作平台的竖向受压构件通常称为柱，包括轴心受压柱。

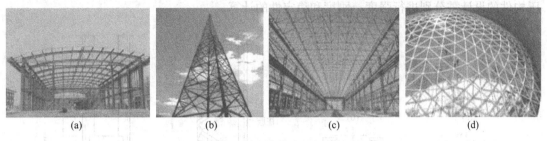

图 4-1　轴心受力构件在工程中的应用
（a）屋架；（b）塔架；（c）网架；（d）网壳

4.1.2　轴心受力构件的截面形式

根据截面形式的不同，轴心受力构件可分为实腹式和格构式两大类。

实腹式构件制作简单，与其他构件连接也比较方便，其常用截面形式很多。可直接选用单个型钢截面，如图 4-2（a）所示的圆钢、钢管、角钢、T 形钢、槽钢、工字钢、H 形钢等，也可选用如图 4-2（b）所示的由型钢或钢板组成的组合截面。一般桁架结构中的弦杆和腹杆，除 T 形钢外，常采用角钢或双角钢组合截面，如图 4-2（c）所示，在轻型结构中则可采用冷弯薄壁型钢截面，如图 4-2（d）所示。以上这些截面中，截面紧凑（如圆钢和组成板件宽厚比较小截面）或对两主轴刚度相差悬殊者（如单槽钢、工字钢），一般只可能用于轴心受拉构件。而受压杆件通常采用较为开展、组成板件宽而薄的截面。

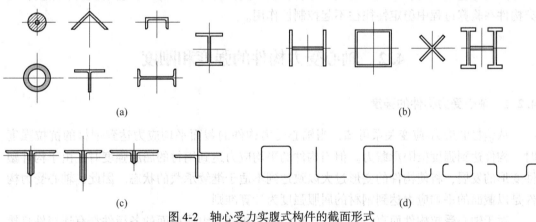

图 4-2　轴心受力实腹式构件的截面形式
（a）单个型钢截面；（b）组合截面；（c）角钢组合截面；（d）冷弯薄壁型钢截面

格构式构件容易使压杆实现两主轴方向的等稳定性，刚度大，抗扭性能也好，用料较省。其截面一般由两个或多个型钢肢件组成（图 4-3），肢件间采用缀条［图 4-4（a）］或缀板［图 4-4（b）］连成整体，缀板和缀条统称为缀材。

轴心受力构件既要满足第一极限状态的要求，又要满足第二极限状态的要求。对于承载能力的极限状态，受拉杆件一般以强度控制，而受压杆件需要同时满足强度和稳定性的要求。对于正常使用的极限状态，是通过保证构件的刚度，限制其长细比来达到的。因此，按照受力性质的不同，轴心受拉构件的设计需分别进行强度和刚度的验算，而轴心受压构件的设计需分别进行强度、刚度和稳定性的计算。

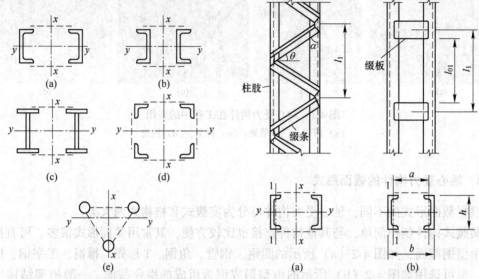

图 4-3   格构式构件的常用截面形式   图 4-4   格构式构件的缀材布置
                                             （a）缀条柱；（b）缀板柱

    轴心受力构件根据不同受力状态，在计算过程中涉及的内容有所不同。轴心受压构件的计算内容包括强度、刚度和稳定性分析；轴心受拉构件的计算内容包括强度和刚度，此类构件在验算过程中稳定性往往不起控制性作用。

4.2   轴心受力构件的强度和刚度

4.2.1   轴心受力构件的强度

    从钢材的应力-应变关系可知，当轴心受力构件的截面平均应力达到钢材的抗拉强度时，构件达到强度极限承载力。但当构件的平均应力达到钢材的屈服强度时，由于构件塑性变形的发展，将使构件的变形过大以致达到不适于继续承载的状态。因此，轴心受力构件是以截面的平均应力达到钢材的屈服强度为计算准则。

    对于轴心受拉构件而言，当端部连接及中部拼接处组成截面的各板件都有连接件直接传力时，其截面强度计算应符合下列规定：

（1）除采用高强度螺栓摩擦型连接者外，其截面强度应采用下列公式计算：

毛截面屈服：

$$\sigma = \frac{N}{A} \leqslant f \tag{4-1a}$$

净截面断裂：

$$\sigma = \frac{N}{A_n} \leqslant f_u \tag{4-1b}$$

式中　　N——构件的轴心拉力或轴心压力；

A——构件的毛截面面积；

A_n——构件的净截面面积；

f_u——钢材的抗拉强度最小值；

f——钢材的抗拉强度设计值。

（2）对于采用高强度螺栓摩擦性连接的构件而言，验算净截面强度时，一部分剪力已由孔前接触面传递。因此，验算最外列螺栓处危险截面的强度时，应按下式计算：

$$\sigma = \frac{N}{A_n} \leqslant 0.7f \tag{4-2}$$

$$N' = N\left(1 - 0.5\frac{n_1}{n}\right) \tag{4-3}$$

式中　　n——连接一侧高强度螺栓数；

n_1——计算截面（最外列螺栓处）上的高强度螺栓数；

0.5——孔前传力系数。

采用高强度螺栓摩擦型连接的拉杆，除按式（4-2）验算净截面强度外，还应按式（4-1a）验算毛截面强度。

（3）当构件为沿全长都有排列较密螺栓的组合构件时，其截面强度应按下式计算：

$$\frac{N}{A_n} \leqslant f \tag{4-4}$$

轴心受压构件，当端部连接及中部拼接处组成截面的各板件都有连接件直接传力时，截面强度应按式（4-1a）计算。但含有虚孔的构件，尚需在孔心所在截面按式（4-1b）计算。

4.2.2　轴心受力构件的刚度

设计轴心受力构件时要满足钢结构设计的两种极限状态要求。对承载能力极限状态的要求，轴心受拉构件只有截面强度问题，而轴心受压构件则有截面强度和构件稳定问题；对正常使用极限状态的要求，则每类构件都有刚度问题。

当轴心受力构件刚度不足时，在本身自重作用下容易产生过大的挠度，在动力荷载作用下容易产生振动，在运输和安装过程中容易产生弯曲。因此，设计时应对轴心受力构件的长细比进行控制。构件的允许长细比，是按构件的受力性质、构件类别和荷载性质确定的。对于受压构件，长细比更为重要。受压构件因刚度不足，一旦发生弯曲变形后，因变形而增加的附加弯矩影响远比受拉构件严重，长细比过大，会使稳定承载力降低太多，因而其允许长细比限制应更严；直接承受动力荷载的受拉构件也比承受静力荷载或间接承受动力荷载的受拉构件不利，其容许长细比限制也较严。《钢结构设计标准》根据长期的实践经验，对受拉构件和受压构件的刚度均以规定它的容许长细比数值进行控制，即应满足下列要求：

$$\lambda = \frac{l_0}{i} \leqslant [\lambda] \tag{4-5}$$

式中　　λ——构件的最大长细比；

l_0——相应方向的构件计算长度；

i——相应方向的截面回转半径；

[λ]——受拉构件或受压构件的容许长细比。

验算受压构件的长细比时，可不考虑扭转效应。

当构件的长细比太大时，会产生下列不利影响：

（1）在运输和安装过程中产生弯曲或过大的变形；

（2）使用期间因其自重而明显下挠；

（3）在动力荷载作用下发生较大的振动；

（4）压杆的长细比过大时，除具有前述各种不利因素外，还使得构件的极限承载力显著降低，同时，初弯曲和自重产生的挠度也将对构件的整体稳定带来不利影响。

在总结了钢结构长期使用经验的基础上，根据构件的重要性和荷载情况，对受拉构件的容许长细比规定了不同的要求和数值，具体见表 4-1。规范对压杆容许长细比的规定更为严格，如表 4-2 所示。

表 4-1 受拉构件的容许长细比

项次	构 件 名 称	承受静力荷载或间接承受动力荷载的结构			直接承受动力荷载的结构
		一般建筑结构	对腹杆提供平面外支点的弦杆	有重级工作制吊车的厂房	
1	桁架的杆件	350	250	250	250
2	吊车梁或吊车桁架以下的柱间支撑	300		200	—
3	其他拉杆、支撑、系杆等（张紧的圆钢除外）	400		350	—

注：1. 承受静力荷载的结构中，可仅计算受拉构件往竖向平面内的长细比。

　　2. 在直接或间接承受动力荷载的结构中，计算单角钢受拉构件长细比时，应采用角钢的最小回转半径；但在计算交叉杆件平面外的长细比时，应采用与角钢肢边平行轴的回转半径。

　　3. 中、重级工作制吊车桁架下弦杆的长细比不宜超过 200。

　　4. 在设有夹钳吊车或刚性料耙吊车的厂房中，支撑（表中第 2 项除外）的长细比不宜超过 300。

　　5. 受拉构件在永久荷载与风荷载组合作用下受压时，其长细比不宜超过 250。

　　6. 跨度等于或大于 60 m 的桁架，其受拉弦杆和腹杆的长细比不宜超过 300（承受静力荷载）或 250（承受动力荷载）。

表 4-2 受压构件的容许长细比

项次	构 件 名 称	容许长细比
1	柱、桁架和天窗架构件	150
	柱的缀条、吊车梁或吊车桁架以下的柱间支撑	
2	支撑（吊车梁或吊车桁架以下的柱间支撑除外）	200
	用以减小受压构件长细比的杆件	

注：1. 桁架（包括空间桁架）的受压腹杆，当其内力等于或小于承载能力的 50%时，容许长细比值可取为 200。

　　2. 计算单角钢受压构件的长细比时，应采用角钢的最小回转半径；但在计算单角钢交叉受压杆件平面外的长细比时，应采用与角钢肢边平行轴的回转半径。

　　3. 跨度等于或大于 60 m 的桁架，其受压弦杆和端压杆的长细比宜取为 100，其他受压腹杆可取为 150（承受静力荷载）或 120（承受动力荷载）。

设计轴心受拉构件时，应根据结构用途、构件受力大小和材料供应情况选用合理的截面形式，并对所选截面进行强度和刚度计算。设计轴心受压构件时，除使截面满足强度和刚度要求外，尚应满足构件整体稳定和局部稳定要求。实际上，只有长细比很小及有孔洞削弱的轴心受压构件，才可能发生强度破坏。一般情况下，由整体稳定控制其承载力。轴心受压构件丧失整体稳定常常是突发性的，容易造成严重后果，应予以特别重视。

4.3　轴心受压构件的稳定

4.3.1　轴心受压构件的整体稳定性

在荷载作用下，钢结构的外力与内力必须保持平衡。但这种平衡状态有持久的稳定平衡状态和极限平衡状态，当结构或构件处于极限平衡状态时，外界轻微的挠动就会使结构或构件产生很大的变形而丧失稳定性。

失稳破坏是钢结构工程的一种重要破坏形式，国内外因压杆失稳破坏导致钢结构倒塌的事故已有多起。特别是近年来，随着钢结构构件截面形式的不断丰富和高强钢材的应用，使得受压构件向着轻型、壁薄的方向发展，更容易引起压杆失稳。因此，对受压构件稳定性的研究也就显得更加重要。

结构稳定性设计应在结构分析或构件设计中考虑二阶效应。

4.3.1.1　轴心受压构件的整体失稳形式

一根理想轴心受压杆，当轴心压力 N 小于某值时，杆件处于直杆平衡状态。这时，如果它由于任意偶然外力的作用而发生弯曲，当偶然外力停止作用时会产生两种结果：一是杆件立即恢复到直杆平衡状态，这种状态称为稳定状态；二是杆件不再恢复到直杆状态，而处于微微弯曲的平衡状态，这种状态称为临界状态。当轴心压力 N 达到某值时，杆件不再保持平衡状态而不断弯曲直至破坏，称为轴心受压杆失去整体稳定性。杆件处于临界状态时的荷载称为临界力，这时的应力称为临界应力。临界力就是构件的稳定承载力。所以可以说，理想轴心压杆在压力小于临界力时保持压而不弯的直线状态，当压力达到临界力时处于微弯平衡状态。即，理想轴心受压杆件在荷载作用下具有两种稳定平衡状态：直杆稳定平衡状态和曲杆稳定平衡状态，或称为平衡的"分枝"现象。这类稳定问题属于第一类稳定，偏心受压杆件只有一种曲杆稳定平衡状态，属于第二类稳定。

理想轴心受压构件：构件完全挺直，荷载沿构件形心轴作用，无初始应力、初弯曲和初偏心等缺陷，截面沿构件是均匀的。

压力达到某临界值时，理想轴心受压构件可能以三种屈曲形式丧失稳定：

（1）弯曲屈曲杆件的截面只绕一个主轴旋转，杆件的纵轴由直线变为曲线，这是双轴对称截面构件最常见的屈曲形式，如图 4-5（a）所示；

（2）扭转屈曲失稳时杆件除支撑端外，各截面均绕纵轴扭转，长度较小的十字形截面构件可能发生的扭转屈曲，如图 4-5（b）所示；

（3）弯扭屈曲单轴对称截面杆件绕对称轴屈曲时，在发生弯曲变形的同时必然伴随着扭转，如图 4-5（c）所示。

这三种屈曲形式中最基本最简单的屈曲形式是弯曲屈曲。细长的理想直杆，在弹性阶段弯曲屈曲时的临界力 N_{cr} 和临界应力 σ_{cr} 可由欧拉（Euler）公式求出：

$$N_{cr} = \frac{\pi^2 EI}{l^2}$$

$$\sigma_{cr} = \frac{\pi^2 E}{\lambda^2}$$

式中　λ——构件的长细比。

由于欧拉公式的推导中假定构件材料为理想弹性体，当杆件的长细比 $\lambda < \lambda_p$（ $\lambda_p = \pi\sqrt{\dfrac{E}{f_p}}$ ）时，临界应力超过了材料的比例极限 f_p，构件受力已进入弹塑性阶段，材料的应力-应变关系成为非线性的。

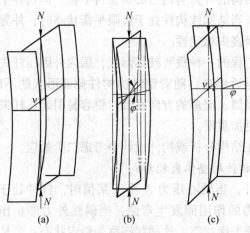

图 4-5　轴心受压杆件的屈曲
(a) 弯曲屈曲；(b) 扭转屈曲；(c) 弯扭屈曲

常用轴心受压构件为双轴对称截面（如工字形和箱形），或用两个角钢组成的单轴对称 T 形截面。对于双轴对称截面，常见的屈曲形式为弯曲屈曲。单轴对称截面如角钢、槽钢等，在杆件绕截面的对称轴弯曲的同时，必然会伴随扭转变形，产生弯扭屈曲。但对于用两个角钢组成的单轴对称 T 形截面，它的弯扭屈曲临界力接近弯曲屈曲临界力，也可按照弯曲屈曲临界力来计算。因此，弯曲屈曲是确定轴心受压构件稳定承载力的主要依据。对格构式轴心受压构件，剪力 V 应由承受该剪力的缀材面（包括用整体板连接的面）分担。

判断理想轴心受压构件到底按哪种形式失稳，可分别确定三种屈曲形式相应的临界力，轴心受压构件必然按临界力最小的那一种屈曲形式失稳。轴心受压构件的整体稳定临界应力和许多因素有关，这些因素的影响又是错综复杂的，这就给构件承载能力的计算带来了复杂性。轴心受压构件的截面分类如表 4-3、表 4-4 所示。轴心受压构件发生失稳时的轴向力称为构件的临界承载力（或临界力），它与许多因素有关，而这些因素又相互影响。目前，轴心受压构件临界力的确定按如下四个准则：

（1）屈曲准则。屈曲准则以理想轴心受压构件为依据，弹性阶段以欧拉临界力为基础，弹塑性阶段以切线模量临界力为基础，通过提高安全系数来弥补初始缺陷的影响。

（2）边缘屈服准则。实际的轴心受压构件与理想轴心受压构件的受力性能是有很大差别的，这是因为实际轴心受压构件是带有初始缺陷的构件。边缘屈服准则直接以有初偏心和初弯曲等的轴心受压构件为计算模型，截面边缘应力达到屈服强度即视为承载能力的极限状态。

（3）最大强度准则。以有初始缺陷的轴心压杆为依据，以整个截面进入弹塑性状态时能够达到的最大压力值作为压杆的极限承载力。

（4）经验公式。临界应力主要根据试验资料确定，这是由于早期对轴心受压构件弹塑性阶段的稳定理论研究得很少，只能从实验数据中提出经验公式。

表 4-3 轴心受压构件的截面分类（板厚 $t < 40$ mm）

截 面 形 式		对 x 轴	对 y 轴
轧制（圆形截面）		a 类	a 类
轧制（工字形截面）	$b/h \leqslant 0.8$	a 类	b 类
	$b/h > 0.8$	a* 类	b* 类
轧制等边角钢		a* 类	a* 类
焊接、翼缘为焰切边 焊接		b 类	b 类
轧制			

续表 4-3

截 面 形 式		对 x 轴	对 y 轴
 轧制、焊接(板件宽厚比>20)	 轧制或焊接		
 焊接	 轧制截面和翼缘为 焰切边的焊接截面	b 类	b 类
 格构式	 焊接，板件 边缘焰切		
 焊接，翼缘为轧制或剪切边		b 类	c 类
 焊接，板件边缘轧制或剪切	 轧制、焊接(板件宽厚比≤20)	c 类	c 类

注：1. a*类含义为 Q235 钢取 b 类，Q345、Q390、Q420 和 Q460 钢取 a 类；b*类含义为 Q235 钢取 c 类，Q345、Q390、Q420 和 Q460 钢取 b 类。

2. 无对称轴且剪心和形心不重合的截面，其截面分类可按有对称轴的类似截面确定，如不等边角钢采用等边角钢的类别；当无类似截面时，可取 c 类。

表 4-4　轴心受压构件的截面分类（板厚 $t \geqslant 40$ mm）

截　面　形　式		对 x 轴	对 y 轴
轧制工字形或H形截面	$t < 80$ mm	b 类	c 类
轧制工字形或H形截面	$t \geqslant 80$ mm	c 类	d 类
焊接工字形截面	翼缘为焰切边	b 类	b 类
焊接工字形截面	翼缘为轧制或剪切边	c 类	d 类
焊接箱形截面	板件宽厚比>20	b 类	b 类
焊接箱形截面	板件宽厚比≤20	c 类	c 类

4.3.1.2　轴心受压构件整体稳定性的计算

根据轴心受压构件的轴心压应力应小于整体稳定临界应力 σ_{cr} 的原则，考虑到抗力分项系数 γ_R，轴心受压构件整体稳定性的计算式即

$$\sigma = \frac{N}{A} \leqslant \frac{\sigma_{cr}}{\gamma_R} = \frac{\sigma_{cr}}{f_y} \cdot \frac{f_y}{\gamma_R} = \varphi \cdot f$$

式中　φ——轴心受压构件的整体稳定系数。

整体稳定系数 φ 应根据构件的截面分类和构件的长细比查表得到。

《钢结构设计标准》（GB 50017—2017）对轴心受压构件的整体稳定计算采用下列形式：

$$\frac{N}{\varphi A f} \leqslant 1.0 \tag{4-6}$$

构件长细比 λ 应按照下列规定确定：

（1）截面为双轴对称或极对称的构件：

$$\lambda_x = l_{0x}/i_x, \quad \lambda_y = l_{0y}/i_y$$

式中 l_{0x}，l_{0y}——构件对主轴 x 和 y 的计算长度；

         i_x，i_y——构件截面对主轴 x 和 y 的回转半径。

双轴对称十字形截面构件，λ_x 和 λ_y 取值不得小于 $5.07b/t$（b/t 为悬伸板件宽厚比）。

（2）截面为单轴对称的构件：讨论柱的整定稳定临界力时，假定构件失稳时只发生弯曲而没有扭转，即所谓弯曲屈曲。对于单轴对称截面，绕对称轴失稳时，在弯曲的同时总伴随着扭转，即形成弯扭屈曲。在相同情况下，弯扭失稳比弯曲失稳的临界应力要低。因此，对双板 T 形和槽形等单轴对称截面进行弯扭分析后，认为绕对称轴（设为 y 轴）的稳定应取计及扭转效应的下列换算长细比代替 λ_y。

$$\lambda_{yz} = \frac{1}{\sqrt{2}}\left[(\lambda_y^2 + \lambda_z^2) + \sqrt{(\lambda_y^2 + \lambda_z^2)^2 - 4\left(1 - \frac{e_0^2}{i_0^2}\right)\lambda_y^2\lambda_z^2} \right]$$

$$\lambda_z^2 = i_0^2 A / (I_t/25.7 + I_w/l_w^2)$$

单角钢截面和双角钢组合 T 形截面绕对称轴的换算长细比可采用简化方法确定。

无任何对称轴且又非极对称的截面（单面连接的不等边单角钢除外）不宜用作轴心受压构件。

对单面连接的单角钢轴心受压构件，考虑折减系数后，可不考虑弯扭效应。当槽形截面用于格构式构件的分肢，计算分肢绕对称轴（y 轴）的稳定性时，不必考虑扭转效应，直接用 λ_y 查出 φ_y 值。

4.3.2　轴心受压构件的局部稳定

轴心受压柱的截面，如工字形和箱形等，都是由一些板件组成的。为了节约钢材，应尽可能采用宽展的截面，以获得尽可能大的截面惯性矩，提高构件的整体稳定承载力。如果这些板件的厚度过小，则板件有可能在压力达到某一数值时不能继续维持平面平衡状态而产生凸曲现象，这种屈曲现象称为构件丧失局部稳定。对构件而言，在达到稳定承载力之前先失去局部稳定。丧失局部稳定的构件还可能继续维持整体稳定的平衡状态，但因为有部分板件已经屈曲退出工作，使构件的有效截面减小，故可能导致构件提前整体失稳而丧失承载能力。

轴心受压构件都是由一些板件组成的，一般板件的厚度和板的宽度相比都较小，设计时应考虑局部稳定问题。图 4-6 为一工字形截面轴心受压构件发生局部失稳时的变形形态示意，图 4-6（a）和（b）分别表示在轴心压力作用下，腹板和翼缘发生侧向鼓出和翘曲的失稳现象。构件丧失局部稳定后还可能继续维持着整体的平衡状态，但由于部分板件屈曲后退出工作，使构件的有效截面减少，会加速构件整体失稳而丧失承载能力。

实践证明，实腹式轴心受压构件的局部稳定与其自由外伸部分翼缘的宽厚比和腹板的宽厚比有关，通过对这两方面的宽厚比的有效限制可以保证构件的局部稳定。

4.3.2.1　自由外伸翼缘宽厚比的限值

平板在均匀压力作用下，可计算得板件屈曲时的临界应力为

$$\sigma_{cr} = \frac{\sqrt{\eta \cdot x \cdot \beta \cdot \pi^2 \cdot E}}{12(1 - \mu^2)} \cdot \left(\frac{t}{b_1}\right)^2 \tag{4-7}$$

式中　x——板边缘的弹性约束系数；

　　　β——屈曲系数；

　　　μ——钢材的泊松比；

　　　E——钢材的弹性模量；

　　　η——E_t/E 弹性模量折减系数。根据轴心受压构件局部稳定的试验资料，可取为

$$\eta = 0.1013\lambda^2(1 - 0.0248\lambda^2 f_y/E)f_y/E \tag{4-8}$$

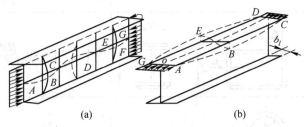

图 4-6　轴心受压构件的局部失稳

（a）腹板失稳；（b）翼缘失稳

　　根据等稳定性要求，翼缘板件的局部失稳临界力应不小于构件整体稳定的临界应力，即

$$\frac{\sqrt{\eta} \cdot x \cdot \beta \cdot \pi \cdot E}{12(1 - \mu^2)} \cdot \left(\frac{t}{b_1}\right)^2 \geqslant \varphi \cdot f_y \tag{4-9}$$

　　根据偏于安全原则，上式中 φ 按 c 类低值，可得（t/b_1）与 λ 的关系式。为便于使用，将其简化为如下直线关系式：

$$\frac{b_1}{t} \leqslant (10 + 0.1\lambda) \cdot \sqrt{\frac{235}{f_y}} \tag{4-10}$$

式中　λ——构件两方向长细比的较大值，当 $\lambda < 30$ 时，取 $\lambda = 30$；当 $\lambda > 100$ 时，取 $\lambda = 100$。

　　此即实腹式轴心受压构件外伸翼缘宽厚比的验算式，适用于 T 形、H 形（或工字形）截面构件。

4.3.2.2　腹板宽厚比的限制

　　轴心力作用时，腹板可视为两端简支或是两端为弹性固接的约束形式，因此将 $x = 1.3$，$\beta = 3.0$ 代入式(4-9)，简化得

$$\frac{h_0}{t_w} \leqslant (25 + 0.5\lambda) \cdot \sqrt{\frac{235}{f_y}} \tag{4-11}$$

式中　h_0，t_w——腹板宽度和厚度；

　　　λ——构件两方向长细比的最大值，当 $\lambda < 30$ 时，取 $\lambda = 30$；当 $\lambda < 100$ 时，取 $\lambda = 100$。

　　当腹板高厚比不满足要求时，也可在腹板中部设置纵向加劲肋，用纵向加劲肋加强后的腹板仍按式（4-11）计算，但应取翼缘与纵向加劲肋之间的距离，如表 4-5 所示。

表 4-5　轴心受压构件板件宽厚比限值表

截面及构件尺寸	宽厚比限值
	$\dfrac{b}{t}$（或$\dfrac{b_1}{t}$）$\leqslant (10 + 0.1\lambda)\sqrt{\dfrac{235}{f_y}}$ $\dfrac{b_1}{t_1} \leqslant (15 + 0.2\lambda)\sqrt{\dfrac{235}{f_y}}$ $\dfrac{h_0}{t_w} \leqslant (25 + 0.5\lambda)\sqrt{\dfrac{235}{f_y}}$
	$\dfrac{b_0}{t}$（或$\dfrac{h_0}{t_w}$）$\leqslant 40\sqrt{\dfrac{235}{f_y}}$
	$\dfrac{d}{t} \leqslant 100\left(\dfrac{235}{f_y}\right)$

4.4　轴心受压柱的设计

4.4.1　实腹柱设计

4.4.1.1　截面形式

实腹式轴心受压柱一般采用双轴对称截面，以避免弯扭失稳。常用截面形式有轧制普通工字钢、H 形钢、焊接工字形截面型钢和钢板的组合截面、圆管和方管截面等，如图 4-7 所示。

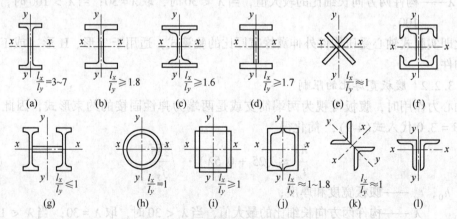

图 4-7　轴心受压实腹柱常用截面

（a）轧制普通工字钢截面；（b）H 形钢截面；（c）（g）轧制普通工字钢与钢板组合截面；（d）焊接工字形截面；

（e）十字形截面；（f）轧制普通工字钢与槽钢组合截面；（h）圆管截面；（i）方管截面；（j）槽钢组合截面；

（k）双角钢组合十字形截面；（l）双角钢组合 T 形截面

为了避免弯扭失稳，实腹式轴心受压构件一般采用双轴对称截面。为了获得经济、合理的设计效果，选择实腹式轴心受压构件的截面时，应考虑以下几个原则：

（1）在满足板件宽（高）厚比限值的条件下，截面面积的分布应尽量展开，以增加截面的惯性矩和回转半径，提高构件的整体稳定性和刚度，达到用料合理。

（2）使两个主轴方向等稳定性，即，使 $\varphi_x = \varphi_y$ 以达到经济的效果；

（3）一般选择开敞式截面，便于与其他构件进行连接；在格构式结构中，也常采用管形截面构件，此时的连接方法常采用螺栓球或焊接球节点，或直接相贯焊接节点等；

（4）尽可能构造简单，制造省工，取材方便。如选择型钢或便于采用自动焊的工字形截面，或许用钢量会增加一点，但因制造省工和型钢价格便宜，可能仍然比较经济。

根据等稳定准则，构件实际压力低于其承载力时，相应的局部屈曲临界力可以降低，从而使宽厚比限制放宽。

一般应根据内力大小，两方向的计算长度值以及制造加工量、材料供应等情况综合进行考虑选择截面。如图 4-7（a）所示的单根轧制普通工字钢，由于对 y 轴的回转半径比对 x 轴的回转半径小得多，因而只适用于计算长度 $l_{0x} \geqslant 3l_{0y}$ 的情况。热轧宽翼缘 H 形钢的最大优点是制造省工，腹板较薄，翼缘较宽，如图 4-7（b）所示，可以做到与截面的高度相同（HW 型），因而具有很好的截面特性。如较 4-7（d）、（e）用三块板焊成的工字钢及十字形截面组合灵活，容易使截面分布合理，制造并不复杂。用型钢组成的截面适用于压力很大的柱，如图 4-7（c）、（f）、（g）所示。如图 4-7（h）~（j）所示，对于管形截面而言，从受力性能角度分析，由于两个方向的回转半径相近，因而最适合于两方向计算长度相等的轴心受压柱。这类构件为封闭式，内部不易生锈，但与其他构件的连接和构造稍显麻烦。

4.4.1.2　截面设计

截面设计时，首先按上述原则选定合适的截面形式，再初步选择截面尺寸，然后进行强度、整体稳定、局部稳定、刚度等的验算。具体步骤如下：

（1）假定柱的长细比 λ，求出需要的截面积 A。一般假定 $50 \leqslant \lambda \leqslant 100$，当压力大而计算长度小时取较小值，反之取较大值。根据 λ、截面分类和钢种可按附录 4 查得稳定系数 φ，则需要的截面面积为

$$A = \frac{N}{\varphi_{\mathrm{f}}} \tag{4-12}$$

（2）求两个主轴所需的回转半径：

$$i_x = \frac{l_{0x}}{\lambda}, \quad i_y = \frac{l_{0y}}{\lambda}$$

（3）由已知截面面积 A、两个主轴的回转半径 i_x、i_y，优先选用轧制型钢，如普通工字钢、H 形钢等。当现有型钢规格不满足所需截面尺寸时，可以采用组合截面，这时需先初步定出截面的轮廓尺寸，一般是根据回半径确定所需截面的高度 h 和宽度 b：

$$h \approx \frac{i_x}{\alpha_1}, \quad b \approx \frac{i_y}{\alpha_2}$$

α_1、α_2 为系数，表示 h、b 和回转半径 i_x、i_y 之间的近似数值关系，常用截面可由表 4-6 查得。例如由三块钢板组成的工字形截面，$\alpha_1 = 0.43$，$\alpha_2 = 0.24$。

表 4-6 各种截面回转半径的近似值

截面							
$i_x = a_1 h$	$0.43h$	$0.38h$	$0.38h$	$0.40h$	$0.30h$	$0.28h$	$0.32h$
$i_y = a_2 b$	$0.24b$	$0.44b$	$0.60b$	$0.40b$	$0.215b$	$0.24b$	$0.20b$

（4）由所需要的 a、h、b 等，考虑构造要求、局部稳定以及钢材规格等，确定截面的初选尺寸。

（5）构件强度、稳定和刚度验算。

1）当截面有削弱时，需进行强度验算：

$$\sigma = \frac{N}{A_N} \leq f$$

式中　　A_N——初选取截面面积。

若截面无削弱，可不验算；若有削弱，则应取构件净截面积。

2）整体稳定验算：

$$\sigma = \frac{N}{\varphi_A} \leq f$$

3）局部稳定验算。如上所述，轴心受压构件的局部稳定是以限制其组成板件的宽厚比来保证的。对于热轧型钢截面，由于其板件的宽厚比较小，一般能满足要求，可不验算。对于组合截面，则应根据表 4-5 的规定对板件的宽厚比进行验算。

4）刚度验算。轴心受压实腹柱的长细比应符合规范所规定的容许长细比要求。事实上，在进行整体稳定验算时，构件的长细比已预先求出，以确定整体稳定系数 φ，因而刚度验算可与整体稳定验算同时进行。

如果同时满足以上方面验算，即可确定为设计截面尺寸，否则应修改尺寸后再重复以上验算。

4.4.1.3 构造要求

为了保证构件截面几何形状不变、提高构件抗扭刚度，以及传递必要的内力，对大型实腹式构件，在受有较大横向力处和每个运送单元的两端，还应设置横隔。构件较长时并应设置中间横隔，横隔的间距不得大于构件截面较大宽度的 9 倍或 8 m。

当实腹柱的腹板高厚比 $h_0/t_w > 80\varepsilon_s$ 时，为防止腹板在施工和运输过程中发生变形、提高柱的抗扭刚度，应设置横向加劲肋。横向加劲肋的间距不得大于 $3h_0$，其截面尺寸要求为双侧加劲肋的外伸宽度 b_s 应不小于 $(h_0/30 + 40)$ mm，厚度 t_s 应大于外伸宽度的 $1/15$。

轴心受压实腹柱的纵向焊缝（翼缘与腹板的连接焊缝）主要起连接作用，受力很小，不必计算，可按构造要求确定焊缝尺寸。

【例 4-1】　图 4-8（a）所示为一管道支架，其支柱的设计压力为 $N = 1600$ kN（设计值），柱两端铰接，钢材为 Q235 钢，截面无孔眼削弱。试设计此支柱的截面：（1）用普通轧制工字钢；（2）用热轧 H 形钢；（3）用焊接工字形截面，翼缘板为焰切边。

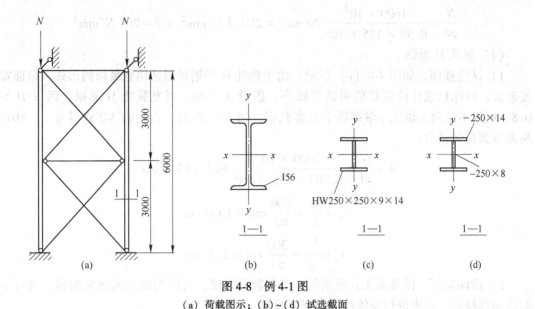

图 4-8 例 4-1 图

(a) 荷载图示; (b)~(d) 试选截面

【解】 支柱在两个方向的计算长度不相等,故取如图 4-8 (b) 所示的截面朝向,将强轴顺 x 轴方向,弱轴顺 y 轴方向。柱在两个方向的计算长度分别为:

$$l_{0x} = 600 \text{ cm}, \quad l_{0y} = 300 \text{ cm}$$

(1) 轧制工字钢。

1) 试选截面。假定 $\lambda = 90$,如图 4-8 (b) 所示,对于轧制工字钢,当绕 x 轴失稳时属于 a 类截面,由附表 4-1 查得 $\varphi_x = 0.714$;绕 y 轴失稳时属于 b 类截面,由附表 4-2 查得 $\varphi_y = 0.621$。需要的截面几何量为:

$$A = \frac{N}{\varphi_{\min} f} = \frac{1600 \times 10^3}{0.621 \times 215 \times 10^2} \text{ cm}^2 = 119.8 \text{ cm}^2$$

$$i_x = \frac{l_{0x}}{\lambda} = \frac{600}{90} \text{ cm} = 6.67 \text{ cm}$$

$$i_y = \frac{l_{0y}}{\lambda} = \frac{300}{90} \text{ cm} = 3.33 \text{ cm}$$

在附表中不可能选出同时满足 A、i_x 和 i_y 的型号,可适当照顾到 A 和 i_y 进行选择。现试选 I56a,$A = 135 \text{ cm}^2$,$i_x = 22.0 \text{ cm}$,$i_y = 3.18 \text{ cm}$。

2) 截面验算。因截面无孔眼削弱,可不验算强度。又因轧制工字钢的翼缘和腹板均较厚,可不验算局部稳定,只需进行整体稳定和刚度验算。

长细比为:

$$\lambda_x = \frac{l_{0x}}{i_x} = \frac{600}{22.0} = 27.3 < [\lambda] = 150$$

$$\lambda_y = \frac{l_{0y}}{i_y} = \frac{300}{3.18} = 94.3 < [\lambda] = 150$$

λ_y 远大于 λ_x,故由 λ_y 查附表 4-2 得 $\varphi = 0.591$。

$$\frac{N}{\varphi A} = \frac{1600 \times 10^3}{0.59 \times 135 \times 10^2} \text{ N/mm}^2 = 200.5 \text{ N/mm}^2 < f = 205 \text{ N/mm}^2$$

（2）热轧 H 形钢。

1）试选截面。如图 4-8（c）所示，由于热轧 H 形钢可以选用宽翼缘的形式，截面宽度较大，因此长细比的假设值可适当减小，假设 $\lambda = 60$。对宽翼缘 H 形钢，因 $B/H > 0.8$，所以不论对 x 轴或 y 轴都属于 B 类截面，当 $\lambda = 60$ 时，由附表 4-2 查得 $\varphi = 0.807$，所需截面几何量为：

$$A = \frac{N}{\varphi f} = \frac{1600 \times 10^3}{0.807 \times 215 \times 10^2} \text{ cm}^2 = 92.2 \text{ cm}^2$$

$$i_x = \frac{l_{0x}}{\lambda} = \frac{600}{60} \text{ cm} = 10.0 \text{ cm}$$

$$i_y = \frac{l_{0y}}{\lambda} = \frac{300}{60} \text{ cm} = 5.0 \text{ cm}$$

2）截面验算。因截面无孔眼削弱，可不验算强度。又因为钢材为热轧型钢，也可不验算局部稳定，只需进行整体稳定和刚度验算。

$$\lambda_x = \frac{l_{0x}}{i_x} = \frac{600}{10.8} = 55.6 < [\lambda] = 150$$

$$\lambda_y = \frac{l_{0y}}{i_y} = \frac{300}{6.29} = 47.7 < [\lambda] = 150$$

因对 x 轴和 y 轴而言，φ 值均属 b 类，故由长细比较大的值 $\lambda_x = 55.6$，查附表 4-2 得 $\varphi = 0.83$。

$$\frac{N}{\varphi A} = \frac{1600 \times 10^3}{0.83 \times 92.18 \times 10^2} \text{ N/mm}^2 = 209 \text{ N/mm}^2 < f = 215 \text{ N/mm}^2$$

（3）焊接工字形截面。

1）试选截面。参照 H 形钢截面，选用截面如图 4-8（d）所示，翼缘 2×（-250×14），腹板 1×（-250×8），其截面面积为：

$$A = (2 \times 25 \times 1.4 + 25 \times 0.8) \text{ cm}^2 = 90 \text{ cm}^2$$

$$I_x = \frac{1}{12}(25 \times 27.8^3 - 24.2 \times 25^3) \text{ cm}^4 = 13250 \text{ cm}^4$$

$$I_y = 2 \times \frac{1}{12} \times 1.4 \times 25^3 \text{ cm}^4 = 3645 \text{ cm}^4$$

$$i_x = \sqrt{\frac{13250}{90}} \text{ cm} = 12.13 \text{ cm}$$

$$i_y = \sqrt{\frac{3650}{90}} \text{ cm} = 6.37 \text{ cm}$$

2）整体稳定和长细比验算。

长细比为：

$$\lambda_x = \frac{l_{0x}}{i_x} = \frac{600}{12.13} = 49.5 < [\lambda] = 150$$

$$\lambda_y = \frac{l_{0y}}{i_y} = \frac{300}{6.37} = 47.1 < [\lambda] = 150$$

因对 x 轴和 y 轴而言 φ 值均属 b 类，故由长细比的较大值，查附表得 $\varphi = 0.859$。

$$\frac{N}{\varphi A} = \frac{1600 \times 10^3}{0.859 \times 90 \times 10^2} \text{ N/mm}^2 = 207 \text{ N/mm}^2 < f = 215 \text{ N/mm}^2$$

3) 局部稳定验算。

翼缘外伸部分：

$$\frac{b}{t} = \frac{12.5}{1.4} = 8.9 < (10 + 0.1\lambda)\sqrt{\frac{235}{f_y}} = 14.95$$

腹板的局部稳定：

$$\frac{h_0}{t_w} = \frac{25}{0.8} = 31.25 < (25 + 0.5\lambda)\sqrt{\frac{235}{f_y}} = 49.57$$

截面无孔眼削弱，不必验算强度。

4) 构造。因腹板高厚比小于 80，故不必设置横向加劲肋。翼缘与腹板的连焊缝最小焊脚尺寸：

$$h_{t\min} = 1.5\sqrt{t} = 1.5 \times \sqrt{14} \text{ mm} = 5.6 \text{ mm}$$

以上我们采用三种不同截面的形式对本例中的支柱进行了设计，由计算结果可知，轧制普通工字钢截面要比热轧 H 形钢截面和焊接工字形截面约大 50%，这是由于普通工字钢绕弱轴的回转半径太小。在本例情况中，尽管弱轴方向的计算长度仅为强轴方向计算长度的 1/2，前者的长细比仍远大于后者，因而支柱的承载能力是由弱轴所控制的，对强轴则有较大富裕，这显然是不经济的，若必须采用此种截面，宜再增加侧向支承的数量。对于轧制 H 形钢和焊接工字形截面，由于其两个方向的长细比非常接近，基本上做到了等稳定性，用料最经济。但焊接工字形截面的焊接工作量大，在设计轴心受压实腹柱时宜优先选用 H 形钢。

4.4.2 格构柱设计

格构式受压构件也称为格构式柱，其分肢通常采用槽钢和工字钢，构件截面具有对称轴。当构件轴心受压丧失整体稳定时，不大可能发生扭转屈曲和弯扭屈曲，往往发生绕截面主轴的弯曲屈曲。因此计算格构式轴心受压构件的整体稳定时，只需计算绕截面实轴和虚轴抵抗弯曲屈曲的能力。

4.4.2.1 格构柱的截面形式

在截面积不变的情况下，将截面中的材料布置在远离形心的位置，可使截面惯性矩增大，从而节约材料，提高截面的抗弯刚度，也可使截面对 x 轴和 y 轴两个方向的稳定性相等，由此而形成格构式组合柱的截面形式。

轴心受压格构柱一般采用双轴对称截面，分别如图 4-9 (a)、(b) 所示，用两根槽钢或 H 形钢作为肢件，两肢间用缀条或缀板连成整体。格构柱能够方便地调整两肢间的距离，且易于实现两个主轴的稳定性。槽钢肢件的翼缘可以向内，如图 4-9 (a) 所示，也可以向外，如图 4-9 (b) 所示，前者外观平整优于后者。

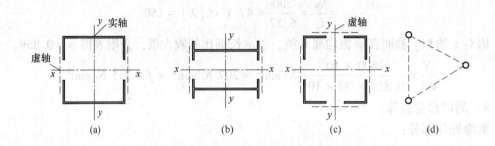

图 4-9   格构式柱的截面

（a）槽形钢；（b）H 形钢；（c）角钢形；（d）圆管形

在柱的横截面上穿过肢件腹板的轴叫实轴，例如图 4-10 中的 y 轴，穿过两肢之间缀材面的轴称为虚轴，例如图 4-10 中的 x 轴。如图 4-9（c）所示的用四根角钢组成的四肢柱，适用于长度较大而受力不大的柱，四面皆以缀材相连，两个主轴 x—x 和 y—y 都为虚轴。如图 4-9（d）所示的三面用缀材相连的三肢柱，一般用圆管做肢件，其截面是几何不变的三角形，受力性能较好，两个主轴也都为虚轴。四肢柱和三肢柱的缀材一般采用缀条而不用缀板。

缀条一般用单根角钢做成，而缀板通常用钢板做成。缀条和缀板统称缀件。荷载较小的柱子可采用缀板组合；荷载较大时，即缀材截面剪力较大，或两肢相距较宽的格构柱，采用缀条组

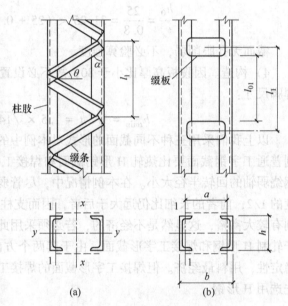

图 4-10   格构式构件的缀材布置

（a）缀条柱；（b）缀板柱

合，缀条主要是保证分肢间的整体性，并可以减少分肢的计算长度。

4.4.2.2   格构柱的截面设计

第一步：根据轴心力的大小、两主轴方向的计算长度、使用要求及供料情况，决定采用缀板柱或缀条柱。

（1）缀材面剪力较大或宽度较大的宜用缀条柱（大型柱）；

（2）中小型柱采用缀板柱或缀条柱。

第二步：根据对实轴（y—y）稳定性的计算，选择柱肢截面，方法与实腹式的计算相同。

第三步：根据对虚轴（x—x）稳定性的计算，决定分肢间距（肢件间距）。

（1）按等稳定性条件，即以对虚轴的换算长细比与对实轴的长细比相等（$\lambda_{0x} = \lambda_y$），代入算长细比公式得：

1）缀板柱对虚轴的长细比：

$$\lambda_x = \sqrt{\lambda_{0x}^2 - \lambda_1^2} = \sqrt{\lambda_y^2 - \lambda_1^2} \tag{4-13}$$

计算时可假定 λ_1 为 $30 \sim 40$，且 $\lambda_1 \leqslant 0.5\lambda_y$。

2）缀条柱对虚轴的长细比：

$$\lambda_x = \sqrt{\lambda_{0x}^2 - 27\frac{A}{A_1}} = \sqrt{\lambda_y^2 - 27\frac{A}{A_1}} \tag{4-14}$$

可假定 $A_1 = 0.1A$。

（2）按上述得出 λ_x 后，求虚轴所需回转半径：

$$i_x = \frac{l_{0x}}{\lambda_x}$$

按表 4-6，可得柱在缀材方向的宽度，也可由已知截面的几何量直接算出柱的宽度 $b = \dfrac{i_x}{\alpha_2}$。一般按 10 mm 进级，且两肢间距宜大于 100 mm，便于内部刷漆。

第四步：验算。按选出的实际尺寸对虚轴的稳定性和分肢的稳定性进行验算，如不合适，进行修改再验算，直至合适为止。

第五步：计算缀板或缀条，并应使其符合上述各种构造要求。

第六步：按规定设置横隔（如图 4-11 所示）。

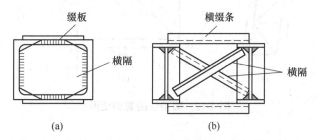

图 4-11　柱的横隔
(a) 形式 1；(b) 形式 2

4.4.2.3　格构柱绕虚轴的换算长细比

格构柱绕实轴的稳定计算与实腹式构件相同，但绕虚轴的整体稳定临界力比长细比相同的实腹式构件低。

轴心受压构件整体弯曲后，将会沿杆长各截面上存在弯矩和剪力。对实腹式构件而言，剪力引起的附加变形很小，对临界力的影响只占 3/1000 左右。因此，在确定实腹式轴心受压构件整体稳定的临界力时，仅仅考虑了由弯矩作用所产生的变形，而忽略了剪力所产生的变形。对于格构式柱而言，当绕虚轴失稳时，情况有所不同，因肢件之间并不是连续的板，而只是每隔一定距离用缀条或缀板联系起来。柱的剪切变形较大，剪力造成的附加挠曲影响就不能忽略。在格构式柱的设计中，对虚轴失稳的计算，常以加大长细比的办法来考虑剪切变形的影响，加大后的长细比称为换算长细比。

《钢结构设计标准》对缀条柱和缀板柱采用不同的换算长细比计算公式。

（1）双肢缀条柱。根据弹性稳定理论，当考虑剪力的影响后，其临界力可由式表达为：

$$N_{cr} = \frac{\pi^2 EA}{\lambda_x^2} \cdot \frac{1}{1 + \frac{\pi^2 EA}{\lambda_x^2} \cdot \gamma} = \frac{\pi^2 EA}{\lambda_{0x}^2}$$

$$\lambda_{0x} = \sqrt{\lambda_x^2 + \pi^2 EA\gamma} \tag{4-15}$$

式中　λ_{0x}——格构柱绕虚轴临界力换算为实腹柱临界力的换算长细比；

　　　　γ——单位剪力作用下的轴线转角。

现取图 4-12（a）的一段进行分析，以求出单位剪切角 γ。如图 4-12（b）所示，在单位剪力作用下一侧缀材所受剪力 $V_1 = 1/2$。设斜缀条的面积为 A_1，其内力 $N_d = 1/\sin\alpha$；斜缀条长 $l_d = l_1/\cos\alpha$，则斜缀条的轴向变形为：

$$\Delta d = \frac{N_d l_d}{EA_1 \sin\alpha\cos\alpha}$$

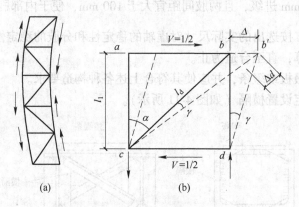

图 4-12　缀条柱的剪切变形

假设变形和剪切角是有限的微小值，则由 Δd 引起的水平变位 Δ 为：

$$\Delta = \frac{\Delta d}{\sin\alpha} = \frac{l_1}{EA_1 \sin^2\alpha\cos\alpha}$$

故剪切角 γ 为：

$$\gamma = \frac{\Delta}{l_1} = \frac{1}{EA_1 \sin^2\alpha\cos\alpha} \tag{4-16}$$

这里，α 为斜缀条与柱轴线间的夹角，代入式（4-15）中得：

$$\lambda_{0x} = \sqrt{\lambda_x^2 + \frac{\pi^2}{\sin^2\alpha\cos\alpha} \cdot \frac{A}{A_1}} \tag{4-17}$$

一般斜缀条与柱轴线间的夹角为 $40° \sim 70°$，在此常用范围，$\pi^2/(\sin^2\alpha\cos\alpha)$ 的值变化不大，如图 4-13 所示，我国规范加以简化取为常数 27，由此得双肢缀条柱的换算长细比为：

$$\lambda_{0x} = \sqrt{\lambda_x^2 + 27\frac{A}{A_1}} \tag{4-18}$$

式中 λ_x——整个柱对虚轴的长细比；

         A——整个柱的毛截面面积；

         A_1——一个节间内两侧斜缀条毛截面面积之和。

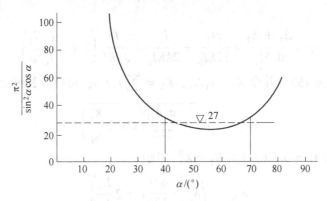

图 4-13 $\pi^2/(\sin^2\alpha\cos\alpha)$ 值

需要注意的是，当斜缀条与柱轴线间的夹角不为 $40° \sim 70°$ 时，$\pi^2/(\sin^2\alpha\cos\alpha)$ 值将远大于 27，式（4-16）是偏于不安全的，此时应按式（4-15）计算长细比 λ_{0x}。

（2）双肢缀板柱。双肢缀板柱中缀板与肢件的连接可视为刚接，因而分肢和缀板组成一个多层框架，假定变形时反弯点在各节点的中点如图 4-14（a）所示。若只考虑分肢和缀板在横向剪力作用下的弯曲变形，取分离体如图 4-14（b）所示，可得单位剪力作用下缀板弯曲变形引起的分肢变位 Δ_1 为：

$$\Delta_1 = \frac{l_1}{2}\theta_1 = \frac{l_1}{2} \cdot \frac{al_1}{24EI_d} = \frac{al_1^2}{48EI_d}$$

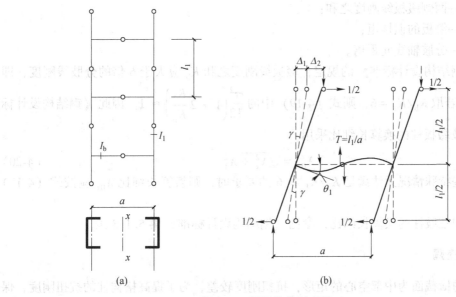

图 4-14   缀板柱剪切变形

分肢本身弯曲变形时的变位 Δ_2 为：

$$\Delta_2 = \frac{l_1^3}{48EI_1}$$

由此得剪切角 γ：

$$\gamma = \frac{\Delta_1 + \Delta_2}{0.5l_1} = \frac{al_1}{12EI_b} + \frac{l_1^2}{24EI_1} = \frac{l_1^2}{24EI_1}\left(1 + 2\frac{I_1/l_1}{I_b/a}\right)$$

将此 γ 值代入式（4-15），并令 $K_1 = I_1/l_1$，$K_b = \sum I_b/a$，得换算长细比 λ_{0x} 为：

$$\lambda_{0x} = \sqrt{\lambda_x^2 + \frac{\pi^2 A l_1^2}{24I_1}\left(1 + 2\frac{K_1}{K_b}\right)}$$

假设分肢截面面积 $A_1 = 0.5A$，$A_1 l_1^2/I_1 = \lambda_1^2$，则：

$$\lambda_{0x} = \sqrt{\lambda_x^2 + \frac{\pi^2}{12}\left(1 + 2\frac{K_1}{K_b}\right)} \tag{4-19}$$

$$\lambda_1 = l_{01}/i_1$$
$$K_1 = I_1/l_1$$
$$K_b = \sum I_b/a$$

式中　λ_1——分肢的长细比；

$\qquad i_1$——分肢弱轴的回转半径；

$\qquad l_{01}$——缀板间的净距离；

$\qquad K_1$——一个分肢的线刚度；

$\qquad l_1$——缀板中心距；

$\qquad I_1$——分肢绕弱轴的惯性矩；

$\qquad K_b$——两侧缀板线刚度之和；

$\qquad I_b$——缀板的惯性矩；

$\qquad a$——分肢轴线间距离。

根据《钢结构设计标准》的规定，缀板线刚度之和 K_b 应大于 6 倍的分肢线刚度，即 $K_b/K_1 \geq 6$。若取 $K_b/K_1 = 6$，则式（4-19）中的 $\frac{\pi^2}{12}\left(1 + 2\frac{K_1}{K_b}\right) \approx 1$。因此《钢结构设计标准》规定双肢缀板柱的换算长细比采用：

$$\lambda_{0x} = \sqrt{\lambda_x^2 + \lambda_1^2} \tag{4-20}$$

若在某些特殊情况无法满足 $K_b/K_1 \geq 6$ 的要求时，则换算长细比 λ_{0x} 应按式（4-17）计算。

四肢柱和三肢柱的换算长细比，参见《钢结构设计标准》第 5.1.3 条。

4.4.3　柱的横隔

格构柱的横截面为中部空心的矩形，抗扭刚度较差，为了提高格构柱的抗扭刚度，保证柱子在运输和安装过程中的截面形状不变，以及传递必要的内力，在受有较大水平力处和每个运送单元的两端，应每隔一段距离设置横隔，构件较长时还应设置中间横隔。另外，大型实腹柱（工字形或箱形）也应设置横隔，如图 4-15 所示。横隔的间距不得大于柱子较大宽度的 9 倍或 8 m，且每个运送单元的端部均应设置横隔。

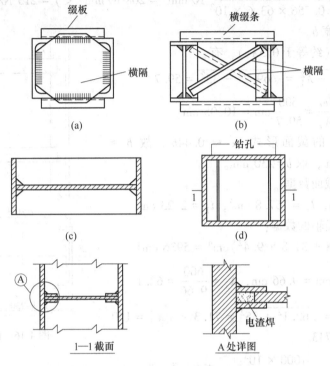

图 4-15 柱的横隔
(a)(b) 格构柱；(c)(d) 大型实腹柱

当柱身某一处受有较大水平集中力作用时，也应在该处设置横隔，以免柱肢局部受弯。横隔可用钢板 [图 4-15 (a)、(c)、(d)] 或交叉角钢 [图 4-15 (b)] 做成。工字形截面实腹柱的横隔只能用钢板，它与横向加劲肋的区别在于与翼缘同宽，如图 4-15 (c) 所示，而横向加劲肋则通常较窄。箱形截面实腹柱的横隔，有一边或两边不能预先焊接，可先焊两边或三边，装配后再在柱壁钻孔用电渣焊接其他边，如图 4-15 (d) 所示。

【例 4-2】 设计一缀板柱，柱高 6 m 两端铰接，轴心压力为 1000 kN（设计值），钢材为 Q235 钢，截面无孔眼削弱。

【解】 由题意知，柱的计算长度为 $\lambda_{0x} = \lambda_{0y} = 6$ m。

（1）按实轴的整体稳定选择柱的截面。

假设 $\lambda_y = 70$，查附表 4-2（b 类截面）得 $\varphi_y = 0.751$，需要的截面面积为：

$$A = \frac{N}{\varphi_y f} = \frac{1000 \times 10^3}{0.751 \times 215} \text{ mm}^2 = 6190 \text{ mm}^2 = 61.9 \text{ cm}^2$$

选用 2 ⌐22a，$A = 63.6$ cm^2，$i_y = 8.67$ cm。

验算整体稳定性：

$$\lambda_y = \frac{l_{0y}}{i_y} = \frac{600}{8.67} = 69.2 < [\lambda] = 150$$

查得 $\varphi_y = 0.756$。

$$\frac{N}{\varphi_y A} = \frac{1000 \times 10^3}{0.756 \times 63.6 \times 10^2} \text{ N/mm}^2 = 208 \text{ N/mm}^2 < f = 215 \text{ N/mm}^2$$

（2）确定柱宽 b。

假定 $\lambda_1 = 35$（约等于 $0.5\lambda_y$），有：

$$\lambda_x = \sqrt{\lambda_y^2 - \lambda_1^2} = \sqrt{69.2^2 - 35^2} = 59.7$$

$$i_x = \frac{l_{0x}}{\lambda_x} = \frac{600}{59.7} \text{ cm} = 10.05 \text{ cm}$$

采用图 4-16 的截面形式，$x \approx 0.44b$，故 $b \approx i_x/0.44 = 22.8$ cm，取 $b = 230$ mm。

单个槽钢的截面数据：

$Z_0 = 2.1$ cm，$I_1 = 157.8$ cm^4，$i_1 = 2.23$ cm

整个截面对虚轴的数据：

$$I_x = 2 \times (158 + 31.8 \times 9.4^2) \text{ cm}^4 = 5936 \text{ cm}^4$$

$$i_x = \sqrt{\frac{5936}{63.6}} \text{ cm} = 9.66 \text{ cm}, \quad \lambda_x = \frac{600}{9.66} = 62.1$$

$$\lambda_{0x} = \sqrt{\lambda_x^2 + \lambda_1^2} = \sqrt{62.1^2 + 35^2} = 71.3 < [\lambda] = 150$$

查得 $\varphi_x = 0.743$。

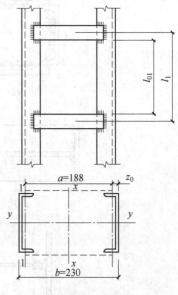

图 4-16　例 4-2 图

$$\frac{N}{\varphi_x A} = \frac{1000 \times 10^3}{0.743 \times 63.6 \times 10^2} \text{ N/mm}^2$$
$$= 212 \text{ N/mm}^2 < f = 215 \text{ N/mm}^2$$

（3）缀板和横幅。

$$l_{01} = \lambda_1 i_1 = 35 \times 2.23 \text{ cm} = 78.1 \text{ cm}$$

选用 188×8，$l_1 = 96$ cm。

分肢线刚度：

$$K_1 = I_1/l_1 = 158/96 \text{ cm}^3 = 1.64 \text{ cm}^3$$

两侧缀板线刚度之和：

$$K_b = \frac{\sum I_b}{a} = \frac{1}{18.8} \times 2 \times \frac{1}{12} \times 0.8 \times 18^3 \text{ cm}^3 = 41.36 \text{ cm}^3 > 6K_1 = 9.84 \text{ cm}^3$$

横向剪力：

$$V = \frac{Af}{85}\sqrt{\frac{f_y}{235}} = \frac{63.6 \times 10^2 \times 215}{85} \text{ N} = 16090 \text{ N}$$

$$V_1 = \frac{V}{2} = 8045 \text{ N}$$

缀板与分肢连接处的内力为：

$$T = \frac{V_1 l_1}{a} = \frac{8045 \times 960}{188} \text{ N} = 41080 \text{ N}$$

$$M = T \cdot \frac{a}{2} = \frac{V_1 l_1}{a} = \frac{8045 \times 960}{2} \text{ N} \cdot \text{mm} = 3.86 \times 10^6 \text{ N} \cdot \text{mm}$$

取角焊缝的焊脚尺寸 $h_f = 6 \text{ mm}$，不考虑焊缝绕角部分长，采用 $l_w = 180 \text{ mm}$。剪力 T 产生的剪应力（顺焊缝长度方向）为：

$$\tau_f = \frac{41080}{0.7 \times 6 \times 180} \text{ N/mm}^2 = 54.3 \text{ N/mm}^2$$

弯矩 M 产生的应力（垂直焊缝长度方向）为：

$$\sigma_f = \frac{6 \times 3.86 \times 10^6}{0.7 \times 6 \times 180^2} \text{ N/mm}^2 = 170.2 \text{ N/mm}^2$$

合应力为：

$$\sqrt{\left(\frac{\sigma_f}{1.22}\right)^2 + \tau_f^2} = \sqrt{\left(\frac{170.2}{1.22}\right)^2 + 54.3^2} \text{ N/mm}^2 = 150 \text{ N/mm}^2 < f_f^w = 160 \text{ N/mm}^2$$

如图 4-14（a）所示，横隔采用钢板，间距应小于 9 倍柱宽（9×23 cm = 207 cm）。此柱的简图如图 4-17 所示。

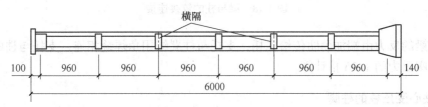

图 4-17　例 4-2 的柱简图

4.5　柱头和柱脚

作为柱子的轴心受压构件，其任务是将上面结构（梁）传来的荷载传递给基础。为了保证梁上的荷载可靠、均匀地传递给柱，保证组成柱的板件的局部稳定，梁不能直接放在柱子上，而需要采取适当的构造措施。梁和柱顶的连接构造称为柱头。同样，为了保证柱所受之力可靠传递给材料强度低很多的基础，柱不能直接放在基础上，而是采用适当的构造措施将力分散后再传递给基础。柱底和基础的连接构造称为柱脚。因此，柱子由柱头、柱身和柱脚 3 部分组成。

4.5.1　轴心受压柱的柱头

梁与柱子的连接分为铰接和刚接两种形式。在钢框架结构设计过程中，梁与柱通常采用刚接形式，刚接对制造和安装的要求较高。铰接连接也是常用的连接方式，如图 4-18 所示，梁支承于柱顶和柱侧两种做法均可。

梁与轴心受压柱铰接时，梁可支承于柱顶上，也可连于柱的侧面。梁支于柱顶时，梁的支座反力通过柱顶板传给柱身。顶板与柱用焊缝连接，顶板厚度一般取 16～20 mm。为了便于安装定位，梁与顶板用普通螺栓连接。多层框架的中间梁柱连接中，横梁只能在柱

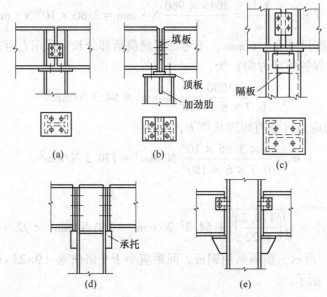

图 4-18　梁与柱的铰接连接

侧相连。梁的反力由端加劲肋传给支托，支托与柱翼缘用角焊缝相连。支托与柱的连接焊缝按梁支座反力的 1.25 倍计算。

4.5.2　轴心受压柱的柱脚

轴心受压柱的柱脚主要传递轴心压力，与基础的连接一般采用铰接。图 4-19（a）所示为最简单的柱脚构造形式，柱下端仅焊一块底板，柱中压力由焊缝传至底板，再传给基础，受力较小的柱脚通常采用此种做法。此外，铰接柱脚常采用图 4-19（b）~（d）所示形式，在柱端部与底板之间增设一些中间传力零件，如靴梁、隔板和肋板等，以增加柱与底板间的连接焊缝长度，并且将底板分隔成几个区格，使底板的弯矩减小，从而减小底板厚度。

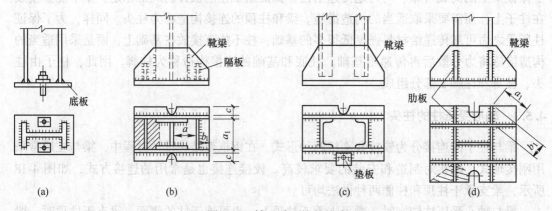

图 4-19　轴心受压柱的柱脚

柱脚是利用预埋在基础中的锚栓固定其位置的。铰接柱脚只沿着一条轴线设立两个连接于底板上的锚栓。铰接柱脚的剪力通常由底板与基础表面的摩擦力传递，当此摩擦力不足以承受水平剪力时，应在柱脚底板下设置抗剪键。

（1）底板的计算。

1）底板的面积。底板的平面尺寸取决于基础材料的抗压强度。基础对底板的压应力可近似认为是均匀分布的，因此所需要的底板净面积 A_n 应按下式确定：

$$A_n \geqslant \frac{N}{\beta_c f_c}$$

式中　f_c——基础混凝土的轴心抗压强度设计值；

　　　β_c——基础混凝土局部受压时的强度提高系数。

2）底板的厚度。

底板的厚度由板的抗弯强度决定，底板承受基础传来的均匀反力。在计算过程中，靴梁、肋板、隔板等均可视为底板的支承边，并将底板分隔成不同的区格。根据具体底板上的支承板形式，可将底板分为四边支承、三边支承等区格。这些区格板承受的弯矩一般不相同，取各区格板中的最大弯矩 M_{max} 来确定板的厚度 t，即：

$$t \geqslant \sqrt{\frac{6 M_{max}}{f}}$$

设计时，要注意布置靴梁和隔板时应尽可能使各区格板中的弯矩相差不要太大，以免所需的底板过厚。底板的厚度通常为 20～40mm，以保证底板具有必要的刚度，从而满足基础反力均布的假设。

（2）靴梁的计算。靴梁的高度由其与柱边连接所需的焊缝长度决定，此连接焊缝承受柱身传来的压力 N。靴梁的厚度比柱翼缘厚度略小。靴梁按支承于柱边的双悬臂梁计算，根据所承受的最大弯矩和最大剪力值验算靴梁的抗弯和抗剪强度。

（3）隔板与肋板的计算。隔板的厚度不得小于其宽度 b 的 1/50，一般比靴梁略薄些，高度略小些。隔板可视为支承于靴梁的简支梁，验算隔板与靴梁的连接焊缝以及隔板本身的强度。注意隔板内侧的焊缝不易施焊，计算时不能考虑受力。肋板按悬臂梁计算，肋板与靴梁间的连接焊缝以及肋板本身的强度均应按其承受的弯矩和剪力计算。

习　题

4-1　试验算图 4-20 所示焊接工字形截面柱（翼缘为焰切边），轴心压力设计值 N = 4500 kN，柱的计算长度 $l_{0x} = l_{0y}$ = 6.0 m，钢材为 Q235 钢，截面无削弱。

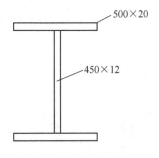

图 4-20　题 4-1 图

4-2 设某工业平台承受轴心压力设计值 $N = 5000$ kN，柱高 8 m，两端铰接。要求设计焊接工字形截面组合柱及柱脚。基础砼强度等级为 C15（$f_c = 7.5$ N/mm）。

4-3 某车间工作平台柱高 2.6 m，按两端铰接的轴心受压柱考虑。如果柱采用 I16（16 号热轧工字钢），试经计算解答：

(1) 钢材采用 Q235 钢时，设计承载力为多少？

(2) 改用 Q345 钢时，设计承载力是否显著提高？

(3) 如果轴心压力为 303 N（设计值），I16 能否满足要求？如不满足，从构造上采取什么措施就能满足要求？

4-4 试设计一桁架的轴心压杆，拟采用两等肢角钢相拼的 T 形截面，角钢间距为 12 mm，轴心压力设计值为 380 kN，杆长 $l_{0x} = 3.0$ m，$l_{0y} = 2.47$ m，钢材为 Q235 钢。

4-5 某重型厂房柱的下柱截面如图 4-21 所示，斜缀条水平倾角 45°，钢材为 Q235 钢，$l_{0x} = 18.5$ m，$l_{0y} = 29.7$ m，设计最大轴心压力 $N = 3550$ kN，试验算此柱是否安全？

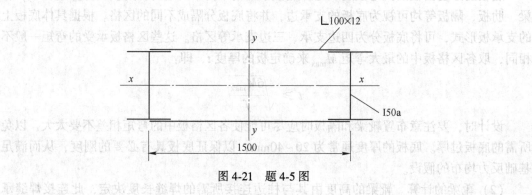

图 4-21   题 4-5 图

参 考 文 献

[1] 中华人民共和国住房和城乡建设部．GB 50017—2017 钢结构设计标准 [S]．北京：中国建筑工业出版社，2017.

[2] 中华人民共和国住房和城乡建设部．JGJ/T 483—2020 高强钢结构设计标准 [S]．北京：中国建筑工业出版社，2020.

5 受弯构件

【本章重点】 受弯构件钢梁的强度和刚度计算，整体稳定和局部稳定的概念。

【本章难点】 局部稳定的计算。

【大纲要求】 掌握受弯构件强度和刚度的计算；了解梁的整体稳定的概念以及影响梁的整体稳定的因素，掌握梁整体稳定的计算；了解梁的局部稳定的概念掌握局部稳定的验算以及梁提高稳定性的措施；了解腹板屈曲后强度的概念以及考虑屈曲后强度梁的承载力计算；掌握型钢梁和组合梁的设计方法。

【能力要求】 学完本章后，学生能够在实际工程中通过对梁的强度、刚度的计算以及整体稳定和局部稳定等的验算来确保梁的安全适用、经济合理；可以根据工程的实际情况选择合适的梁类型、截面设计以及连接方法。

【规范主要内容】

（1）钢结构设计的重要内容之一是板件的屈曲。板件的局部屈曲有不同的设计思路，例如工字钢的翼缘，一般不允许局部屈曲先于整体失稳，因为翼缘一旦发生局部屈曲，绕弱轴的刚度会迅速丧失；而工字钢的腹板的局部屈曲，对构件整体稳定仅有有限的影响。本条给出了局部屈曲的设计思路和需要考虑的因素。

（2）受弯构件的抗弯、抗剪计算是承载能力极限状态验算的基本内容之一。计算梁的抗弯强度时，应考虑截面部分塑性变形。截面板件宽厚比等级应根据各板件受压区域应力状态确定。

（3）受弯构件的弯扭失稳验算是承载能力极限状态验算的基本内容之一；构件弯扭失稳计算公式均基于支座截面不发生扭转，实际工程中构件支座的约束条件要与弯扭失稳计算理论保持一致。

【序言】 狭义上说，截面上有弯矩和剪力共同作用而轴力忽略不计的构件称为受弯构件。广义上讲，承受横向荷载的构件称为受弯构件，其形式有实腹式和格构式两种。实腹式受弯构件工程上通常称为梁，格构式受弯构件分为蜂窝梁与桁架两种形式。钢结构的受弯构件在实际工程中被广泛运用，如屋架、楼盖、工作平台、吊车梁、屋面檩条、墙架横梁，以及桥梁、起重机、海上采油平台等。

5.1 受弯构件的形式和应用

5.1.1 实腹式受弯构件——梁

实腹式受弯构件工程上通常称为梁，在实际工程中被广泛运用，如屋架、工作平台梁、吊车梁、屋面檩条、墙架横梁，以及桥梁、起重机、海上采油平台中的梁等。

钢梁按制作方法分为型钢梁（或称轧成梁），如图 5-1（a）~（d）、（j）~（m）所示，以及组合梁（板梁），如图 5-1（e）~（i）、（n）所示，其中主轴 x 轴称为强轴（因 $I_x > I_y$），另一主轴 y 轴称为弱轴。型钢梁虽受轧钢条件限制，腹板较厚，材料未能充分利用，但由于制造省工，成本较低，故当型钢梁能满足强度和刚度要求时，应优先采用。型钢梁分为热轧型钢梁和冷弯薄壁型钢梁两种。热轧型钢梁常采用工字钢、H 形钢和槽钢，分别如图 5-1（a）~（c）所示。H 形钢的截面分布最合理，翼缘内外边缘平行，比其他构件连接方便，应予以优先采用。用作梁的 H 形钢宜为窄翼缘型（HN 型）。槽钢因其截面是单轴对称，导致荷载常常不通过截面的弯曲中心，受弯的同时会产生约束扭转，以致影响梁的承载能力，故常用在构造上以保证截面不发生显著扭曲，例如跨度很小的次梁和屋盖檩条。由于轧制条件的限制，热轧型钢腹板的厚度较大，用钢量较多。某些受弯构件（例如屋面檩条和墙梁）采用冷弯薄壁型钢，如图 5-1（j）~（m）所示，可有效节省钢材，但对于防腐要求较高。

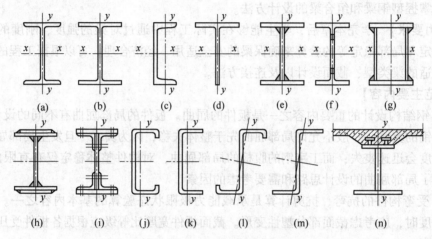

图 5-1　梁的常见截面形式

当荷载较大或跨度较大时，受规格限制，型钢梁常不能满足承载能力或刚度的要求，也无法最大限度地节省钢材，此时可考虑采用组合梁。组合梁可制成对称工字形、T 形（用 H 形钢剖分而成）中间加板的焊接截面或双腹式箱形截面等，前两者如图 5-1（e）、（f）所示，三者中以焊接工字形截面最为常用。当焊接组合梁翼缘需要很厚时，可采用两层翼缘板的截面，如图 5-1（h）所示。受动力荷载的梁如钢材质量不能满足焊接结构的要求时，可采用高强度螺栓或铆钉连接而成的工字形截面，如图 5-1（i）所示。当荷载很大而高度受到限制或需要较高的截面抗扭刚度，如钢箱梁桥梁等，可采用箱形截面，如图 5-1（g）所示。组合梁的截面组成比较灵活，可使材料在截面上的分布更为合理，节省钢材。

工字梁受弯时翼缘应力大、腹板应力小，为充分利用钢材的强度，焊接梁的翼缘可采用强度较高的低合金钢，而腹板则采用强度较低的钢材，即使用所谓异种钢梁。也可将工字钢的腹板沿梯形齿状线切割成两半，然后错开半个节距，焊接后成为蜂窝梁，如图 5-2 所示。蜂窝梁由于截面高度增大，提高了承载力，而且腹板的孔洞可作为设备通

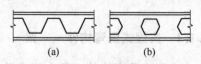

图 5-2　蜂窝梁

道，是一种较经济、合理的截面形式。

根据支撑情况不同，钢梁可做成简支梁、连续梁、悬伸梁等。简支梁的用钢量虽然较多，但由于制造、安装、修理、拆换较方便，而且不受温度变化和支座沉降的影响，因而应用最为广泛。

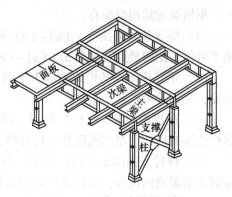

图 5-3 工作平台梁格示例

在土木工程中，除少数情况，如吊车梁、起重机大梁或上承铁路板梁桥可单根梁或两根梁成对布置外，通常由若干平行或交叉排列面成梁格，图 5-3 即为工作平台梁格布置示例。

根据主梁和次梁的排列情况，梁格可分为三种类型：

（1）单向梁格，如图 5-4（a）所示，只有主梁，适用于楼盖或平台结构的横向尺寸较小或面板跨度较大的情况。

（2）双向梁格，如图 5-4（b）所示，包括主梁及一个方向的次梁，次梁由主梁支撑，是最为常用的梁格类型。

（3）复式梁格，如图 5-4（c）所示，在主梁间设纵向次梁，纵向次梁间再设横梁次梁。荷载传递层次多，梁格构造复杂，故应用较少，只适用于荷载重和主梁间距很大的情况。

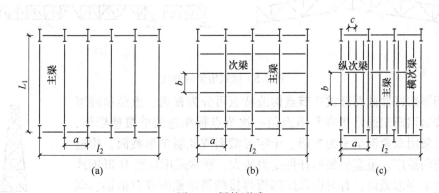

图 5-4 梁格形式

5.1.2 格构式受弯构件——桁架

格构式的受弯钢构件称为钢桁架，其特点是以弦杆件代替翼缘，以腹杆代替腹板，而在各节点处将腹杆与弦杆连接。桁架整体受弯时，弯矩表现为上、下弦杆的轴心压力和拉力，剪力则表现为各腹杆的轴心压力和拉力。钢桁架可以根据不同使用要求制成各种形状，对跨度较大的构件，在相同的刚度下，钢桁架相比于实腹式构件，较轻盈且节约钢材。但钢桁架的节点多，构造较复杂，较费工。

与梁一样，平面钢桁架在土木工程中应用很广泛，例如建筑工程中的屋架、托架、吊车桁架（桁架式吊车梁）、桥梁中的桁架桥，还有其他领域，如起重机臂架、水工闸门和海洋平台的主要受弯构件等。大跨度屋盖结构中采用的钢网架，以及各种类型的塔桅结构，则属于空间钢桁架。

钢桁架的结构类型有：

（1）简支梁式如图 5-5（a）~（d）所示，受力明确，杆件内力不受支座沉陷的影响，施工方便，使用最广，如图 5-5（a）~（c）所示的钢桁架常用作屋架；

（2）钢架横梁式的桁架端部上下弦与钢柱相连组成单跨或多跨钢架，可提高其水平刚度，常用于单层厂房结构；

（3）连续式如图 5-5（e）所示，跨越较大的桥架常用多跨连续的桁架，原因是选择多跨连续的桁架可增加刚度并节约材料；

（4）伸臂式如图 5-5（f）所示，既有连续式节约材料的优点，又有静定桁架不受支座沉陷的影响的优点，只是铰接处构造较复杂；

（5）悬臂式，如图 5-6 所示，常用于塔架等，主要承受水平风荷载引起的弯矩。

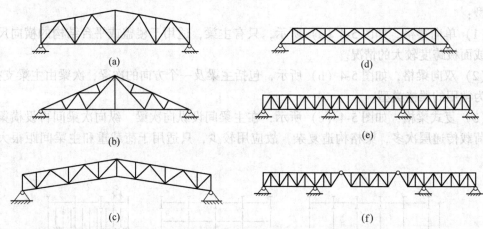

(a)

(d)

(b)

(e)

(c)

(f)

图 5-5　梁式桁架的形式

钢桁架按杆件截面形式和节点构造特点可分为普通、重型和轻型三种。普通钢桁架通常指在每节点用一块节点板相连的单腹壁桁架，杆件一般采用双角钢组成的 T 形、十字形截面或轧制 T 形截面，构造简单，应用最广。重型桁架的杆件受力较大，通常采用轧制 H 形钢或三板焊接工字形截面，有时也采用四板焊接的箱形截面或双槽钢、双工字钢组成的格构式截面；每节点处用两块平行的节点板连接，通常称为双腹壁桁架。轻型桁架指用冷弯薄壁型钢或小角钢及圆钢做成的桁架，节点处可用节点板相连，也可将杆件直接连接，主要用于跨度小、屋面轻的屋盖桁架（屋架或桁架式檩条等）。

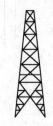

图 5-6　悬臂式
桁架的形式

桁架的杆件主要为轴心拉杆和轴心压杆，在特殊情况下，可能出现压弯杆件。

5.2　受弯构件的强度和刚度

为了确保安全适用、经济合理，同其他构件一样，梁的设计必须同时考虑第一和第二两种极限状态。第一极限状态即承载力极限状态。在钢梁的设计中包括强度、整体稳定和局部稳定三个方面，设计时，要求在荷载设计值作用下，梁的弯曲正应力、剪应力、局部压应力和折算应力均不超过标准规定的相应的强度设计值，整根梁不会侧向弯扭屈曲、组成梁的板件不会出现波状的局部屈曲。第二种极限状态即正常使用极限状态。在钢梁的设计中主要考虑梁的刚度，设计时要求梁有足够的抗弯刚度，即在荷载标准值作用下，梁的最大挠度不大于标准规定的容许挠度。

5.2.1　梁的强度

梁的强度分为抗弯强度、抗剪强度、局部承压强度，以及在复杂应力作用下的强度，其中抗弯强度的计算又是首要的。

5.2.1.1　梁的抗弯强度

在纯弯曲情况下梁的纤维应变沿杆长为定值，其弯矩与挠度之间的关系与钢材抗拉试验的 $\sigma\text{-}\varepsilon$ 关系形式上大体相同，如图 5-7 所示，M_e 为截面最外纤维应力到达屈服强度时的弯矩，它的数值与梁的残余应力分布有关，不过在分析梁的强度时，并不需要考虑残余应力的影响。M_p 为截面全部屈服时的弯矩，由于钢材存在硬化阶段，最终弯矩超过 M_p 值。在强度计算中，通常将钢材理想化为图 5-8 所示的弹塑性应力-应变关系，当弯矩由零逐渐加大时，截面中的应变始终符合平截面假定。在荷载作用下钢梁呈现 4 个阶段，所以下面以双轴对称工字形截面梁为例进行说明。

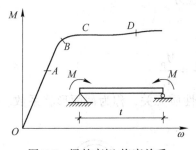

图 5-7　梁的弯矩-挠度关系

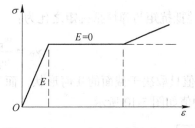

图 5-8　应力-应变关系

（1）弹性阶段。如图 5-7 中的 A 点及图 5-9（a）所示，当作用于梁上的弯矩较小时，梁全截面处于弹性工作阶段，应力与应变成正比，截面上的应力分布为直线。随着弯矩的增大，正应力按比例增加。当梁截面边缘纤维的最大正应力达到屈服点 f_y 时，表示弹性阶段结束，相应的弯矩称为弹性极限弯矩 M_e（或屈服弯矩），其值为：

$$M_e = W_n f_y \tag{5-1}$$

式中　　W_n ——梁净截面（弹性）抵抗矩。

（2）弹塑性阶段。如图 5-7 中的 B 点及图 5-9（b）所示，弯矩继续增大，梁截面边缘应力保持 f_y 不变，而截面的上、下边，凡是应变值达到和超过 ε_y 的部分，其应力都相应达到 f_y，形成两端为塑性区、中间为弹性区的状态。

（3）塑性阶段。如图 5-7 中的 C 点及图 5-9（c）所示，弯矩进一步增大，梁截面的塑性区不断向内发展，弹性核心不断变小。当弹性核心几乎完全消失时，整个截面进入塑性区，弯矩不再增加，而塑性变形急剧增大，梁在弯矩作用方向绕该截面中和轴自由转动，形成一个塑性铰，承载能力达到极限，此时的弯矩称为塑性弯矩 M_p（或极限弯矩），其值为：

$$M_p = f_y(S_{1n} + S_{2n}) = f_y W_{pn} \tag{5-2}$$

式中　S_{1n}——中和轴以上净截面对中和轴的面积矩，mm^3；

　　　S_{2n}——中和轴以下净截面对中和轴的面积矩，mm^3；

　　　W_{pn}——梁净截面塑性抵抗矩，mm^3，$W_{pn} = S_{1n} + S_{2n}$。

（4）应变硬化阶段。如图 5-9（d）所示，按照图 5-8 所示的应力-应变关系，钢材进入应变硬化阶段后，变形模量为 E_{st}。梁变形增加时，应力将继续有所增加。虽然在工程设计中，梁强度设计计算一般不利用这一阶段，但是它却是梁截面实现塑性铰不可或缺的条件。

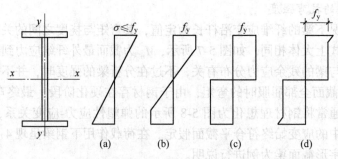

图 5-9　梁的正应力

塑性抵抗矩与弹性抵抗矩之比为：

$$\gamma_F = \frac{w_{pn}}{w_n} = \frac{w_{pn}f_y}{w_n f_y} = \frac{M_p}{M_e} \tag{5-3}$$

γ_F 值只取决于截面的几何形状，而与材料的性质无关，称为截面形状系数。一般截面 γ_F 的值如图 5-10 所示。

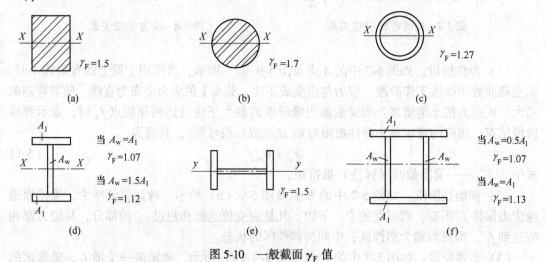

图 5-10　一般截面 γ_F 值

实际上，钢梁能否采用塑性设计尚应考虑下列因素的影响：

（1）变形的影响。塑性变形引起梁的挠度增大，可能会影响梁的正常使用。

（2）剪应力的影响。钢梁截面的同一点上存在弯应力 σ 与剪应力 τ 共同作用时，应

以折算应力 $\sigma_{eq} = \sqrt{\sigma^2 + 3\tau^2}$ 是否等于屈服强度 f_y 来判别钢材是否达到塑性状态。显然，当最大弯矩所在的截面上同时有剪应力作用时，会提早出现塑性铰。因此，若采用塑性设计，宜对剪应力作适当限制。

（3）局部稳定的影响。超静定梁在形成塑性铰和内力重分布过程中，要求在塑性铰转动时能保证受压翼缘和腹板不会局部失稳。

（4）脆断或疲劳的影响。钢梁在动力荷载或连续重复荷载作用下，可能发生突然性的脆断，它与静力荷载作用下发生缓慢的塑性破坏完全不同。因此，对于直接承受动力荷载或连续重复荷载的钢梁，也不能采用塑性设计。

（5）钢材本身有较好的塑性，如 $f_u/f_y \geqslant 1.2$，$\delta_5 \geqslant 15\%$。

显然，在计算梁的抗弯强度时，考虑截面塑性发展比不考虑要节省钢材，但若按截面形成塑性铰来设计，可能使梁的挠度过大，受压翼缘过早失去局部稳定。因此，编制《钢结构设计标准》时，只是有限制地利用塑性，取塑性发展深度 $a \leqslant 0.125$。

这样，梁的抗弯强度按下列规定计算：

单向受弯构件：

$$\frac{M_x}{\gamma_x w_{nx}} \leqslant f \tag{5-4}$$

双向受弯构件：

$$\frac{M_x}{\gamma_x w_{nx}} + \frac{M_y}{\gamma_y w_{ny}} \leqslant f \tag{5-5}$$

式中　M_x，M_y——绕 x 轴和 y 轴的弯矩设计值（对工字形截面，x 轴为强轴，y 轴为弱轴），N·mm；

　　　w_{nx}，w_{ny}——对 x 轴和 y 轴的净截面模量，mm^3；

　　　γ_x，γ_y——截面塑性发展系数（对工字形截面，$\gamma_x = 1.05$，$\gamma_y = 1.20$；对箱形截面，$\gamma_x = \gamma_y = 1.05$；对其他截面，可按表5-1采用）；

　　　f——钢材的抗弯强度设计值，N/mm^2。

表 5-1　截面塑性发展系数 γ_x、γ_y

项次	截　面　形　式	γ_x	γ_y
1		1.05	1.2
2			1.05

项次	截面形式	γ_x	γ_y
3			1.2
4		$\gamma_{x1} = 1.05$ $\gamma_{x2} = 1.2$	1.05
5		1.2	1.2
6		1.15	1.15
7		1.0	1.05
8		1.0	1.0

γ_x、γ_y 是考虑塑性部分深入截面的系数，与式（5-3）截面形状系数 γ_F 的含义有差别，故称为"截面塑性发展系数"。为避免梁失去强度之前受压翼缘局部失稳，规定：当梁受压翼缘的自由外伸宽度 b 与其厚度之比大于 $13\sqrt{235/f_y}$，而不超过 $15\sqrt{235/f_y}$ 时，应

取 $\gamma_z = 1.0$。

f_y 为钢材牌号所指屈服点，即不分钢材厚度一律取为：Q235 钢，$f_y = 235$ N/mm²；Q345 钢，$f_y = 345$ N/mm²；Q390 钢，$f_y = 390$ N/mm²；Q420 钢，$f_y = 420$ N/mm²。直接承受动力荷载且需要计算疲劳的梁，例如重级工作制吊车梁，塑性深入截面将使钢材发生硬化，促使疲劳断裂提前出现，因此按式（5-4）和式（5-5）计算时，取了 $\gamma_x = \gamma_y = 1.0$，即按弹性工作阶段进行计算。

当梁的抗弯强度不够时，增大梁截面的任意尺寸均可，但以增加梁的高度最有效。

5.2.1.2　梁的抗剪强度

一般情况下，梁承受弯矩和剪力的共同作用。钢梁剪应力的验算公式为：

$$\tau = \frac{VS}{It_w} \tag{5-6}$$

式中　V——计算截面沿腹板平面作用的剪力，N；

　　　S——计算剪应力处以上（或以下）毛截面对中和轴的面积矩，mm³；

　　　I——毛截面惯性矩，mm⁴；

　　　t_w——腹板厚度，mm。

截面上的最大剪应力发生在腹板中和轴处。因此，在主平面受弯的实腹构件，其抗剪强度应按下式计算：

$$\tau_{\max} = \frac{VS}{It_w} \leqslant f_v \tag{5-7}$$

式中　S——中和轴以上毛截面对中和轴的面积矩，mm³；

　　　f_v——钢材的抗剪强度设计值，N/mm²。

当梁的抗剪强度不足时，最有效的办法是增大腹板的面积。由于腹板高度一般由梁的刚度条件和构造要求确定，故设计时常采用加大腹板厚度的办法来增大梁的抗剪强度。

5.2.1.3　梁的局部承压强度

作用在受弯构件上的横向力一般以分布荷载或集中荷载的形式出现。实际工程中的集中荷载也是有一定分布长度的，不过其分布范围较小而已。对于工字形截面受弯构件，在上翼缘集中荷载作用下，腹板和上翼缘交界处可能出现较大的集中应力，如在楼面结构主次梁连接处主梁的腹板上，在吊车轮压作用下吊车梁靠近上翼缘的腹板上，存在较大的应力集中，如图 5-11 所示。当梁翼缘受有沿腹板平面作用的压力（包括集中荷载和支座反力），且该处又未设置支承加劲肋时即如图 5-11（a）所示，或受有移动的集中荷载（如吊车的轮压）时，即图 5-11（b）所示，应验算腹板计算高度边缘的局部承压强度。

在集中荷载作用下，翼缘（在吊车梁中，还包括轨道）类似支承于腹板上的弹性地基梁。腹板计算高度边缘的压应力分布如图 5-11（c）的曲线所示。假定集中荷载从作用处以 1∶2.5（在 h_y 高度范围）和 1∶1（h_R 高度范围）的比例扩散，均匀分布于腹板计算高度边缘。这种假定计算的均匀压应力 σ_c 与理论的局部压应力的最大值十分接近。《钢结构设计标准》（第 6.1.4 条）对梁的局部承压强度规定如下：

（1）当梁上翼缘受有沿腹板平面作用的集中荷载，且该荷载处又未设置支承加劲肋时，腹板计算高度上边缘的局部承压强度应按下式计算：

$$\sigma_c = \frac{\psi F}{t_w l_z} \leqslant f \qquad (5-8)$$

$$l_z = 3.25\sqrt[3]{\frac{I_R + I_f}{t_w}}$$

式中 F——集中荷载设计值，对动力荷载应考虑动力系数，N；

     ψ——集中荷载增大系数；对重级工作制吊车梁，$\psi = 1.35$；对其他梁，$\psi = 1.0$；

     l_z——集中荷载在腹板计算高度上边缘的假定分布长度，宜按式 $l_z = 3.25\sqrt[3]{\dfrac{I_R + I_f}{t_w}}$

         计算，也可采用简化式 $l_z = a + 5h_y + 2h_R$ 计算，mm；

     I_R——轨道绕自身形心轴的惯性矩，mm^4；

     I_f——梁上翼缘绕翼缘中间的惯性矩，mm^4；

     a——集中荷载沿梁跨度方向的支承长度，mm，对钢轨上的轮压可取 50 mm；

     h_y——自梁顶面至腹板计算高度上边缘的距离，对焊接梁为上翼缘厚度，对轧制工字形截面梁，是梁顶面到腹板过渡完成点的距离，mm。

     h_R——轨道的高度，梁顶无轨道时 $h_R = 0$；

     f——钢材的抗压强度设计值，N/mm^2。

注：腹板的计算高度 h_0：对轧制型钢梁，为腹板与上、下翼缘相接处两内弧起点间距离；对焊接组合梁，为腹板高度；对铆接（或高强度螺栓连接）组合梁，为上、下翼缘与腹板连接的铆钉（或高强度螺栓）线间最近距离。

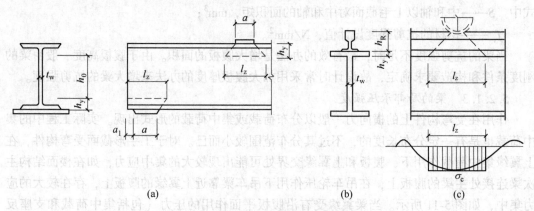

(a)   (b)   (c)

图 5-11   梁腹板的局部承压示意图

当验算不满足时，对固定集中荷载处（包括支座处）应设置支承加劲肋，并对支承加劲肋进行计算；对移动集中荷载，则应加大腹板厚度。对于翼缘上作用有均布荷载的梁，因腹板上边缘局部压应力不大，不需要进行局部压应力的验算。

（2）在梁的支座处，当不设置支承加劲肋时，也应按式（5-8）计算腹板计算高度下边缘的局部应力，但 ψ 取值为 1.0。

5.2.1.4 梁在复杂应力作用下的强度计算

《钢结构设计标准》（第 6.1.5 条）对梁在复杂应力作用下的强度规定如下：在梁的腹板计算高度边缘处，若同时受有较大的正应力、剪应力和局部压应力，或同时受有较大的正应力和剪应力（如连续梁中部支座处或梁的翼缘截面改变处等）时，其折算应力应按下式计算：

$$\sqrt{\sigma^2 + \sigma_c^2 - \sigma\sigma_c + 3\tau^2} \leqslant \beta_1 f \qquad (5-9)$$

式中，β_1 为计算折算应力的强度设计值增大系数（考虑到折算应力的部位只是梁的局部区域）。当 σ 与 σ_c 异号时，取 $\beta_1 = 1.2$；当 σ 与 σ_c 同号时或 $\sigma_c = 0$ 时，取 $\beta_1 = 1.1$，这是由于异号应力场有利于塑性发展，从而提高材料的设计强度。

σ、τ、σ_c 分别为腹板计算高度边缘同一点上同时产生的正应力、剪应力和局部压应力，σ 和 σ_c 以拉应力为正值，压应力为负值，τ 和 σ_c 应按式（5-6）和式（5-8）计算，σ 应按下式计算：

$$\sigma = \frac{M}{I_n} y_1 \qquad (5-10)$$

式中　I_n ——梁净截面惯性矩；

　　　y_1 ——所计算点至梁中和轴的距离。

【例 5-1】　图 5-12 所示为一焊接组合截面吊车梁，其钢梁截面尺寸如图所示。吊车为重级工作制（A7），吊车轨道型号为 QU100，轨道高度为 150 mm。吊车最大轮压 $F = 355$ kN，吊车竖向荷载动力系数为 1.1，可变荷载分项系数为 1.4，图示车轮作用处最大弯矩设计值为 $M = 4932$ kN·m，对应的剪应力设计值为 316 kN。吊车梁材料采用 Q355-B 钢，$I_{nx} = 2.433 \times 10^{10}$ m^4，试求车轮作用处钢梁的折算应力。

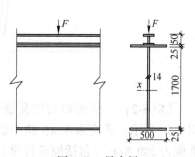

图 5-12　吊车梁

【解】　（1）计算点车轮作用处钢梁的局部承压应力计算：

吊车梁最大轮压设计值：$F_d = 1.4 \times 1.1 \times 355$ kN $= 546.7$ kN

重级工作制吊车：$\psi = 1.35$

$$l_z = a + 5h_y + 2h_R = (50 + 5 \times 25 + 2 \times 150) \text{ mm} = 475 \text{ mm}$$

$$\sigma_c = \frac{\psi F}{t_w l_z} = \frac{1.35 \times 546.7 \times 10^3}{475 \times 14} \text{ N/mm}^2 = 111.0 \text{ N/mm}^2 < f = 310 \text{ N/mm}^2$$

（2）计算点正应力计算：

$$\sigma = \frac{My}{I_{nx}} = \frac{4932 \times 10^6 \times 850}{2433 \times 10^{10}} \text{ N/mm}^2 = 172.3 \text{ N/mm}^2$$

（3）计算点剪应力计算：

上翼缘对中和轴的面积矩：

$$S = 500 \times 25 \times (850 + 12.5) \text{ mm}^3 = 1.078 \times 10^7 \text{ mm}^3$$

$$\tau = \frac{VS}{It_w} = \frac{316 \times 10^3 \times 1.078 \times 10^7}{2.433 \times 10^{10} \times 14} \text{ N/mm}^2 = 10.0 \text{ N/mm}^2$$

（4）计算点折算剪应力计算：σ_c 与 σ 同号，$\beta_1 = 1.1$。

$$\sqrt{\sigma^2 + \sigma_c^2 - \sigma\sigma_c + 3\tau^2} = \sqrt{172.3^2 + 111^2 - 172.3 \times 111 + 3 \times 10^2} \text{ N/mm}^2 = 152.3 \text{ N/mm}^2$$

$$< 1.1 \times 310 = 314 \text{ N/mm}^2$$

5.2.1.5 双向弯曲

在竖向荷载 q 的作用下，荷载作用线通过截面的剪心而又不与截面的形心主轴 x、y 平行时，即如图 5-13 所示，该梁产生双向弯曲。截面的两个主轴方向分别承受 $q_x = q\sin\varphi$ 和 $q_y = q\cos\varphi$ 分力的作用（φ 为 q 与主轴 y 的夹角）。如荷载偏离截面的剪心，还要产生扭转。但一般偏心不大，且屋面材料和拉条对阻止扭转能起一定作用，故扭转的影响可不考虑，只需按双向受弯构件作强度计算。

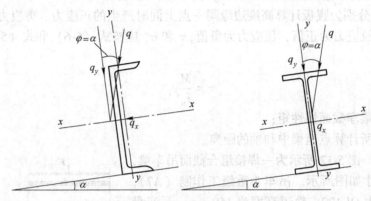

图 5-13　双向弯曲构件

【例 5-2】　某无积灰的瓦楞铁屋面，屋面坡度为 12.5，普通单跨简支槽钢檩条如图 5-14 所示，跨度为 6 m，跨中设一道拉条。檩条上活荷载标准值为 600 N/m，恒荷载标准值为 200 N/m（包括檩条自重）。钢材为 Q235 所示，檩条容许挠度 $[v] = 1/150$。$w_x = 39.7$ cm^3，$w_y = 7.8$ cm^3，$I_x = 198$ cm。要求验算双向弯曲简支檩条的强度。

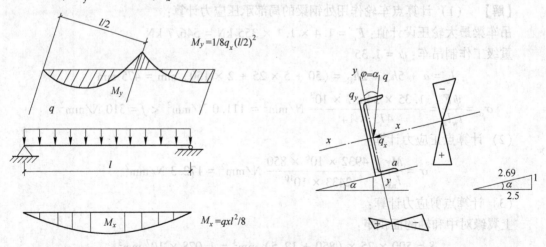

图 5-14　瓦楞铁屋面

【解】　（1）内力计算：
$$q = (600 \times 1.4 + 200 \times 1.2) \text{ N/m} = 1080 \text{ N/m}$$
$$q_y = q\cos\varphi = 1080 \times 2.5 \div 2.69 \text{ N/m} = 1004 \text{ N/m}$$
$$q_x = q\sin\varphi = 1080 \times 1.0 \div 2.69 \text{ N/m} = 401.5 \text{ N/m}$$

由 q_x 和 q_y 引起跨中截面的弯矩 M_x 和 M_y 分别为：

$$M_x = \frac{1}{8} \times 1004 \times 6^2 \text{ N} \cdot \text{m} = 4518 \text{ N} \cdot \text{m}$$

$$M_y = \frac{1}{8} q_x l^2 = \frac{1}{8} \times 401.5 \times 3^2 \text{ N} \cdot \text{m} = 451.7 \text{ N} \cdot \text{m}$$

（2）截面抗弯强度计算：

由附表 1-1 查得 $f = 215 \text{ N/mm}^2$。

由于跨中截面 w_x 和 w_y 都最大，故在该截面上的 a 点应力最大，为拉应力。

$$\sigma = \frac{M_x}{\gamma_x w_x} + \frac{M_y}{\gamma_y w_y} = \left(\frac{4518 \times 10^3}{1.05 \times 39.7 \times 10^3} + \frac{451.7 \times 10^3}{1.2 \times 7.8 \times 10^3} \right) \text{N/mm}^2$$

$$= 156.7 \text{ N/mm}^2 \leqslant f = 215 \text{ N/mm}^2$$

5.2.2 梁的刚度

刚度就是抵抗变形的能力，梁的刚度用荷载作用下挠度的大小来衡量。梁的刚度不足，就不能保证正常使用。例如，当楼盖梁的挠度超过正常使用的某一限值时，不仅会给人们一种不舒服和不安全的感觉，也可能使其上部的楼面及下部的抹灰开裂，影响结构的使用功能。吊车梁挠度过大，会加剧吊车运行时的冲击和振动，导致吊车运行困难等。因此，应按下式验算梁的刚度：

$$v \leqslant [v] \tag{5-11}$$

式中　v——由荷载标准值（不考虑荷载分项系数和动力系数）产生的最大挠度；

　　$[v]$——梁的容许挠度，对某些常用的受弯构件，按附表 2-1 取值。

梁的挠度可按材料力学和结构力学的方法计算，也可由结构静力计算手册取用。受多个集中荷载的梁（如吊车梁、楼盖主梁等），其挠度的精确计算较为复杂，但与最大弯矩相同的均布荷载作用下的挠度接近。于是，可采用下列近似公式验算梁的挠度：

对等截面简支梁：

$$\frac{v}{l} = \frac{5}{384} \cdot \frac{q_k l^3}{EI_x} = \frac{5}{48} \cdot \frac{q_k l^2 l}{8EI_x} \leqslant \frac{[v]}{l} \tag{5-12}$$

对变截面简支梁：

$$\frac{v}{l} = \frac{M_1 l}{10 EI_x} = \left(1 + \frac{3}{25} \cdot \frac{I_x - I_{x1}}{I_x} \right) \leqslant \frac{[v]}{l} \tag{5-13}$$

式中　q_k——均布线荷载标准值；

　　M_1——荷载标准值产生的最大弯矩；

　　I_x——跨中毛截面惯性矩；

　　I_{x1}——支座附近毛截面惯性矩；

　　l——梁的长度；

　　E——梁截面弹性模量。

由于挠度是构件整体的力学行为，所以采用毛截面参数进行计算。表 5-2 为简支梁在常见荷载类型作用下的最大挠度计算公式。

表 5-2　简支梁最大挠度的计算公式

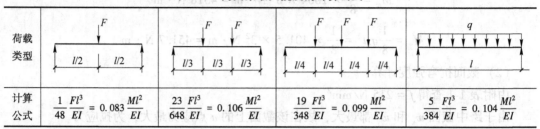

荷载类型	$\dfrac{1}{48}\dfrac{Fl^3}{EI}=0.083\dfrac{Ml^2}{EI}$	$\dfrac{23}{648}\dfrac{Fl^3}{EI}=0.106\dfrac{Ml^2}{EI}$	$\dfrac{19}{348}\dfrac{Fl^3}{EI}=0.099\dfrac{Ml^2}{EI}$	$\dfrac{5}{384}\dfrac{Fl^3}{EI}=0.104\dfrac{Ml^2}{EI}$
计算公式				

一般情况下，统一采用如下所示的近似公式：

$$v=0.1\frac{Ml^2}{EI} \tag{5-14}$$

计算梁的挠度 v 值时，取用的荷载标准值应与附表 2-1 规定的容许挠度值 $[v]$ 相对应。例如，对吊车梁，挠度 v 应按自重和起重量最大的一台吊车计算；对楼盖或工作平台梁，应分别验算全部荷载产生的挠度和仅有可变荷载产生的挠度。

《钢结构设计标准》对结构或构件变形的规定如下：为了不影响结构或构件的正常使用和观感，设计时应对结构或构件的变形（挠度或侧移）规定相应的限值。一般情况下，结构或构件变形的容许值应符合《钢结构设计标准》附录 A 的规定。当有实践经验或有特殊要求时，要在不影响正常使用和观感的前提下对附录 A 的规定进行适当的调整。

计算结构或构件的变形时，可不考虑螺栓（或铆钉）孔引起的截面削弱。

吊车梁、楼盖梁、屋盖梁、工作平台梁以及墙架构件的挠度不宜超过表 5-3 所列的容许值。

表 5-3　受弯构件的挠度容许值

构 件 类 别	挠度容许值	
	$[v_T]$	$[v_Q]$
楼（屋）盖梁或桁架、工作平台梁（第 3 项除外）和平台板		
（1）主梁或桁架（包括设有悬挂起重设备的梁和桁架）	$l/400$	$l/500$
（2）仅支承压型金属板屋面和冷弯型钢檩条	$l/180$	
（3）除支承压型金属板屋面和冷弯型钢檩条外，尚有吊顶	$l/240$	
（4）抹灰顶棚的次梁	$l/250$	$l/350$
（5）除（1）~（4）款外的其他梁（包括楼梯梁）	$l/250$	$l/300$
（6）屋盖檩条		
支承压型金属板屋面者	$l/150$	—
支承其他屋面材料者	$l/200$	—
有吊顶	$l/240$	
（7）平台板	$l/150$	

注：1. l 为受弯构件的跨度（对悬臂梁和伸臂梁为悬臂长度的 2 倍）。

　　2. $[v_T]$ 为永久和可变荷载标准值产生的挠度（如有拱起应减去拱度）的容许值，$[v_Q]$ 为可变荷载标准值产生的挠度的容许值。

【例 5-3】 图 5-15 所示为普通工字形钢主梁的计算简图，主梁间距为 6 m，采用 I45a，即工字钢 25a，$I_x=32241$ cm⁴，主梁每米的质量为 80.4 kg。次梁间距为 2 m，选用 I25a，质量为 38.1 kg×6＝228.6 kg。梁上铺设钢筋混凝土预制板，楼板自重标准值为 3 kN/m²，均布荷载标准值为 3 kN/m²。

已知次梁传来的恒荷载标准值为 19.1 kN，次梁传来的活荷载标准值为 18 kN，次梁传来的总荷载标准值为 37.1 kN。请验算梁的挠度。

图 5-15　计算简图

【解】　梁的计算跨度为 $l = (2 \times 5 - 0.5)\text{m} = 9.5\ \text{m}$。

（1）由可变荷载标准值产生的最大弯矩为：

$$M_{KQ} = (36 \times 9.5/2 - 18 \times 1 - 18 \times 3)\text{kN} \cdot \text{m} = 99\ \text{kN} \cdot \text{m}$$

由此产生的最大挠度为：

$$v_{\max} = \frac{M_{KQ} l^2}{10 E I_x} = \frac{99 \times 9.5^2 \times 10^{12}}{10 \times 2.06 \times 10^5 \times 32241 \times 10^4}\ \text{mm} = 13.5\ \text{mm}$$

查表 5-3 得 $[v_Q] = l/500 = 19\ \text{mm} > v_{\max} = 13.5\ \text{mm}$，满足要求。

（2）由永久和可变荷载标准值产生的最大弯矩为：

$$M_{KT} = (74.3 \times 9.5/2 - 37.1 \times 3 + 80.4 \times 9.8 \times 10^{-3} \times 9.5^2/8)\ \text{kN} \cdot \text{m} = 212.9\ \text{kN} \cdot \text{m}$$

由此产生的最大挠度为：

$$v_{\max} = \frac{M_{KT} l^2}{10 E I_x} = \frac{212.9 \times 9.5^2 \times 10^{12}}{10 \times 2.06 \times 10^5 \times 32241 \times 10^4}\ \text{mm} = 28.9\ \text{mm}$$

$[v_T] = l/400 = 23.8\ \text{mm}$，$v_{\max} > [v_T]$，不满足要求。

为改善外观和使用条件，可将横向受力构件预先起拱，起拱的大小应视实际需要而定，一般为恒载标准值加 1/2 活载标准值所产生的挠度值。当仅为改善外观条件时，构件挠度应取在恒荷载和活荷载标准值作用下求得的挠度计算值减去起拱度。

5.3　整体稳定计算

5.3.1　受弯构件整体稳定的概念

为了提高抗弯强度，受弯构件一般采用高而窄的工字形或 H 形截面，工字形截面的一个显著特点是两个主轴惯性矩相差极大，即 $I_x \gg I_y$（设 x 轴为强轴，y 轴为弱轴）。因此，当受弯构件在其最大刚度平面内受荷载作用时，若荷载不大，梁的弯曲平衡状态是稳定的，基本上在其最大刚度平面内弯曲。虽然外界因素可能会使梁产生微小的侧向弯曲和扭转变形，但外界因素消失后，梁仍能恢复原来的弯曲平衡状态。当荷载增大到一定数值后，若梁在向下弯曲的过程中，同时受到外界因素的干扰，将突然发生较大的侧向弯曲和扭转变形，最后很快地丧失继续承载的能力，这种现象被称为梁丧失了整体稳定性。由于此时的承载能力往往低于按其抗弯强度确定的承载能力，因此，这些梁的截面大小也就往往由整体稳定性所控制。

在弯矩作用下，受弯构件的受压翼缘也类似压杆，若无腹板的限制，有沿刚度较小方向（即翼缘板平面外）屈曲的可能，但腹板提供了连续的支承作用，使得这一方向的刚度提高了，于是受压翼缘只可能在翼缘板平面内发生屈曲。而梁的受压翼缘和受压区腹板又与轴心受压构件不完全相同，它与受拉翼缘和受拉区腹板是直接相连的。因此，当其发生屈曲时只能是平面侧向弯曲（即对 y 轴弯曲），一旦这一方向失稳，受弯构件发生侧倾，而构件的受拉部分则以张力的形式抵抗着这种侧倾倾向，对其侧向弯曲产生牵制。因此，受压翼缘出现平面弯曲时就同时发生截面的扭转，因而梁发生整体失稳时必然是侧向弯扭弯曲，即如图 5-16（a）所示。

梁维持其稳定平衡状态所承担的最大荷载或最大弯矩，称为临界荷载或临界弯矩。

如图 5-16（b）所示，把受弯构件的受压翼缘和部分与其相连的受压腹板视为一根轴心压杆，如图 5-16（b）所示，随着压力的增加，达到一定的程度后，此压杆将不能保持原来的位置而发生屈曲，这就是梁会发生侧扭屈曲的原因。但是，受压翼缘和部分腹板又与轴心压杆不完全相同，它与受拉翼缘和受拉腹板是直接相连的。当其发生屈曲时，就只能是出平面的侧向屈曲，加上受拉部分对其侧向弯曲的牵制，带动整个梁的截面一起发生侧弯和扭转，因而受弯构件的整体失稳必然是侧向弯扭屈曲，如图 5-16（c）所示。

从以上失稳机理来看，梁的整体失稳是弯曲压应力引起的，而且梁丧失整体稳定时的承载力往往低于其抗弯强度确定的承载力，因此，对于侧向没有足够的支承或侧向刚度较小的梁，其承载力将由整体稳定所控制。

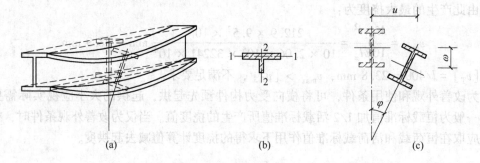

图 5-16　梁的整体稳定形态

5.3.2　影响受弯构件整体稳定性的主要因素

（1）梁的截面形式。简支梁侧扭屈曲临界弯矩式中的系数如表 5-4 所示。

表 5-4　简支梁侧扭屈曲临界弯矩式中的系数

荷载类型	β_1	β_2	β_3
跨度中点集中荷载	1.35	0.55	0.4
满跨均布荷载	1.13	0.46	0.53
纯弯曲	1	0	1

截面的侧向抗弯刚度 EI_y、抗扭刚度 GI_t 越大，则临界弯矩 M_{cr} 越大。如图 5-17 所示，对于同一种截面形式，加强受压翼缘比加强受拉翼缘有利。加强受压翼缘时截面的剪心位

于截面形心之上，减小了截面上荷载作用点至剪心距离即扭矩的力臂，从而减小了扭矩，提高了构件的整体稳定承载力。

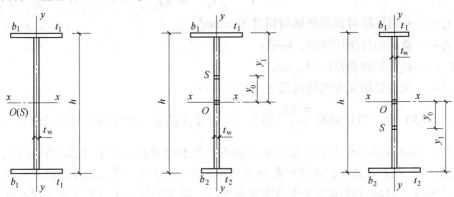

图 5-17　梁的截面形式对梁稳定的影响

（2）受压翼缘的自由长度 l。由于梁的整体失稳变形包括侧向弯曲和扭转，因此，沿梁的长度方向设置一定数量的侧向支承就可以有效提高梁的整体稳定性。侧向支承点的位置对提高梁的整体稳定性也有很大影响。若只在梁的剪心 S_1 处设置支承，只能阻止梁在 S_1 点发生侧向移动，而不能有效阻止截面扭转，效果不理想。因为梁整体失稳起因在于受压翼缘的侧向变形，故在梁的受压翼缘设置支承，减小受压翼缘的自由长度 l（常记为 l_1），阻止该翼缘侧移，扭转也就不会发生。

（3）沿梁截面高度方向的荷载作用点位置。荷载作用于梁的上翼缘时，式（5-18）中的 a 值为负数，临界弯矩将降低；荷载作用于下翼缘时，a 值为正数，临界弯矩将提高。当荷载作用在梁的上翼缘时，荷载对梁截面的转动有加大作用，因而会降低梁的稳定性能；反之，则提高梁的稳定性能。

（4）梁所受荷载类型。假设梁的两端为简支，荷载均作用在截面的剪切中心（$a=0$），梁截面形状为双轴对称且尺寸一定，由式（5-18）可知，此时临界弯矩 M_{cr} 的大小就只取决于系数 β_1。由表 5-4 所示 3 种典型荷载的 β_1 值可知，纯弯度（弯矩图形为矩形）的 β_1 为最小（$\beta_1 = 1.13$），跨度中点作用一个集中荷载（纯弯度图形为一等腰三角形）的 β_1 为最大（$\beta_1 = 1.35$），满跨均布荷载（弯矩图形为一抛物线）的 β_1 居中。总之，弯矩图与矩形相差越大，β_1 越大于 1.0，整体稳定临界弯矩值就越高。

（5）梁的支承情况。两端支承条件不同，其抵抗弯扭屈曲的能力也不同，约束程度越强则抵抗弯扭屈曲能力越强，故其整体稳定承载力按固端梁→简支梁→悬臂梁依次减小。

了解了影响梁整体稳定性的因素后，除可正确使用设计规范外，更重要的是可在工程实践中设法采取措施以提高梁的整体稳定性能。

5.3.3　受弯构件的临界荷载

5.3.3.1　双轴对称工字形截面简支梁在纯弯曲时的临界弯矩

双轴对称工字形截面简支梁在纯弯曲的临界弯矩，可根据弹性稳定理论建立绕 y 轴的弯矩平衡微分方程和绕 z 轴的扭矩平衡方程求得：

$$M_{cr} = \frac{\pi^2 E I_y}{l^2} \sqrt{\frac{I_w}{I_y} + \frac{l^2 G I_t}{\pi^2 E I_y}} \qquad (5\text{-}15)$$

式中　I_y——截面翼缘对截面弱轴的惯性矩，mm^4；

　　　I_t——截面的抗扭惯性矩，mm^4；

　　　I_w——截面的翘曲惯性矩，mm^4；

　　　l——构件受压翼缘的侧向无支承长度，mm。

　　式（5-15）中，根号前的 $\dfrac{\pi^2 E I_y}{l^2}$ 即为绕 y 轴屈曲的轴心受压构件的欧拉临界力。由该公式可见，影响双轴对称工字形截面简支梁临界弯矩的因素包含了抗翘曲刚度 $E I_w$、侧向抗弯刚度 $E I_y$、抗扭刚度 $G I_t$ 和梁的侧向无支承长度 l。显然，受弯构件的临界弯矩与截面的抗翘曲刚度、侧向抗弯刚度和抗扭刚度成正比，与梁的侧向无支承长度 l 成反比。对上式进行整理后可表示为

$$M_{cr} = \frac{\pi}{l} \sqrt{E I_y G I_t} \sqrt{1 + \frac{\pi^2}{l^2} \frac{E I_w}{G I_t}} \qquad (5\text{-}16)$$

令

$$\psi_2 = \frac{E}{l^2 G I_t} I_w = \frac{E}{l^2 G I_t} \left(I_y \frac{h^2}{4} \right) = \left(\frac{h}{2l} \right)^2 \frac{E I_y}{G I_t}, \quad k_1 = \pi \sqrt{1 + \pi^2 \psi_2}$$

则

$$M_{cr} = \frac{k_1}{l} \sqrt{E I_y G I_t} \qquad (5\text{-}17)$$

式中　k_1——梁整体稳定屈曲系数，与作用于梁上的荷载类型有关，不同荷载类型 k_1 值列于表 5-5 中。

表 5-5　双轴对称工字形截面简支梁的整体稳定屈曲系数 k_1 值

位置	荷　载　类　型		
荷载作用位置	M ◡ M l	q ↓↓↓↓↓↓↓↓↓↓ l	q ↓↓↓↓↓↓↓↓↓↓ l
截面形心	$\pi \sqrt{1 + \pi^2 \psi_2}$	$1.13\pi \sqrt{1 + 10\psi_2}$	$1.35\pi \sqrt{1 + 10.2\psi_2}$
上、下翼缘		$1.13\pi \left(\sqrt{1 + 10\psi_2} \mp 1.44 \sqrt{\psi_2} \right)$	$1.13\pi \left(\sqrt{1 + 12.9\psi_2} \mp 1.74 \sqrt{\psi_2} \right)$

5.3.3.2　单轴对称工字形截面梁承受横向荷载作用时的临界弯矩

　　如图 5-18 （a）、（c）所示，单轴对称工字形截面的剪切中心 S 和形心 O 不重合，承受横向荷载时梁在微弯平衡状态时的微分方程不是常系数微分方程，因而不可能有准确的解析解，只能有数值解和近似解。下面是在不同荷载作用下用能量法求得的临界弯矩近

似解：

$$M_{cr} = \beta_1 \frac{\pi^2 EI_y}{l_1^2} \left[\beta_2 a + \beta_3 B_y + \sqrt{(\beta_2 a + \beta_3 B_y)^2 + \frac{l_w}{I_y} \left(1 + \frac{l_1^2 GI_t}{\pi^2 EI_w} \right)} \right] \tag{5-18}$$

式中　β_1，β_2，β_3——系数，随荷载类型而异，表 5-4 给出了两端简支梁在 3 种典型荷载
情况下的 β_1、β_2、β_3 值；

　　　　l_1——梁的侧向无支承长度；

　　　　a——横向荷载作用点至剪切中心的距离，当荷载作用点在剪切中心以上
时，a 为负值；在剪切中心以下时，a 取正值；

　　　　B_y——反映截面不对称特性的系数，当截面为双轴对称时，$B_y = 0$；当截
面为不对称截面时，按下式计算：

$$B_y = \frac{1}{2I_x} \int_A y(x^2 + y^2) \, dA - y_0 \tag{5-19}$$

$$y_0 = \frac{I_1 h_1 - I_2 h_2}{I_y}$$

式中　y_0——剪切中心的纵坐标；

　　I_1，I_2——受压翼缘和受拉翼缘对 y 轴的惯性矩；

　　h_1，h_2——受压翼缘和受拉翼缘形心至整个截面形心的距离。

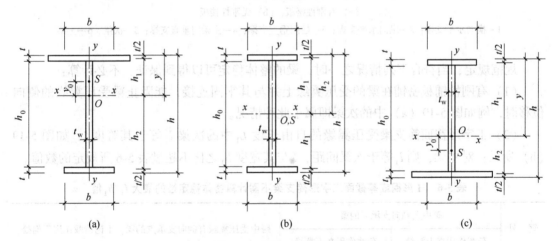

图 5-18　焊接工字形截面

（a）加强受压翼缘的工字形截面；（b）双轴对称工字形截面；（c）加强受拉翼缘工字形截面

5.3.4　梁整体稳定的保证

为了保证梁的整体稳定或增强梁抗整体失稳的能力，当梁上有密铺的刚性铺板（楼
盖梁的楼面板或公路桥、人行天桥的面板等）时，应使之与梁的受压翼缘连牢，如图
5-19（a）所示；若无刚性铺板或铺板与梁受压翼缘连接不可靠，则应设置平面支撑，如
图 5-19（b）所示。楼盖或工作平台梁格的平面支撑有横向平面支撑和纵向平面支撑两种，
横向支撑使主梁受压翼缘的自由长度由其跨长减小为 l_1（次梁间距）；纵向支撑是为了保

证整个楼面的横向刚度。不论有无连牢的刚性铺板，支撑工作平台梁格的支柱间均应设置柱间支撑，除非柱列设计为上端铰接、下端嵌固于基础的排架。

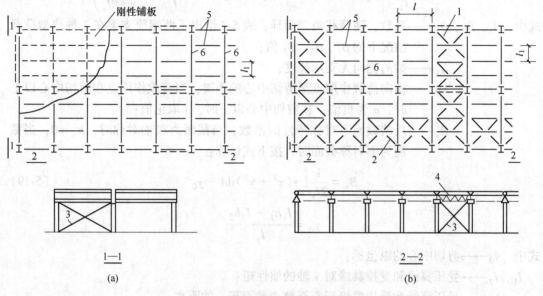

图 5-19　楼盖或工作平台梁格

（a）有刚性楼板；（b）无刚性楼板

1—横向水平支撑；2—纵向水平支撑；3—柱间垂直支撑；4—主梁间垂直支撑；5—次梁；6—主梁

规范规定，当符合下列情况之一时，梁的整体稳定可以得到保证，不必计算：

（1）有刚性铺板密铺在梁的受压翼缘上并与其牢固连接，能阻止梁受压翼缘的侧向位移时，例如图 5-19（a）中的次梁即属于此种情况。

（2）工字形截面简支梁受压翼缘的自由长度 L_1 中的次梁 l_1 等于其跨度 l，如图 5-19（b）所示；对主梁，则 l_1 等于次梁间距；l 与其宽度 b_1 之比不超过表 5-6 所规定的数值。

表 5-6　H 形钢或等截面工字形简支梁不需计算整体稳定性的最大 l_1/b_1 值

钢　号	跨中无侧向支承点的梁		跨中受压翼缘有侧向支承点的梁，不论荷载作用于何处
	荷载作用在上翼缘	荷载作用在下翼缘	
Q235	13.0	20.0	16.0
Q345	10.5	16.5	13.0
Q390	10.0	15.5	12.5
Q420	9.5	15.0	12.0

注：其他钢号的梁不需计算整体稳定性的最大 l_1/b_1 值应取 Q235 钢的数值乘以 $\sqrt{235/f_y}$。

（3）箱形截面简支梁，其截面尺寸如图 5-20 所示。当其满足 $h/b_0 \leqslant 6$，且 $l_1/b_0 \leqslant 95(235/f_y)$ 时，梁的整体稳定可以得到保证，不必计算。

5.3.5 梁的整体稳定计算公式

当不满足上述条件时，需进行整体稳定性计算。

（1）在最大刚度主平面内受弯的构件，其整体稳定性应按下式计算：

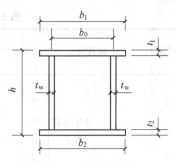

图 5-20 箱形截面
（梁的支座处视为有侧向支承）

$$\sigma = \frac{M_x}{W_x} \leqslant \frac{\sigma_{cr}}{\gamma_R} = \frac{\sigma_{cr}}{f_y} \frac{f_y}{\gamma_R} = \varphi_b f \qquad (5\text{-}20)$$

即

$$\frac{M_x}{\varphi_b W_x f} \leqslant 1.0 \qquad (5\text{-}21)$$

式中　　M_x——绕强轴作用的最大弯矩；

　　　　W_x——按受压最大纤维确定的梁毛截面模量计算，当截面板件宽厚比等级为 S1、S2、S3 或 S4 级时，应取全截面模量，当截面板件宽厚比等级为 S5 级时，应取有效截面模量，均匀受压翼缘有效外伸宽度可取 $15\varepsilon_k$；

　　　　φ_b——梁的整体稳定性系数，$\varphi_b = \sigma_{cr}/f_y$，按附表 3-2 确定。

（2）在两个主平面受弯的 H 形钢截面或工字形截面构件，其稳定性应按下式计算：

$$\frac{M_x}{\varphi_b W_x f} + \frac{M_y}{\gamma_y W_y f} \leqslant 1.0 \qquad (5\text{-}22)$$

式中　　W_x，W_y——按受压纤维确定的对 x 轴和对 y 轴的梁毛截面模量；

　　　　M_y——绕弱轴（y 轴）作用的弯矩；

　　　　φ_b——绕强轴弯曲所确定的梁整体稳定系数。

上式是一个经验公式，式中 γ_y 是绕弱轴的截面塑性发展系数，它并不意味绕弱轴弯曲容许出现塑性，而是用来适当降低式中第二项的影响。当梁的整体稳定性计算不满足要求时，可采取增加侧向支承或加大梁的尺寸（以增加梁的受压翼缘宽度最有效）等办法予以解决。无论梁是否需要计算整体稳定性，在梁端必须采用构造措施提高抗扭刚度，以防止端部截面扭转（在力学意义上称为"夹支"，如图 5-21 所示）提高抗扭刚度，以防止端部截面扭转。

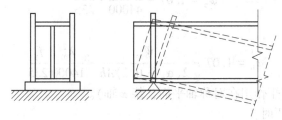

图 5-21　夹支的梁支座

5.3.6 梁的整体稳定系数

5.3.6.1 轧制工字钢梁整体稳定系数

（1）轧制普通工字钢简支梁整体稳定系数 φ_b 应按表 5-7 采用，当所查得的值大于 0.6 时，应按下式算得相应的替代值：

$$M_y \varphi_b' = 1.07 - \frac{0.282}{\varphi_b} \leqslant 1.0$$

表 5-7 普通工字钢简支梁整体稳定系数

项次	荷载情况			工字钢型号	自由长度 l_1/m								
					2	3	4	5	6	7	8	9	10
1	跨中无侧向支承点的梁	集中荷载作用于	上翼缘	10~20	2.00	1.30	0.99	0.80	0.68	0.58	0.53	0.48	0.43
				22~32	2.40	1.48	1.09	0.86	0.72	0.62	0.54	0.49	0.45
				36~63	2.80	1.60	1.07	0.83	0.68	0.56	0.50	0.45	0.40
2			下翼缘	10~20	3.10	1.95	1.34	1.01	0.82	0.69	0.63	0.57	0.52
				22~40	5.50	2.80	1.84	1.37	1.07	0.86	0.73	0.64	0.56
				45~63	7.30	3.60	2.30	1.62	1.20	0.96	0.80	0.69	0.60
3		均布荷载作用于	上翼缘	10~20	1.70	1.12	0.84	0.68	0.57	0.50	0.45	0.41	0.37
				22~40	2.10	1.30	0.93	0.73	0.60	0.51	0.45	0.40	0.36
				45~63	2.60	1.45	0.97	0.73	0.59	0.50	0.44	0.38	0.35
4			下翼缘	10~20	2.50	1.55	1.08	0.83	0.68	0.56	0.52	0.47	0.42
				22~40	4.00	2.20	1.45	1.10	0.85	0.70	0.60	0.52	0.46
				45~63	5.60	2.80	1.80	1.25	0.95	0.78	0.65	0.55	0.49
5	跨中有侧向支承点的梁（不论荷载作用点在截面高度上的位置）			10~20	2.20	1.39	1.01	0.79	0.66	0.57	0.52	0.47	0.42
				22~40	3.00	1.80	1.24	0.96	0.76	0.65	0.56	0.49	0.43
				45~63	4.00	2.20	1.38	1.01	0.80	0.66	0.56	0.49	0.43

注：1. ε 为参数，$\varepsilon = \dfrac{l_1 t_1}{b_1 h}$；荷载作用在上翼缘是指荷载作用点在翼缘表面，方向指向截面形心；荷载作用在下翼缘是指荷载作用点在翼缘表面，方向背向截面形心。

2. 表中的 φ_b 值适用于 Q235 钢，对其他钢号，表中数值应乘以 $235/f_y$。

（2）整体稳定系数的近似计算。对于均匀弯曲的受弯构件，当 $\lambda_y \leqslant 120\sqrt{235/f_y}$ 时，其整体稳定系数 φ_b 可按以下近似公式计算：

1）工字形截面（含 H 形钢）。

双轴对称时：

$$\varphi_b = 1.07 - \frac{\lambda_y^2}{44000} \cdot \frac{f_y}{235} \tag{5-23}$$

双轴对称时：

$$\varphi_b = 1.07 - \frac{W_{1x}}{2(\alpha_b + 0.1)Ah} \cdot \frac{\lambda_y^2}{14000} \frac{f_y}{235} \tag{5-24}$$

2）T 形截面（弯矩作用在对称轴平面，绕 x 轴）。

①弯矩使翼缘受压时：

双角钢 T 形截面：

$$\varphi_b = 1 - 0.0017\lambda_y\sqrt{f_y/235} \tag{5-25}$$

部分 T 形钢和双板件组合 T 形截面：

$$\varphi_b = 1 - 0.0022\lambda_y\sqrt{f_y/235} \tag{5-26}$$

②弯矩使翼缘受拉且腹板宽厚比不大于 $18\sqrt{235/f_y}$ 时：

$$\varphi_b = 1 - 0.0005\lambda_y\sqrt{f_y/235} \tag{5-27}$$

按上述公式计算整体稳定系数得到的 $\varphi_b > 0.6$ 时，不需要对 φ_b 进行修正。当按上述

公式计算得到的 $\varphi_b > 1.0$ 时，取 $\varphi_b = 1.0$。

在采用近似公式确定梁的整体稳定系数时要满足两个条件，要求"是均匀弯曲的受弯构件"，就是说跨中弯矩图形没有突变、符合图 5-22（a）的弯矩图形的梁才能采用。

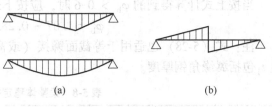

图 5-22　梁的弯矩图
（a）均匀弯曲；（b）非均匀弯曲

5.3.6.2　焊接工字形的整体稳定系数

等截面焊接工字形和轧制 H 形等截面简支梁的整体稳定系数应按下式计算：

$$\varphi_b = \beta_b \frac{4320}{\lambda_y^2} \cdot \frac{Ah}{W_x}\left[\sqrt{1 + \left(\frac{\lambda_y t_1}{4.4h}\right)^2} + \eta_b\right]\frac{235}{f_y} \tag{5-28}$$

式中　β_b——梁整体稳定等效弯矩系数，根据荷载的形式和作用位置按表 5-8 选用；

λ_y——梁的侧向长细比，$\lambda_y = l_1/i_y$，l_1 为梁的侧向计算长度，取受压翼缘侧向支承点间的距离，i_y 为梁毛截面对 y 轴的回转半径；

A——梁的毛截面面积；

h，t_1——梁截面的全高和受压翼缘厚度；

W_x——梁受压翼缘边缘纤维的毛截面抵抗矩；

f_y——钢材的屈服强度；

η_b——截面不对称影响系数，如图 5-23（a）和（d）所示的双轴对称焊接工字形截面，$\eta_b = 0$；如图 5-23（b）和（c）所示的单轴对称焊接工字形截面，加强受压翼缘 $\eta_b = 0.8(2\alpha_b - 1)$，加强受拉翼缘：$\eta_b = 2\alpha_b - 1$，$\alpha_b = \dfrac{I_1}{I_1 + I_2} = \dfrac{I_1}{I_y}$；

α_b——受压翼缘与全截面侧向惯性矩比值；

I_1，I_2——受压翼缘和受拉翼缘对 y 轴的惯性矩。

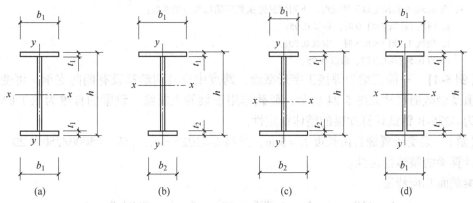

图 5-23　焊接工字形和轧制 H 形钢截面
（a）双轴对称焊接工字形截面；（b）加强受压翼缘的截面单轴对称焊接工字形截面；
（c）加强受压翼缘的单轴对称焊接工字形截面；（d）轧制 H 形钢截面

当按上式计算得到的 $\varphi_b > 0.6$ 时，应按下式对 φ_b 进行修正，以 φ_b' 代替 φ_b：

$$\varphi_b' = 1.07 - 0.282/\varphi_b \leq 1.0 \tag{5-29}$$

注：式（5-28）也适用于等截面铆接（或高强度螺栓连接）简支梁，其受压翼缘厚度 t_1 包括翼缘角钢厚度。

表 5-8　梁整体稳定等效弯矩系数

项次	侧向支承	荷载		$\xi = l_1 + t_1$	
				$\xi \leq 2.0$	$\xi > 2.0$
1	跨中无侧向支承	均布荷载作用于	上翼缘	$0.69 + 0.13\xi$	0.95
2			下翼缘	$1.73 - 0.20\xi$	1.33
3		集中荷载作用于	上翼缘	$0.73 + 0.18\xi$	1.09
4			下翼缘	$2.23 - 0.28\xi$	1.67
5	跨度中点有一个侧向支承点	均布荷载作用于	上翼缘	1.15	
6			下翼缘	1.4	
7		集中荷载作用于截面上任意处		1.75	
8	跨度中有不少于两个等距离侧向支承点	任意荷载作用于	上翼缘	1.2	
9			下翼缘	1.4	
10	梁端有弯矩，跨中无荷载作用			$1.75 - 1.05 (M_2/M_1) + 0.3 (M_2/M_1)^2 \leq 2.3$	

注：1. ε 为参数，$\varepsilon = \dfrac{l_1 t_1}{b_1 h}$。

2. M_1、M_2 为梁侧向支承点间的端弯矩，使梁产生同向曲率时取同号，反向曲率时取异号，且 $|M_1| \geq |M_2|$。

3. 表中项次 3、4 和 7 的集中荷载指一个或少数几个集中荷载位于跨中央附近的情况，对其他情况的集中荷载，应采用表中项次 1、2、5、6 内的数值。

4. 表中项次 8、9 的 β_b，当集中荷载作用在侧向支承点处时，取 $\beta_b = 1.20$。

5. 荷载作用在上翼缘是指荷载作用点在翼缘表面，方向指向截面形心；荷载作用在下翼缘是指荷载作用点在翼缘表面，方向背向截面形心。

6. 当 $\alpha_b > 0.8$ 和满足以下情况时，下列情况的 β_b 值应乘以相应的系数：

　　a. 项次 1：当 $\xi \leq 1.0$ 时，乘以 0.95；

　　b. 项次 3：当 $\xi \leq 0.5$ 时，乘以 0.90；

　　c. 当 $0.5 < \xi \leq 1.0$ 时，乘以 0.95。

【例 5-4】　一简支梁为焊接工字形截面，跨度中点及两端都设有侧向支承，可变荷载标准值及梁截面尺寸如图 5-24 所示，荷载作用于梁的上翼缘。设梁的自重为 1.1 kN/m，材料为 Q235-B 钢试计算此梁的整体稳定性。

【解】　梁受压翼缘自由长度 $l_1 = 5$ m，梁高 $h = 1020$ mm，$l_1/b_1 = 5000/250 = 20 > 16$，故需计算梁的整体稳定性。

梁截面几何特征：

$$A = 110 \text{ cm}^2, \quad I_x = 1.775 \times 10^5 \text{ cm}^4, \quad I_y = 2604.2 \text{ cm}^4$$

$$W_x = I_x / \left(\frac{1}{2}h\right) = 3481 \text{ cm}^3$$

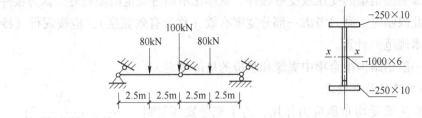

图 5-24 焊接工字形简支梁

梁的最大弯矩设计值为：

$$M_{max} = \left[\frac{1}{8}(1.2 \times 1.1) \times 10^2 + 1.4 \times 80 \times 2.5 + 1.4 \times \frac{1}{2} \times 100 \times 5\right] kN \cdot m$$

$$= 646.5 \ kN \cdot m$$

由附表 3-1 注 3 可知，β_b 应该取表中第 5 项均布荷载作用在上翼缘一栏的值。

$$\beta_b = 1.15$$

$$i_y = \sqrt{I_y/A} = \sqrt{2604.2/110} \ cm = 4.87 \ cm$$

$$\lambda_y = \frac{500}{4.87} = 102.7, \quad \eta = 0(对称截面)$$

代入式（5-28）得

$$\varphi_b = 1.15 \times \frac{4320}{102.7^2} \times \frac{110 \times 102}{3481} \times \left(\sqrt{1 + \frac{102.7 \times 1}{4.4 \times 102}} + 0\right) \times \frac{235}{235} = 1.55 > 0.6$$

由式（5-29）修正，可得：

$$\varphi_b' = 1.07 - \frac{0.282}{\varphi_b} = 0.888$$

因此 $\quad \dfrac{M_x}{\varphi_b' W_x} = \dfrac{646.5 \times 10^6}{0.888 \times 3481 \times 10^3} \ N/mm^2 = 209 \ N/mm^2 < 215 \ N/mm^2$

故梁的整体稳定性可以保证。

5.4 局部稳定和加劲肋的配置

5.4.1 梁的局部稳定

组合梁一般由翼缘和腹板等板件组成，如果将这些板件不适当地减薄加宽，板中压应力或剪应力达到某一数值后，腹板或受压翼缘有可能偏离其平面位置，出现波形鼓曲（图 5-25），这种现象称为梁局部失稳。

热轧型钢由于轧制条件，其板件宽厚比较小，都能满足局部稳定要求，不

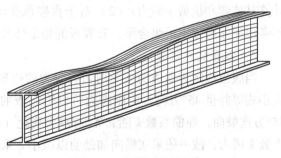

图 5-25 钢梁的局部失稳

需要计算，对冷弯薄壁型钢梁的受压或受夸板件，宽厚比不超过规定的限制时，认为板件全部有效；当超过此限制时，则只考虑一部分宽度有效（称为有效宽度），应按现行《冷弯薄壁型钢结构技术规范》计算。

这里主要叙述一般钢结构组合梁中翼缘和腹板的局部稳定。

5.4.1.1　受压翼缘的局部稳定

图 5-26　梁的截面形式

梁的受压翼缘板主要受均布压应力作用，为了充分发挥材料强度，翼缘的合理设计是采用一定厚度的钢板，让其临界应力 σ_{cr} 不低于钢材的屈服点 f_y，从而使翼缘不丧失稳定。一般采用限制宽厚比的办法来保证梁受压翼缘板的稳定性。梁的截面如图 5-26 所示。

梁的受压翼缘与压杆的翼缘相似，可视为三边简支、一边自由的薄板，在两短边（简支边）的均匀压力下工作。在临界应力公式中取 $K=0.425$ 和 $\sigma_{crx}=0.95f_y$，可以得到比压杆翼缘略大的翼缘外伸宽厚比，$b_1/t=15$（b_1 是翼缘外伸宽度，如图 5-26 所示）。翼缘的平均应力为 $0.95f_y$，大体上相当于边缘屈服，因而属于 S4 级截面，引进钢号修正系数后，翼缘外伸宽厚比限值为：

$$\frac{b_1}{t} \leqslant 15\varepsilon_k \tag{5-30}$$

当超静定梁采用塑性设计方法，即允许截面上出现塑性铰并要求有一定转动能力时，翼缘的应变发展较大，甚至达到应变硬化的程度，对其翼缘的宽厚比要求就十分严格，相应的 S1 级翼缘宽厚比限值为：

$$\frac{b_1}{t} \leqslant 15\varepsilon_k \tag{5-31}$$

当简支梁截面允许出现部分塑性，即在式（5-4）中取 $\gamma_x=1.05$ 时，翼缘外伸宽厚比也应比式（5-30）严格，即要求满足 S3 级限值：

$$\frac{b_1}{t} \leqslant 13\varepsilon_k \tag{5-32}$$

5.4.1.2　腹板的局部稳定

组合梁腹板的局部稳定有两种设计方法：（1）对于承受静力荷载或间接承受动力荷载的组合梁，宜考虑腹板屈曲后强度，即允许腹板在梁整体失稳之前屈曲，布置加劲肋并计算其抗弯和抗剪承载力；（2）对于直接承受动力荷载的吊车梁及类似构件，或设计中不考虑屈曲后强度的组合梁，其腹板的稳定性及加劲肋设置与计算如本节所述。

A　腹板的纯剪屈曲

当腹板假定为四边简支受均匀剪应力的矩形板（图 5-27）时，板中主应力与剪应力大小相等并呈 45°方向，主压应力可以引起板的屈曲，屈曲时呈现如图 5-27 所示的大约 45°方向鼓曲。屈曲系数 k 随 a/h_0 有较大变化（表 5-9），由表可知，随着 a 的减小，屈曲系数 k 增大，故一般采用横向加劲肋以减小 a 来提高临界剪应力。

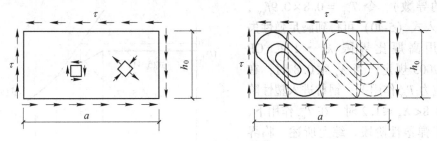

图 5-27　板的纯剪曲

表 5-9　四边简支薄板受均匀剪应力时的屈曲系数 k

a/h_0	0.5	0.8	1.0	1.2	1.4	1.5	1.6	1.8	2.0	2.5	3.0	∞
k	25.4	12.34	9.34	8.12	7.38	7.12	6.90	6.57	6.34	5.98	5.78	5.34

采用国际上通行的表达式计算临界应力公式，采用通用高厚比（正则化宽厚比）：

$$\lambda_s = \sqrt{f_{vy}/\tau_{cr}} \tag{5-33}$$

式中　f_{vy}——钢材的剪切屈服强度，$f_{vy} = f_y/\sqrt{3}$。

考虑翼缘对腹板的嵌固作用，取 $x = 1.23$，$\eta_1 = 1$，代入式（5-34）可得腹板受纯剪应力作用的临界应力公式：

$$\tau_{cr} = 18.6 k \chi \left(\frac{100t_w}{h_0}\right)^2 \tag{5-34}$$

求得腹板受剪时的通用高厚比：

$$\lambda_s = \frac{h_0/t_w}{41\sqrt{k}} \sqrt{\frac{f_y}{235}} \tag{5-35}$$

式中，屈曲系数 k（查表 5-9）与板的边长比有关。

当 $a/h_0 \leqslant 1$（a 为短边）时：

$$k = 4.0 + 5.34/(a/h_0)^2 \tag{5-36}$$

当 $a/h_0 \geqslant 1$（a 为长边）时：

$$k = 5.34 + 4.0/(a/h_0)^2 \tag{5-37}$$

现将式（5-36）和式（5-37）代入式（5-35），得：

当 $a/h_0 \leqslant 1$ 时：

$$\lambda_s = \frac{h_0/t_w}{41\sqrt{4.0 + 5.34/(h_0/a)^2}} \sqrt{\frac{f_y}{235}} \tag{5-38}$$

当 $a/h_0 > 1$ 时：

$$\lambda_s = \frac{h_0/t_w}{41\sqrt{5.34 + 4.0/(h_0/a)^2}} \sqrt{\frac{f_y}{235}} \tag{5-39}$$

在弹性阶段，由式（5-34）可得腹板的剪应力为：

$$\tau_{cr} \geqslant f_{vy}/\lambda_s^2 = 1.1 f_v/\lambda_s^2 \tag{5-40}$$

已知钢材的剪切比例极限为 $0.8f_{vy}$，再考虑 0.9 的材料缺陷影响系数（相当于材料分项系数的导数），令 $T_{cr} = 0.8 \times 0.9 f_{vy}$，将 T_{cr} 代入式（5-40）可得到满足弹性失稳的通用高厚比界限 $\lambda_s > 1.2$，GB 50017—2003 规定，当 $\lambda_s \leqslant 0.8$ 时，在临界剪应力 T_{cr} 作用下，钢材进入塑性阶段；当 $0.8 < \lambda_s \leqslant 1.2$ 时，在 T_{cr} 作用下，材料处于弹塑性阶段。综上所述，临界剪应力分为三阶段计算，如图 5-28 所示。

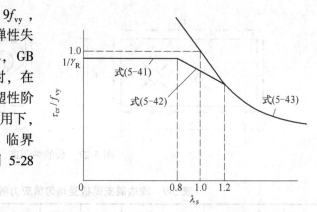

图 5-28　临界应力与通用高厚比关系曲线

当 $\lambda_s \leqslant 0.8$ 时（塑性阶段）：

$$\tau_{cr} = f_v \tag{5-41}$$

当 $0.8 < \lambda_s \leqslant 1.25$ 时（弹塑性阶段）

$$\tau_{cr} = [1 - 0.59(\lambda_s - 0.8)]f_v \tag{5-42}$$

当 $\lambda_s > 1.25$ 时（弹性阶段）：

$$\tau_{cr} = 1.1 f_v / \lambda_s^2 \tag{5-43}$$

当腹板不设横向加劲肋时，则 a/h_0 趋向于无穷大，相应 $k = 5.34$，若要求 $T_{cr} = f_v$，则 $\lambda_s \leqslant 0.8$，由式（5-35）得 $\dfrac{h_0}{t_w} = 75.8 \sqrt{\dfrac{235}{f_y}}$，考虑到梁腹板中平均剪应力一般低于 f_v，钢结构设计规范规定仅受剪力的腹板，其不会发生失稳的高厚比限值为：

$$\frac{h_0}{t_w} = 80 \sqrt{\frac{235}{f_y}} \tag{5-44}$$

B　在纯弯曲作用下

根据前面所引用过的弹性薄板稳定理论，对于如图 5-29 所示纯弯曲作用下的四边支承板，其临界应力仍可与前述均匀受压板的临界应力由相同公式表示，仅屈曲系数 K 的取值不同：

$$\sigma_{cr} = \frac{K\pi^2 E}{12(1 - v^2)} \left(\frac{t_w}{h_0}\right)^2 \tag{5-45}$$

式中　K——与板的支承条件有关的屈曲系数；

　　　t_w——腹板厚度；

　　　h_0——腹板计算高度，对热轧型钢不包括向翼缘过渡的圆弧部分。

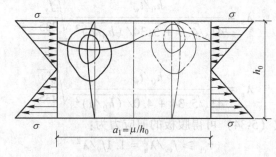

图 5-29　板的纯弯曲

对于四边简支的板，以边缘压应力 a 为准，理论分析得到 $K = 23.9$；对于加荷边为简支，其余两边为固定时的四边支承板，$K = 39.6$。依边长比 a/h_0 的不同，上述两种情况的 K 值变化曲线如图 5-30 所示。显然，当非加荷两边为弹性固定时，其 K 值应介于上述两曲线之间。

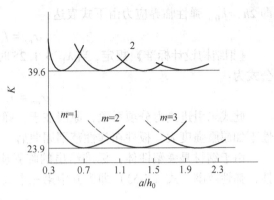

图 5-30　板的纯弯曲系数

若将 $v = 0.3$ 及 $E = 206 \times 10^3 \ \text{N/mm}^2$ 代入式（5-45），可以得到：

腹板简支于翼缘时：

$$\sigma_{\text{cr}} = 445 \left(\frac{100t_{\text{w}}}{h_0}\right)^2 \tag{5-46}$$

腹板固定于翼缘时：

$$\sigma_{\text{cr}} = 737 \left(\frac{100t_{\text{w}}}{h_0}\right)^2 \tag{5-47}$$

实际上，梁腹板和受拉翼缘相连接的边缘转动受到很大约束，基本上属于完全固定。受压翼缘对腹板的约束作用除与受压翼缘本身的刚度有关外，还和是否连有能阻止它扭转的构件有关。当连有刚性铺板或焊有钢轨时，上翼缘不能扭转，腹板上边缘近于固定；无刚性构件连接时，腹板上边缘介于固定和铰支之间。翼缘对腹板的约束作用以嵌固系数来衡量，即把四边简支板的临界应力乘以 x。《钢结构设计标准》中，翼缘扭转受到约束和未受到约束两种情况下，x 值分别取 1.66 或 1.0，前者相当于上下两边固定，临界应力由式（5-47）给出，后者由式（5-46）给出。

若取 $\sigma_{\text{cr}} \geqslant f_{\text{y}}$，以保证腹板在边缘屈服前不致发生屈曲，则分别得到：

$$\begin{cases} \dfrac{h_0}{t_{\text{w}}} \leqslant 177\varepsilon_{\text{k}} \\[2mm] \dfrac{h_0}{t_{\text{w}}} \leqslant 138\varepsilon_{\text{k}} \end{cases} \tag{5-48}$$

只满足式（5-48）时，在纯弯曲作用下，腹板不会丧失稳定。

《钢结构设计标准》取国际上通行的正则化高厚比作为参数来计算临界应力，即

$$\lambda_0 = \sqrt{f_{\text{y}}/\sigma_{\text{cr}}} \tag{5-49}$$

在上式中代入式（5-47）和式（5-48）的临界应力，可得如下的正则化高厚比：

受压翼缘扭转受到约束时：

$$\lambda_{\text{b}} = \frac{h_0/t_{\text{w}}}{177}\varepsilon_{\text{k}} \tag{5-50}$$

受压翼缘扭转未受约束时：

$$\lambda_{\text{b}} = \frac{h_0/t_{\text{w}}}{138}\varepsilon_{\text{k}} \tag{5-51}$$

当梁中和轴不在腹板高度中央时，上两式中的 h_0 用腹板受压区高度 h_{c} 的 2 倍代替，

即 $2h_c = h_0$。弹性临界应力由下式表达：

$$\sigma_{cr} = f_y / \lambda_b^2 \tag{5-52}$$

《钢结构设计标准》规定，当 $\lambda_b > 1.25$ 时，用 $1.1f$ 代替 f_y，则弹性临界应力的计算公式为：

$$\sigma_{cr} = 1.1f / \lambda_b^2 \tag{5-53}$$

此式未引进抗力分项系数，原因在于：弹性临界应力应取决于弹性模量 E，它的变异性不如屈服强度大；板件在弹性范围屈曲后，还有承载潜力。

由于钢材是弹塑性体，标准给出的临界应力公式只有三个，分别适用于塑性、弹塑性、弹性范围。式（5-53）即为其中第三个式子。第一个公式是：

$$\sigma_{cr} = f \tag{5-54}$$

式（5-54）适用于 $\lambda_b \leq 0.85$ 的情况，对于理想的弹塑性板，$\lambda_b = 1.0$ 才是临界应力由塑性转入弹性的分界点。考虑存在有残余应力和几何缺陷，把塑性范围缩小到 $\lambda_b \leq 0.85$，弹性范围则推迟到 $\lambda_b = 1.25$ 开始。$0.85 < \lambda_b \leq 1.25$ 属于弹塑性过渡范围，临界应力由下列直线式表达：

$$\sigma_{cr} = [1 - 0.75(\lambda_b - 0.85)]f \tag{5-55}$$

在梁整体稳定的计算中，弹性界限为 $0.6f_y$。如果以此为界，则弹性范围 λ_b 起始于 $(1/0.6)^{1/2} = 1.29$。鉴于残余应力对腹板局部稳定的影响不如对整体失稳大，标准取值为 1.25。图 5-31 的实线表示三个计算公式，虚线则属于理想弹塑性板。

C 腹板在局部横向压应力下的屈曲

当梁上有比较大的集中荷载而无支承加劲肋时，腹板边缘将承受如图 5-32 所示的局部压应力作用，板可能因此而产生屈曲。其临界应力的形式仍可表示为：

$$\sigma_{c,cr} = \frac{\chi K \pi^2 E}{12(1 - v^2)} \left(\frac{t_w}{h_0}\right)^2 \tag{5-56}$$

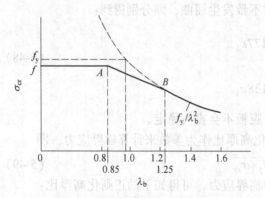

图 5-31 临界应力的三个公式

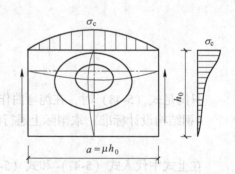

图 5-32 板在横向压力作用下的屈曲

根据理论分析，对于四边简支板，其屈曲系数 K 可以近似表示为：

$$K = \left(4.5\frac{h_0}{a} + 7.4\right)\frac{h_0}{a} \quad \left(0.5 \leq \frac{a}{h_0} \leq 1.5\right) \tag{5-57}$$

$$K = \left(11 - 0.9\frac{h_0}{a}\right)\frac{h_0}{a} \quad \left(1.5 < \frac{a}{h_0} \leq 2.0\right) \tag{5-58}$$

对于组合梁中的腹板，考虑到翼缘对腹板的约束作用，可以取嵌固系数 χ 为：

$$\chi = 1.81 - 0.255 h_0/a \tag{5-59}$$

屈曲系数和嵌固系数的乘积可以简化为：

$$\chi K = \begin{cases} 10.9 + 13.4(1.83 - a/h_0)^3 & (0.5 \leq a/h_0 \leq 1.5) & (5\text{-}60\text{a}) \\ 18.9 - 5a/h_0 & (1.5 < a/h_0 \leq 2.0) & (5\text{-}60\text{b}) \end{cases}$$

把 χK 值代入式（5-56）即可计算集中荷载作用下的临界应力，GB 50017—2017 也给出了适用于不同范围的 3 个临界应力计算公式：

$$\sigma_{c,cr} = \begin{cases} f & (\lambda_c \leq 0.9) & (5\text{-}61\text{a}) \\ [1 - 0.79(\lambda_c - 0.9)]f & (0.9 < \lambda_c \leq 1.2) & (5\text{-}61\text{b}) \\ 1.1f/\lambda_c^2 & (\lambda_c > 1.2) & (5\text{-}61\text{c}) \end{cases}$$

相应的通用高厚比由下式给出：

$$\lambda_{n,c} = \frac{h_0/t_w}{28\sqrt{10.9 + 13.4(1.83 - a/h_0)^3}} \cdot \frac{1}{\varepsilon_k} \quad (0.5 \leq a/h_0 \leq 1.5) \tag{5-62a}$$

$$\lambda_{n,c} = \frac{h_0/t_w}{28\sqrt{18.9 - 5a/h_0}} \cdot \frac{1}{\varepsilon_k} \quad (1.5 < a/h_0 \leq 2.0) \tag{5-62b}$$

梁腹板的上述 3 种应力常同时出现在同一区格，因此必须考虑它们对腹板屈曲的联合效应。联合作用下的临界条件一般用相关公式来表达，将在 5.4.2 小节来阐述。

5.4.2 加劲肋的配置

钢结构梁中加劲肋的作用是使钢结构梁中节点的整体刚度大大提高，使梁在受到剪力作用时减小节点因弯矩导致的变形，从而大大增强节点的承载力。

由梁端传来的剪力作用到柱子腹板上时，剪力对腹板中心存在偏心，产生附加弯矩。若没有设置加劲肋，则腹板受到较大弯矩的作用，容易失稳。连接板与腹板之间的焊缝受到附加弯矩和剪力的综合作用，使节点的承载力降低，同时连接板的转角很大。若设置了加劲肋，则连接板不再是单纯的一块板，而是一个程度很小的工字钢，刚度很大，同时增加的上下两块加劲板（工字钢的翼缘）又与柱子的腹板相连接，从而使得节点的整体刚度有了很大的提高。受到剪力作用时，尽管有弯矩的作用，但是节点变形很小，节点的承载力有很大的提高。加劲肋有支承加劲肋、横向加劲肋、纵向加劲肋和短加劲肋等四种形式。横向加劲肋主要用于防止由剪应力和局部压应力作用可能引起的腹板失稳，纵向加劲肋主要用于防止由弯曲应力可能引起的腹板失稳，短加劲肋主要用于防止由局部压应力可能引起的腹板失稳。

当集中荷载作用处设有支承加劲肋时，将不再考虑集中荷载对腹板产生的局部压应力作用。

不考虑腹板屈曲后强度时，组合梁腹板宜按下列规定设置加劲肋（如图 5-33 所示），并计算各区格的稳定性。

（1）当 $h_0/t_w \leq 80\sqrt{235/f_y}$ 时，对有局部压应力的梁，应按构造配置横向加劲肋；对局部压应力较小的梁，可不配置加劲肋。

（2）当 $h_0/t_w > 80\varepsilon_k$ 时，腹板可能由于剪应力作用而失稳，故须配置横向加劲肋。

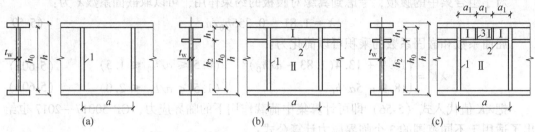

图 5-33 腹板加劲肋的布置
1—横向加劲肋；2—纵向加劲肋；3—短加劲肋

《钢结构设计标准》规定，横向加劲肋的最小间距为 $0.5h_0$，最大间距为 $2h_0$。对 $\sigma_c \neq 0$ 的梁，当 $h_0/t_w \leqslant 100\sqrt{235/f_y}$ 时，横向加劲肋的间距可采用 $2.5h_0$。

（3）当 $h_0/t_w > 170\sqrt{235/f_y}$（受压翼缘扭转受到约束，如连有刚性铺板、制动板或焊有钢轨时），或 $h_0/t_w > 150\sqrt{235/f_y}$（受压翼缘扭转未受到约束时），或按计算需要时，应在弯曲应力较大区格的受压区增加配置纵向加劲肋。局部压应力很大的梁，必要时宜在受压区配置短加劲肋。

（4）梁的支座处和上翼缘承受较大固定集中荷载处，应设置支承加劲肋。

（5）在任何情况下，都最好满足 $h_0/t_w \leqslant 250\sqrt{235/f_y}$ 的条件。

5.4.2.1 仅配置横向加劲肋的腹板

结构布置如图 5-33（a）所示，则其受力情况如图 5-34 所示。对于仅配置横向加劲肋的腹板区格，同时有弯曲正应力 σ、均布剪应力 τ 及局部压应力 σ_c 的共同作用，其各区格的局部稳定应按下列公式计算：

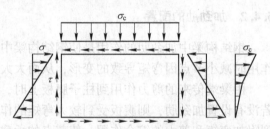

图 5-34 仅配置横向加劲肋的腹板受力状态

$$\left(\frac{\sigma}{\sigma_{cr}}\right)^2 + \left(\frac{\tau}{\tau_{cr}}\right)^2 + \frac{\sigma_c}{\sigma_{c,cr}} \leqslant 1 \quad (5\text{-}63)$$

式中 σ——所计算腹板区格内，由平均弯矩产生的腹板计算高度边缘的弯曲压应力；

τ——所计算腹板区格内，由平均剪力产生的腹板平均剪应力，按 $\tau = V/(h_w/t_w)$ 计算，t_w 为腹板高度；

σ_c——腹板计算高度边缘的局部压应力，按式（5-8）计算，但取 $\psi = 1.0$；

$\sigma_{cr}, \tau_{cr}, \sigma_{c,cr}$——各种应力单独作用下的临界应力，按式（5-41）～式（5-43）、式（5-52）～式（5-55）、式（5-61）计算。

5.4.2.2 同时配置横向加劲肋和纵向加劲肋的腹板

纵向加劲肋将腹板分为两个区格，即图 5-33（b）中的区格 Ⅰ 和区格 Ⅱ。

A 受压翼缘与纵向加劲肋之间的区格 Ⅰ

区格 Ⅰ 的受力状态如图 5-35（a）所示，区格高度为 h，其局部稳定应满足下式：

$$\frac{\sigma}{\sigma_{cr1}} + \left(\frac{\tau}{\tau_{cr1}}\right)^2 + \left(\frac{\sigma_c}{\sigma_{c,cr1}}\right)^2 \leqslant 1 \tag{5-64}$$

σ_{cr1} 按式（5-56）～式（5-61）计算，式中 λ_b 改用 λ_{b1} 代替，即：

$$\lambda_{b1} = \frac{h_1/t_w}{75}\sqrt{\frac{f_y}{235}} \text{（受压翼缘扭转受到约束）} \tag{5-65}$$

$$\lambda_{b1} = \frac{h_1/t_w}{64}\sqrt{\frac{f_y}{235}} \text{（受压翼缘扭转未受到约束）} \tag{5-66}$$

τ_{cr1} 按式（5-41）～式（5-43）计算，式中 h_0 改用 h_1 代替。

$\sigma_{c,cr1}$ 按式（5-56）～式（5-61）计算，式中 λ_b 改用 λ_{b1} 代替，即：

$$\lambda_{c1} = \frac{h_1/t_w}{56}\sqrt{\frac{f_y}{235}} \text{（受压翼缘扭转未受到约束）} \tag{5-67}$$

$$\lambda_{c1} = \frac{h_1/t_w}{40}\sqrt{\frac{f_y}{235}} \text{（受压翼缘扭转未受到约束）} \tag{5-68}$$

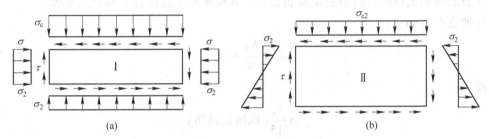

图 5-35　有纵向肋的腹板受力状态

B　受拉翼缘与纵向加劲肋之间的区格Ⅱ

区格Ⅱ的受力状态如图 5-35（b）所示，其局部稳定应满足下式：

$$\left(\frac{\sigma_2}{\sigma_{cr2}}\right)^2 + \left(\frac{\tau}{\tau_{cr2}}\right)^2 + \frac{\sigma_{c2}}{\sigma_{c,cr2}} \le 1 \tag{5-69}$$

式中　σ_2——所计算区格内，由平均弯矩产生的腹板在纵向加劲肋处的弯曲压应力；

σ_{c2}——腹板在纵向加劲肋处的横向压应力，取值为 $0.3\sigma_c$。

其中 σ_{cr2} 按式（5-56）～式（5-61）计算，但式中 λ_b 改用 λ_{b2} 代替，即

$$\lambda_{b2} = \frac{h_2/t_w}{194}\sqrt{\frac{f_y}{235}} \tag{5-70}$$

τ_{cr2} 按式（5-41）～式（5-43）计算，式中 h_0 改用 h_2（$h_2 = h_0 - h_1$）代替。

$\sigma_{c,cr2}$ 按式（5-56）～式（5-61）计算，式中 h_0 改为 h_2。当 $a/h_2 > 2$ 时，取 $a/h_2 = 2$。

5.4.2.3　同时配置横向加劲肋、纵向加劲肋和短加劲肋的腹板

（1）结构布置如图 5-33（c）所示，区格Ⅰ局部稳定应按式（5-64）计算，式中 σ_{cr1} 按无短加劲肋时取值。

τ_{cr1} 按式（5-41）～式（5-43）计算，但将式中的 h_0 和 a 分别改为 h_1 和 a_1（a_1 为短加劲肋间距）。

$\sigma_{c,cr1}$ 按式（5-56）～式（5-61）计算，但式中的 λ_b 用 λ_{c1} 代替，即：

$$\lambda_{c1} = \frac{a_1/t_w}{87}\sqrt{\frac{f_y}{235}} \text{（受压翼缘扭转受到约束）} \tag{5-71}$$

$$\lambda_{c1} = \frac{a_1/t_w}{73}\sqrt{\frac{f_y}{235}}（受压翼缘扭转未受到约束） \tag{5-72}$$

对 $a_1/h_1 > 1.2$ 的区格，式（5-71）和式（5-72）右侧应乘以 $1/\sqrt{0.4+0.5a_1/h_1}$。

（2）受拉翼缘与纵向加劲肋之间的区格 Ⅱ，仍按式（5-64）计算。

5.4.2.4　加劲肋的构造和截面尺寸

《钢结构设计标准》第 6.3.6 条规定，加劲肋宜在腹板两侧成对配置，也可单侧配置，但支承加劲肋、重级工作制吊车梁的加劲肋不应单侧配置。

横向加劲肋的最小间距 a 应为 $0.5h_0$，最大间距应为 $2h_0$（对无局部压应力的梁，当 $h_0/t_w \leq 100$ 时，可采用 $2.5h_0$）。纵向加劲肋至腹板计算高度受压边缘的距离应在 $h_c/2.5 \sim h_c/2$ 范围内。

在腹板两侧成对配置的钢板横向加劲肋，其截面尺寸应符合下列公式要求：

外伸宽度（mm）：

$$b_s = \frac{h_0}{30} + 40 \tag{5-73}$$

厚度：

$$t_s \geq \frac{b_s}{15}（承压加劲肋）$$

$$t_s \geq \frac{b_s}{19}（不承压加劲肋） \tag{5-74}$$

在腹板一侧配置的钢板横向加劲肋，其外伸宽度应大于按式（5-73）计算得到的 1.2 倍，应符合式（5-74）的规定。

在同时用横向加劲肋和纵向加劲肋加强的腹板中，横向肋的断面尺寸除应符合上述规定外，其截面惯性矩 I_z 尚应满足下列要求：

$$I_z \geq 3h_0 t_w^3 \tag{5-75}$$

纵向加劲肋的截面惯性矩 I_y，应满足下列公式的要求：

当 $a/h_0 \leq 0.85$ 时：　　　　　　$$I_y \geq 1.5h_0 t_w^3 \tag{5-76}$$

当 $a/h_0 \leq 0.85$ 时：　$$I_y \geq \left(2.5 - 0.45\frac{a}{h_0}\right)\left(\frac{a}{h_0}\right)^2 h_0 t_w^3 \tag{5-77}$$

短加劲肋的最小间距为 $0.75h_1$。短加劲肋外伸宽度应取为横向加劲肋外伸宽度的 $0.7 \sim 1.0$ 倍，厚度不应小于短加劲肋外伸宽度的 $1/15$。

在计算过程中，应注意以下几点。

（1）用型钢（工字钢、槽钢、肢尖焊于腹板的角钢）制作的加劲肋，其截面惯性矩不得小于相应钢板加劲肋的惯性矩。

（2）在腹板两侧成对配置的加劲肋，其截面惯性矩应按梁腹板中心线为轴线进行计算。

（3）在腹板一侧配置的加劲肋，其截面惯性矩应按与加劲肋相连的腹板边缘为轴线进行计算。

焊接梁的横向加劲肋与翼缘板、腹板相接处应切角，当作为焊接工艺孔时，切角宜采

用半径 $R = 30$ mm 的 1/4 圆弧。

为避免焊缝交叉，减小焊接应力，在加劲肋端部应切去宽约 $b_s/3$（但不大于 40 mm）、高约 $b_s/2$（但不大于 60 mm）的斜角。在纵、横加劲肋相交处，纵向加劲肋也要切角。如图 5-36（b）所示，对直接承受动力荷载的梁（如吊车梁），中间横向加劲肋下端一般距受拉翼缘 50~100 mm 处断开，以改善梁的抗疲劳性能。

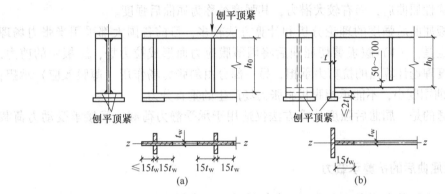

图 5-36　支承加劲肋的构造
（a）平板式支座；（b）突缘式支座

5.4.3　支承加劲肋的计算

支承加劲肋是指承受固定集中荷载或者支座反力的横向加劲肋，除要满足上述构造要求外，还要满足整体稳定和端面承压的要求，其截面往往比中间横向加劲肋的大。

5.4.3.1　支承加劲肋的稳定性计算

支承加劲肋按承受固定集中荷载或梁支座反力轴心受压构件，计算其在腹板平面外的稳定性，即：

$$\frac{N}{\varphi A} \leqslant f \tag{5-78}$$

式中　N——支承加劲肋承受的集中荷载或支座反力；

A——支承加劲肋受压构件的截面面积，它包括加劲肋截面面积和加劲肋每侧各 $15t_w\sqrt{235/f_y}$ 范围内的腹板面积即图 5-36（a）中的阴影部分；

φ——轴心压杆稳定系数，由 $\lambda = h_0/i_z$ 查附录 4 取值，h_0 为腹板计算高度，i_z 为计算截面绕 z 轴的回转半径。

5.4.3.2　端部承压的强度计算

支承加劲肋一般刨平后顶紧于梁的翼缘（焊接梁尚宜焊接），其端面承压强度按下式计算：

$$\sigma_{ce} = \frac{N}{A_{ce}} \leqslant f_{ce} \tag{5-79}$$

式中　A_{ce}——端部承压面积，即支承加劲肋与翼缘接触面的净面积；

f_{ce}——钢材端面承压的强度设计值。

5.4.3.3　支承加劲肋与腹板连接的焊缝计算

支承加劲肋端部与腹板焊接时，应计算焊缝强度，计算时设焊缝承受全部集中荷载或支座反力，并假定应力沿焊缝全长均匀分布。

突缘支座的伸出长度应不大于其厚度的 2 倍，如图 5-36（b）所示。

5.5　考虑腹板屈曲后强度的梁的计算

梁腹板在弹性屈曲后，尚有较大潜力，其强度被称为屈曲后强度。

考虑梁腹板屈曲后强度的理论分析和计算方法较多，目前各国大都采用半张力场理论。其基本假定是：（1）腹板剪切屈曲后将因薄膜应力而形成拉力场，腹板中的剪力，一部分由小挠度理论计算出的抗剪力承担，另一部分由斜张力场作用（薄膜效应）承担；（2）翼缘的弯曲刚度小，不能承担腹板斜张力场产生的垂直分力。

同时需注意的是，屈曲后强度计算方法仅适用于承受静力荷载或间接承受动力荷载的梁。

5.5.1　梁腹板屈曲后的抗剪承载力

根据张力场理论基本假设，在设有横向加劲肋的组合梁中，腹板一旦受剪产生屈曲，腹板沿一个斜方向因受斜压力而呈波浪鼓曲，不能继续承受斜向压力，但在另一方向上则因薄膜张力作用可继续受拉。腹板张力场中拉力的水平分力和竖向分力需由翼缘板和加劲肋承受，此时梁的作用又如一桁架结构，翼缘板相当于桁架的上、下弦杆，横向加劲肋相当于其竖腹杆，而腹板的张力场则相当于桁架的斜腹杆。

根据基本假定（1），腹板屈曲后的抗剪承载力设计值 V_u 为屈曲剪力 V_{cr} 与张力场剪力 V_t 之和，即：

$$V_u = V_{cr} + V_t \tag{5-80}$$

屈曲剪力设计值 $V_{cr} = h_w t_w \tau_{cr}$，其中 h_w、t_w 分别为腹板的高度和厚度；再由假定（2）可认为张力场剪力是通过宽度为 s 的带形张力场以拉应力为 σ_t 的效应传到加劲肋上的。这些拉应力对屈曲后腹板的弯曲变形起到牵制作用，从而提高了腹板承载能力。

根据理论和试验研究，腹板屈曲后的抗剪承载力设计值 V_u 可按下式计算：

当 $\lambda_s \leqslant 0.8$ 时：

$$V_u = h_w t_w f_v \tag{5-81}$$

当 $0.8 < \lambda_s \leqslant 1.2$ 时：

$$V_u = h_w t_w f_v [1 - 0.5(\lambda_s - 0.8)] \tag{5-82}$$

当 $\lambda_s > 1.2$ 时：

$$V_u = h_w t_w f_v / \lambda_s^{1.2} \tag{5-83}$$

式中　λ_s——用于腹板受弯计算时的通用高厚比，按式（5-82）和式（5-83）计算。

当组合梁仅配置支座加劲肋时，取 $h_0/a = 0$。

$$\lambda_s = \sqrt{\frac{f_y}{\tau_{cr}}} = \frac{h_0/t_w}{41\sqrt{\beta}} \cdot \sqrt{\frac{f_y}{235}} \tag{5-84}$$

β 为板件受剪屈曲系数：

当 $a/h_0 \leqslant 1.0$ 时，$\beta = 4 + 5.34(h_0/a)^2$；

当 $a/h_0 > 1.0$ 时，$\beta = 5.34 + 4(h_0/a)^2$。

【例 5-5】 某简支梁跨长为 18 m，受压翼缘扭转未受约束。承受全跨度均布荷载和两个三分点处的集中荷载，如图 5-37 所示，荷载设计值 $g = 66$ kN/m，$Q = 460$ kN，钢材为 Q345 钢，梁的截面尺寸为：翼缘 2–440×20，腹板 1–1600×12，在集中荷载作用处设置横向加劲肋。考虑腹板屈曲后强度。要求：验算梁的梁端截面抗剪承载力是否满足要求。

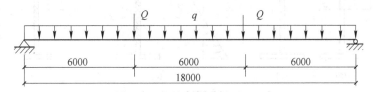

图 5-37 简支梁简图

【解】 梁端截面有 $M_3 = 0$，$V_3 = V_{max} = \dfrac{1}{2}ql + Q = \left(\dfrac{1}{2} \times 66 \times 18 + 460\right)$ kN = 1054 kN

计算腹板屈曲后的抗剪承载力：

$$\lambda_s = \frac{h_0/t_w}{41\sqrt{5.34 + 4(h_0/a)^2}}\sqrt{\frac{f_y}{235}} = \frac{1600/12}{41\sqrt{5.34 + 4(1600/6000)^2}} \times \sqrt{\frac{345}{235}} = 1.66$$

$\lambda_s > 1.2$，$V_u = \dfrac{h_w t_w f_v}{\lambda_a^{1.2}} = \dfrac{1600 \times 12 \times 180 \times 10^{-3}}{1.66^{1.2}}$ kN = 1881 kN

$V_3 < V_u$，所以梁端截面承载能力满足要求。

5.5.2 梁腹板屈曲后的抗弯承载力

腹板屈曲后考虑张力场的作用，抗剪强度有所提高，但由于弯矩作用下腹板受压区屈曲，梁的抗弯承载力有所下降，不过下降很少。我国的相关规范中采用了近似计算公式来计算梁的抗弯承载力 M_{eu}。

采用有效截面的概念，如图 5-38 所示，腹板的受压区屈曲后弯矩还可继续增大，但受压区的应力分布不再是线性的，其边缘应力达到 f_y 时即认为达到承载力的极限。此时梁的中和轴略有下降，腹板受拉区全部有效；受压区引入有效高度的概念，假定有效高度为 ρh_c，等分在 h_c 的两端，中部则扣去 $(1 - \rho)h_c$ 的高度。现假定腹板受拉区与受压区同样扣去此高度即如图 5-38（d）所示，这样中和轴可不变动，计算较为方便。

腹板的有效截面如图 5-38（d）所示，梁截面惯性矩为（忽略孔洞绕自身轴的惯性矩）：

$$I_{xe} = I_x - 2(1 - \rho)h_c t_w \left(\frac{h_c}{2}\right)^2 = I_x - \frac{1}{2}(1 - \rho)h_c^3 t_w \tag{5-85}$$

式中 I_x——按梁截面全部有效算得的绕 x 轴的惯性矩；

         h_c——按梁截面全部有效算得的腹板受压区高度。

梁截面抵抗矩折减系数为：

$$\alpha_c = \frac{W_{xe}}{W_x} = \frac{I_{xe}}{I_x} = 1 - \frac{(1 - \rho)h_c^3 t_w}{2I_x} \tag{5-86}$$

式中 ρ ——腹板受压区有效高度系数。

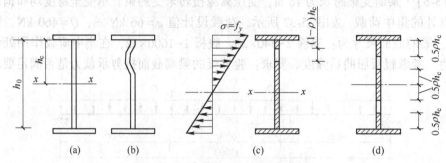

图 5-38   屈曲厚梁腹板的有效高度

上式是按双轴对称截面塑性发展系数 $\gamma_x = 1.0$ 得出的偏安全的近似公式，也可用于 $\gamma_x = 1.05$ 和单轴对称截面。

当 $\lambda_b \leqslant 0.85$ 时 $\rho = 1.0$

当 $0.85 < \lambda_b \leqslant 1.25$ 时 $\rho = 1 - 0.82(\lambda_b - 0.85)$

当 $\lambda_b > 1.25$ 时 $\rho = (1 - 0.2/\lambda_b)/\lambda_b$

其中，
$$\lambda_b = \frac{2h_c/t_w}{153}\sqrt{\frac{f_y}{2.35}} \tag{5-87}$$

梁抗弯承载力设计值为：
$$M_{eu} = \gamma_x \alpha_e W_x f \tag{5-88}$$

当截面有效高度计算系数 $\rho = 1.0$ 时，表示全截面有效，截面抗弯承载没有降低。

任何情况下，以上公式中的截面数据 W_x、I_x 以及 h_c 均按截面全部有效计算。

【例 5-6】   某简支梁跨长 18 m，受压翼缘扭转未受约束。承受全跨度均布荷载和两个三分点处的集中荷载，如图 5-39 所示。荷载设计值 $g = 66$ kN/m，$Q = 460$ kN，钢材为 Q345 钢，梁的截面尺寸为翼缘 2-440×20，腹板 1-1600×12 在集中荷载作用处设置横向加劲肋。考虑腹板屈曲后强度。要求：验算梁的梁端截面抗弯承载力是否满足要求。

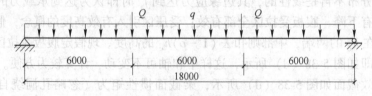

图 5-39   简支梁受力简图

【解】   最大弯矩：

$$M_1 = M_{max} = \frac{1}{8}ql^2 + \frac{1}{3}Ql = \left(\frac{1}{8} \times 66 \times 18^2 + \frac{1}{3} \times 460 \times 18\right) \text{kN} \cdot \text{m} = 5433 \text{ kN} \cdot \text{m}$$

剪力：$V_1 = 0$

截面惯性矩：$I_x = \left(\frac{1}{12} \times 12 \times 1600^3 + 2 \times 400 \times 20 \times 810^2\right) \text{mm}^4 = 1.564 \times 10^{10} \text{ mm}^4$

$$w_x = \frac{I_x}{h/2} = \frac{1.564 \times 10^{10}}{820} \text{ mm}^3 = 1.907 \times 10^7 \text{ mm}^3$$

$$\lambda_b = \frac{h_0/t_w}{153} \sqrt{\frac{f_y}{235}} = \frac{1600/12}{153} \sqrt{\frac{345}{235}} = 1.06$$

因 $0.85 < \lambda_b < 1.25$，$\rho = 1 - 0.82(\lambda_b - 0.85) = 1 - 0.82 \times (1.06 - 0.85) = 0.828$

按式（5-86），$\alpha_e = 1 - \dfrac{(1-\rho)h_c^3 t_w}{2I_x} = 1 - \dfrac{(1-0.828) \times 800^3 \times 12}{2 \times 1.564 \times 10^{10}} = 0.966$

$$M_{eu} = \gamma_x \alpha_e W_x f = 1.05 \times 0.966 \times 1.907 \times 10^7 \times 295 = 5706 \text{ kN} \cdot \text{m} > M_1 = 5433 \text{ kN} \cdot \text{m}$$

承载力满足要求。

5.5.3 弯矩、剪力共同作用时，考虑腹板屈曲后强度的验算

在横向加劲肋之间的腹板各区段，通常承受弯矩和剪力的共同作用，腹板弯剪联合作用下的屈曲后强度，分析起来比较复杂。为简化计算，我国《钢结构设计标准》采用弯矩 M 和剪力 V 无量纲化的相关关系曲线，如图 5-40 所示。

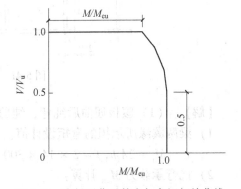

图 5-40　腹板屈曲后剪力与弯矩相关曲线

标准采用的弯矩 M 和剪力 V 的计算式为：

当 $M/M_f \leqslant 1.0$ 时　　　　$V \leqslant V_u$

当 $V/V_u \leqslant 0.5$ 时　　　　$M \leqslant M_e$

其他情况

$$\left(\frac{V}{0.5V_u} - 1 \right)^2 + \frac{M - M_f}{M_{eu} - M_f} \leqslant 1.0 \quad (5-89)$$

式中　M，V——所计算区格内同一截面处梁的弯矩和剪力设计值，此式是梁的强度计算公式，当 $V < 0.5V_u$，取 $V = 0.5V_u$；当 $M < M_f$，取 $M = M_f$。

　　　M_{eu}，V_u——梁抗弯和抗剪承载力设计值。

　　　M_f——梁两翼缘所承担的弯矩设计值：对双轴对称截面梁，$M_f = A_f h_f f$（此处 A_f 为一个翼缘截面面积，h_f 为上、下翼缘轴线间距离）。单轴对称截面梁按下式计算：

$$M_f = \left(A_{f1} \frac{h_1^2}{h_2^2} + A_{f2} h_2 \right) f \quad (5-90)$$

式中　A_{f1}，h_1——较大翼缘的截面面积及其形心至梁中和轴的距离；

　　　A_{f2}，h_2——较小翼缘的截面面积及其形心至梁中和轴的距离。

【例 5-7】　图 5-41 所示为工字形截面组合梁，梁的腹板尺寸为 $6 \text{ mm} \times 1000 \text{ mm}$，翼缘尺寸为 $14 \text{ mm} \times 300 \text{ mm}$，在支座和次梁作用点设有横向加劲肋，梁的跨度和作用的荷载见图。次梁和铺板可有效地约束主梁的受压翼缘。

$I_x = (6 \times 1000^3/12 + 2 \times 14 \times 300 \times 507^2) \text{ mm}^4 = 265921160 \text{ mm}^4$，$W_x = (2659211600/514) \text{ mm}^3 = 5173563.4 \text{ mm}^3$，$f = 215 \text{ N/mm}^2$，$f_v = 125 \text{ N/mm}^2$，主梁的支座反力（未计主梁自重）为 $R = 2 \times 181.9 \text{ kN} = 363.8 \text{ kN}$，梁跨中最大弯矩（未计主梁自

重) $M_{\max} = [(363.8 - 90.95) \times 6 - 181.9 \times 3] \mathrm{kN \cdot m} = 1091.4 \mathrm{kN \cdot m}$，单位长度梁的荷载为 $g = 1463 \mathrm{N/m}$。自重生产的跨中最大弯矩为 $M_g = \left(\dfrac{1}{8} \times 1463 \times 1.2 \times 12^2\right) \mathrm{N \cdot m} = 31.6 \mathrm{kN \cdot m}$，跨中最大弯矩 $M_x = (1091.4 + 31.6) \mathrm{kN \cdot m} = 1123 \mathrm{kN \cdot m}$，支座处的最大剪力按梁的支座反力计算，其值为 $V = (363.8 \times 1000 + 1463 \times 1.2 \times 6) \mathrm{N} = 374.3 \mathrm{kN}$，式中 1.2 为恒载分项系数。

要求：用考虑腹板屈曲后强度的计算方法校核其腹板强度。

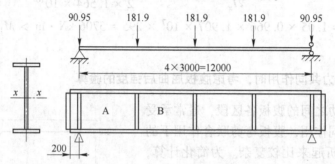

图 5-41　工字形截面组合梁

【解】　（1）腹板屈曲后纯弯，纯剪的强度设计值计算如下。

1）梁两翼缘所承担的弯矩设计值：
$$M_f = 2A_f h_1 f = 2 \times 14 \times 300 \times 507 \times 215 \mathrm{kN \cdot m} = 915.6 \mathrm{kN \cdot m}$$

2）抗弯承载力 M_{eu} 计算：
$$\gamma_s = 1.05, \quad \lambda_b = 2h_c/(177t_w) = 2 \times 500/(177 \times 6) = 0.94$$
$$\rho = 1 - 0.82 \times (0.94 - 0.85) = 0.93$$
$$\alpha_e = 1(1 - 0.93) \times 500^3 \times 6/(2 \times 265911600) = 0.99$$
$$M_{eu} = \gamma_x \alpha_e W_x f = 1.05 \times 0.99 \times 5173563.4 \times 215 \mathrm{kN \cdot m} = 1156.3 \mathrm{kN \cdot m}$$

3）抗剪承载力 V_u 计算：
$$a/h_0 = 3 > 1.0, \quad k_s = 5.34 + 4(h_0/a)^2 = 5.784$$
$$\lambda_s = h_0/(41t_w K_s^{1/2}) = 1000/(41 \times 6 \times 5.784^{1/2}) = 1.69$$
$$V_u = h_w t_w f_v/\lambda_s^{1.2} = 1000 \times 6 \times 125/1.69^{1.2} \mathrm{kN} = 400.0 \mathrm{kN}$$

（2）区格左截面：
$$M = 0 < M_f = 915.6 \mathrm{kN \cdot m}, \quad 取 M = M_f$$
$$V = (374.3 - 90.95) \mathrm{kN} = 283.4 \mathrm{kN} > 0.5V_u = 0.5 \times 400 \mathrm{kN} = 200 \mathrm{kN}$$

将 M 和 V 的数据代入式（5-89）验算得：
$$\left(\frac{V}{0.5V_u} - 1\right)^2 + \frac{M - M_f}{M_{eu} - M_f} = \left(\frac{283.4}{0.5 \times 400} - 1\right)^2 + 0 = 0.17 < 1$$

（3）区格 A 右截面（区格 B 左截面）：
$$M = (283.4 \times 3 - 0.5 \times 1.463 \times 3^2 \times 1.2) \mathrm{kN \cdot m}$$
$$= 842.3 \mathrm{kN \cdot m} < M_f = 915.6 \mathrm{kN \cdot m},$$
$$取 M = M_f$$

$V = (283.4 - 1.463 \times 3 \times 1.2)\text{kN} = 278.1 \text{ kN} > 0.5V_u = 0.5 \times 400 \text{ kN} = 200 \text{ kN}$

将 M 和 V 的数据代入式 (5-89) 验算得:

$$\left(\frac{V}{0.5V_u} - 1\right)^2 + \frac{M - M_f}{M_{eu} - M_f} = \left(\frac{283.4}{0.5 \times 400} - 1\right)^2 + 0 = 0.17 < 1$$

(4) 区格 B 的右截面:

$V = 90.9 \text{ kN} < 0.5V_u = 0.5 \times 400 \text{ kN} = 200 \text{ kN}$, 取 $V = 0.5V_u$, $M = 1123 \text{ kN} \cdot \text{m}$

将 M 和 V 的数据代入式 (5-89) 验算得

$$\left(\frac{V}{0.5V_u} - 1\right)^2 + \frac{M - M_f}{M_{eu} - M_f} = 0 + \frac{1123 - 915.6}{1156.3 - 915.6} = 0.86 < 1$$

通过以上验算可知，腹板屈曲后的承载能力满足设计要求。

5.5.4 加劲肋和封头肋板的设计

利用腹板屈曲后强度，即使腹板的高厚比 h_0/t_w 很大，一般也不再考虑设置纵向加劲肋。而且只要腹板的抗剪承载力不低于梁的实际最大剪力，可只设置支承加劲肋，而不设置中间横向加劲肋。

《钢结构设计标准》第 6.4.2 条规定，当仅配置支座加劲肋不能满足式 (5-53) 的要求时，应在两侧成对配置中间横向加劲肋。中间横向加劲肋和上端受有集中压力的中间支承加劲肋，其截面尺寸除应满足式 (5-73) 和式 (5-74) 的要求外，尚应按轴心受压构件计算其在腹板平面外的稳定性，轴心压力应按下式计算:

$$N_s = V_u - \tau_{cr}h_w\tau_w + F \tag{5-91}$$

式中　　V_u——按式 (5-81) ~式 (5-83) 计算;

h_w——腹板高度，mm;

F——作用于中间支承加劲肋上端的集中压力，N。

当腹板在支座旁区格的 $\lambda_s > 0.8$ 时，支座加劲肋除承受梁的支座反力外尚应承受拉力场的水平分力 H，按压弯构件计算强度和在腹板平面外的稳定。

$$H = (V_u - \tau_{cr}h_wt_w) \sqrt{1 + (a/h_0)^2} \tag{5-92}$$

对设中间横向加劲肋的梁，a 取支座端区格的加劲肋间距; 对不设中间加劲肋的腹板，a 取梁支座至跨内剪力为零点的距离，mm。

H 的作用点在距腹板计算高度上边缘 $h_0/4$ 处，如图 5-42 (a) 所示。为了增加抗弯能力，还应将梁端部延长，并设置封头板，如图 5-42 (a) 所示。此时，如图 5-42 (b) 所示，对梁支座加劲肋的计算可采用下列方法之一:

(1) 将封头板与支座加劲肋之间视为竖向压弯构件，简支于梁上下翼缘，计算其强度和在腹板平面外的稳定;

(2) 将支座加劲肋按承受支座反力 R 的轴心压杆进行计算，封头板截面积则不小于 $A_c = 3h_0H/(16ef)$, 式中 e 为支座加劲肋与封头板的距离，f 为钢材强度设计值。

梁端构造还可以采用另一种方案，即缩小支座加劲肋和第一道中间加劲肋的距离 a_1, 如图 5-42 (b) 所示，使 a_1 范围内的 $\tau_{cr} \geq f_y$ (即 $\lambda_s \leq 0.8$)，此种情况的支座加劲肋就不会受到张力场水平分力 H 的作用。这种对端节间不利用腹板屈曲后强度的办法，为世界少数国家 (例如美国) 所采用。

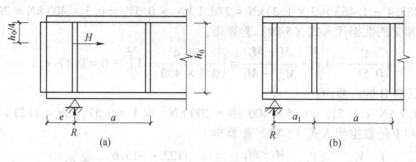

图 5-42 梁端

(a) 封头板; (b) 支座加劲肋

考虑腹板屈曲后强度的梁, 腹板高厚比不应大于 250, 可按构造需要设置中间横向加劲肋。$a > 2.5h_0$ 和不设中间横向加劲肋的腹板, 当满足标准式 (5-69) 时, 可取水平分力 $H = 0$。

【例 5-8】 某焊接工字形截面简支梁, 跨度 $l = 12.0$ m, 承受均布荷载设计值为 $q = 235$ kN/m (包括梁自重), 钢材为 Q235-B 钢。已知截面为翼缘板 $2 - 20 \times 400$, 腹板 $1 - 10 \times 2000$。跨中有足够侧向支承点, 保证其不会整体失稳, 但梁的上翼缘扭转变形不受约束。截面的惯性矩和抵抗矩已算出, 如图 5-43 所示。试考虑腹板屈曲后强度验算其抗剪和抗弯承载力。验算是否需要设置中间横向加劲肋, 如需设置, 则其间距及截面尺寸为多大, 其支承加劲肋又应如何设置。

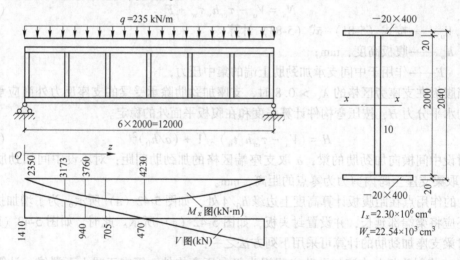

图 5-43 焊接工字形截面简支梁

【解】 (1) 计算截面尺寸几何特性及 M_x 和 V 值。

因为 $h_0/t_w = 200$, 所以按常规需设置加劲肋。考虑腹板屈曲后强度, 可不设纵向加劲肋。算得弯矩和剪力, 如图 5-43 所示。

(2) 假设不设置中间横向加劲肋, 验算腹板抗剪承载力是否足够。

梁端截面 $V = 1410$ kN, $M_x = 0$, 不设中间加劲肋时剪切通用高厚比:

$$\lambda_s = \frac{h_0/t_w}{41\sqrt{5.34}}\sqrt{\frac{f_y}{235}} = \frac{200}{41\sqrt{5.34}} \times 1 = 2.11$$

$$V_u = h_w t_w f_v / \lambda_s^{1.2} = \frac{2000 \times 10 \times 125}{2.11^{1.2}} \times 10^{-3} \text{ kN} = 1020 \text{ kN}$$

$$V = 1410 \text{ kN} > V_u, \text{不满足}$$

(3) 设置中间横向加劲肋（$a = 2$ m）后的截面抗剪和抗弯承载力验算。

1) 翼缘能承受的弯矩 M_f：

$$M_f = 2A_{f1}h_1 f = 2 \times 400 \times 20 \times 1010 \times 205 \times 10^{-6} \text{ kN} \cdot \text{m} = 3313 \text{ kN} \cdot \text{m}$$

2) 格的抗剪承载力 V_u 和屈曲临界应力 τ_{cr}：

剪切通用高厚比（$a/h_0 = 1.0$）：

$$\lambda_s = \frac{h_0/t_w}{41\sqrt{5.34 + 4.0(h_0/a)}}\sqrt{\frac{f_y}{235}} = \frac{200}{41\sqrt{5.34 + 4}} = 1.596$$

$$V_u = h_w t_w f_v / \lambda_s^{1.2} = \frac{2000 \times 10 \times 125}{1.596^{1.2}} \times 10^{-3} \text{ kN} = 1427 \text{ kN}$$

$$\tau_{cr} = 1.1 f_v / \lambda_s^2 = \frac{1.1 \times 125}{1.596^2} \text{ N/mm}^2 = 54 \text{ N/mm}^2$$

3) 腹板屈曲后梁截面的抗弯承载力 M_{eu} 计算。

受压翼缘扭转未受到约束的受弯腹板通用高厚比：

$$\lambda_b = \frac{h_0/t_w}{153}\sqrt{\frac{f_y}{235}} = \frac{200}{153} = 1.307 > 1.25$$

腹板受压区有效高度系数：

$$\rho = \frac{1 - 0.2/\lambda_b}{\lambda_b} = \frac{1 - 0.2/1.307}{1.307} = 0.648$$

梁的截面抵抗矩考虑腹板有效高度的折减系数：

$$\alpha_e = 1 - \frac{(1 - \rho)h_c^3 t_w}{2I_x} = 1 - \frac{(1 - 0.648) \times 100^3 \times 1}{2 \times 2.30 \times 10^6} = 0.923$$

腹板屈曲后梁截面的抗弯承载力：

$$M_{cu} = \gamma_x \alpha_e W_x f = 1.05 \times 0.923 \times (22.54 \times 10^3) \times 10^3 \times 205 \times 10^{-6} \text{ kN} \cdot \text{m} = 4478 \text{ kN} \cdot \text{m}$$

4) 各截面承载力的验算。

验算条件为：

$$\left(\frac{V}{0.5V_u} - 1\right)^2 + \frac{M_x - M_f}{M_{eu} - M_f} \leq 1.0$$

按规定，当截面上 $V < 0.5V_u$ 时，取 $V = 0.5V_u$，因而验算条件为 $M_x \leq M_{eu}$；当截面上 $M_x < M_f$ 时，取 $M_x = M_f$，因而验算条件为 $V \leq V_u$。

从图5-43的 M_x 和 V 图各截面的数值可见，从 $z = 3$ m 到 $z = 6$ m 处各截面的 V 均小于 $0.5V_u = 0.5 \times 1427 = 713.5$ kN，而 M_x 均小于 $M_{eu} = 4478$ kN·m，因而承载力满足 $M_x \leq M_{eu}$。

从 $z=0$ m 到 $z=3$ m 处，各截面的 M_x 均小于 $M_f = 3313$ kN·m，各截面的 V 均小于 $V_u = 1427$ kN，因而承载力满足 $V \leqslant V_u$。

各截面均满足承载力条件。本梁剪力的控制截面在梁端（$z=0$ m 处），弯矩的控制截面在跨度中点（$z=6$ m 处）。

（4）中间横向加劲肋设计。

1）横向加劲肋中的轴压力：

$$N_s = V_u - h_w t_w \tau_{cr} = (1427 - 54 \times 2000 \times 10 \times 10^{-3}) \text{kN} = 347 \text{ kN}$$

2）加劲肋截面尺寸（如图 5-44 所示）：

$$b_s \geqslant \frac{h_0}{30} + 40 = \left(\frac{2000}{30} + 40\right) \text{mm} = 106.7 \text{ mm}, \text{ 采用 } b_s = 120 \text{ mm}$$

$$t_s \geqslant \frac{b_s}{15} = \frac{120}{15} \text{ mm} = 8 \text{ mm}, \text{ 采用 } t_s = 8 \text{ mm}$$

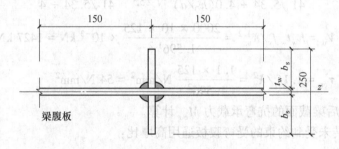

图 5-44　横向加劲肋

3）验算加劲肋在梁腹板平面外的稳定性。

验算加劲肋在腹板平面外的稳定性时，按规定考虑加劲肋每侧 $15 t_w \sqrt{235/f_y}$ 范围的腹板面积计入加劲肋的面积，如图 5-44 所示。

截面积：　　$A = (2 \times 120 \times 8 + 2 \times 15 \times 10^2) \text{mm}^2 = 4920 \text{ mm}^2$

惯性矩：　　$I_x = \frac{1}{12} \times 8 \times (2 \times 120 + 10)^3 \text{mm}^4 = 10.42 \times 10^6 \text{ mm}^4$

回转半径：　　$i_z = \sqrt{\frac{I_z}{A}} = \sqrt{\frac{10.42 \times 10^6}{4920}} \text{mm} = 46 \text{ mm}$

长细比：　　$\lambda_z = \frac{h_0}{i_z} = \frac{2000}{46} = 43.5$

按 b 类截面，查附表 4-2 得 $\varphi = 0.885$。稳定条件

$$\frac{N_s}{\varphi A} = \frac{347 \times 10^3}{0.885 \times 4920} \text{ N/mm}^2 = 79.7 \text{ N/mm}^2 < f = 215 \text{ N/mm}^2, \text{ 满足需求。}$$

加劲肋与腹板的连接角焊缝计算：因 N_s 不大，焊缝尺寸按构造要求确定，采用 $h_f = 5 \text{ mm} > 1.5\sqrt{t} = 1.5\sqrt{10} \text{ mm} = 4.74 \text{ mm}$。

（5）支座处支承加劲肋设计。

经初步计算，采用单根支座加劲肋不能满足验算条件，故采用图 5-42（a）的构造

型式。

1）由张力场引起的水平力 H（或称为锚固力）：

$$H = (V_u - h_w t_w \tau_{cr}) \sqrt{1 + (a/h_0)^2} = (1427 - 54 \times 2000 \times 10 \times 10^{-3}) \sqrt{1 + 1} \text{ kN} = 491 \text{ kN}$$

2）把加劲肋 1 和封头肋板 2 及两者间的大梁腹板看成竖向工字形简支梁，水平力 H 作用在此竖梁的 1/4 跨度处，因而得到梁截面水平反力为：

$$V_h = 0.75H = 0.75 \times 491 \text{ kN} = 368 \text{ kN}$$

按竖梁腹板的抗剪强度确定加劲肋 1 和封头肋板 2 的间距 e：

$$e = \sqrt{\frac{V_h}{f_v t_w}} = \frac{368 \times 10^3}{125 \times 10} = 294 \text{ mm}, \text{ 取 } e = 300 \text{ mm}$$

3）所需封头肋板截面积为：

$$A_c = \frac{3h_0 H}{16ef} = \frac{3 \times 2000 \times 491 \times 10^3}{16 \times 300 \times 215} \text{ mm} = 2855 \text{ mm}^2$$

采用封头肋板截面为 14×400（宽度取与大梁翼缘板相同），取厚度为 $t_s \geq 1/15(b_c/2) = 1/15 \times 200 \text{ mm} = 13.3 \text{ mm}$，采用 14 mm，满足 A_c 的要求。

4）支承加劲肋 1 按承受大梁支座反力 $R = 1410$ kN 计算。

5.6 型钢梁的截面设计

5.6.1 单向弯曲型钢梁

单向弯曲型钢梁的设计比较简单，通常先按抗弯强度（当梁的整体稳定有保证时）或整体稳定（当需要计算整体稳定时）求出需要的截面模量：

$$W_{nx} = M_{max}/(\gamma_x f) \tag{5-93}$$

$$W_x = M_{max}/(\varphi_b f) \tag{5-94}$$

式中的整体稳定系数 φ_b 可估计假定。由截面模量选择合适的型钢（一般为 H 形钢或普通工字钢），然后验算其他项目。由于型钢截面的翼缘和腹板厚度较大，不必验算局部稳定；端部无大的削弱时，也不必验算剪应力。而局部压应力也只在有较大集中荷载或支座反力处才验算。

5.6.2 双向弯曲型钢梁

双向弯曲型钢梁承受两个主平面方向的荷载，设计方法与单向弯曲型钢梁相同，应考虑抗弯强度、整体稳定、挠度等的计算，而剪应力和局部稳定一般不必计算，局部压应力只有在有较大集中荷载或支座反力的情况下，必要时才验算。

双向弯曲梁的抗弯强度按式（5-5）计算，即：

$$\frac{M_x}{\gamma_x W_{nx}} + \frac{M_y}{\gamma_y W_{ny}} \leq f \tag{5-95}$$

双向弯曲梁的整体稳定的理论分析较为复杂，一般按经验近似公式计算，标准规定双向受弯的 H 形钢或工字钢截面梁应按下式计算其整体稳定：

$$\frac{M_x}{\varphi_b W_x} + \frac{M_y}{\gamma_y W_y} \leqslant f \tag{5-96}$$

式中 φ_b——绕强轴（x 轴）弯曲所确定的梁整体稳定系数。

设计时应尽量满足不需计算整体稳定的条件，这样可按抗弯强度条件选择型钢截面，得：

$$M_{nx} = \left(M_x + \frac{\gamma_x}{\gamma_y} \frac{W_{nr}}{W_{ny}} M_y\right) \frac{1}{\gamma_x f} = \frac{M_x + \alpha M_y}{\gamma_x f} \tag{5-97}$$

对小型号的型钢，可近似取 $\alpha = 6$（窄翼缘 H 形钢和工字钢）或 $\alpha = 5$（槽钢）。

双向弯曲型钢梁最常用于檩条，其截面一般为 H 形钢（檩条跨度较大时）、槽钢（跨度较小时）或冷弯薄壁 Z 形钢（跨度不大且为轻型屋面时）等。这些型钢的腹板垂直于屋面放置，因而竖向线荷载 q 可分解为垂直于截面两个主轴（x—x 轴和 y—y 轴）的分荷载，即 $q_x = q\cos\varphi$ 和 $q_y = q\sin\varphi$，如图 5-45 所示，从而引起双向弯曲。φ 为荷载 q 与主轴 y—y 的夹角；对 H 形钢和槽钢而言，φ 等于屋面坡角 α；对 Z 形截面，$\varphi = |\alpha - \theta|$，$\theta$ 为主轴 x—x 与平行于屋面轴 x_1—x_1 的夹角。

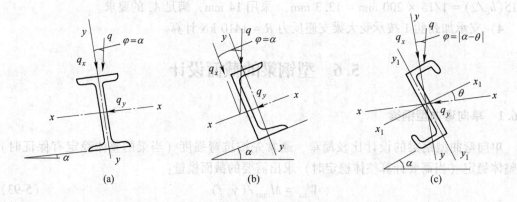

(a)   (b)   (c)

图 5-45   檩条的计算简图

槽钢和 Z 形钢檩条通常用于屋面坡度较大的情况，为了减少其侧向弯矩，提高檩条的承载能力，一般在跨中平行于屋面设置 1 ~ 2 道拉条，把侧向变为跨度缩至 1/2 ~ 1/3 的连续梁，如图 5-46 所示。通常是跨度 $l \leqslant 6$ m 时，设置一道拉条；$l > 6$ m 时设置两道拉条。拉条一般用 $\phi 16$ 圆钢（最小 $\phi 12$）。

拉条把檩条平行于屋面的反力向上传递，直到屋脊上左右坡面的力互相平衡，如图 5-46（a）所示。为使传力更好，常在顶部区格（或天窗两侧区格）设置斜拉条和撑杆，将坡向力传至屋架，如图 5-46（b）~（f）所示。Z 形檩条的主轴倾斜角 θ 可能接近或超过屋面坡角，并不十分确定拉力是向上还是向下，故除在屋脊处（或天窗架两侧）用上述方法固定外，还应在檐檩处设置斜拉条和撑杆，如图 5-45（e）所示，或将拉条连于刚度较大的承重天沟或圈梁上如图 5-46（f）所示，以防止 Z 形檩条向上倾覆。

拉条应设置于檩条顶部下 30~40 mm 处，如图 5-46（g）所示。拉条不但可以减少檩条的侧向弯矩，而且大大增强了檩条的整体稳定性，可以认为：设置拉条的檩条不必计算整体稳定。另外屋面板刚度较大且与檩条连接牢固时，也不必计算整体稳定。

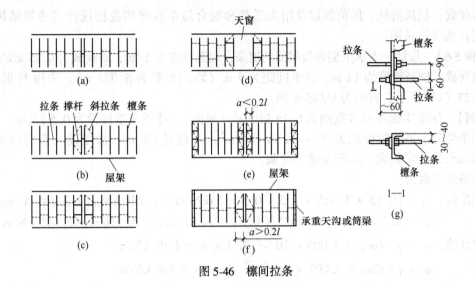

图 5-46 檩间拉条

檩条的支座处应有足够的侧向约束，一般每端用两个螺栓连于预先焊在屋架上弦的短角钢上，如图 5-47 所示。H 形钢檩条宜在连接处将下翼缘切去一半，以便于与支承短角钢相连，如图 5-47 （a） 所示；H 形钢的翼缘宽度较大时，可直接用螺栓连于屋架上，但宜设置支座加劲肋，以加强檩条端部的抗扭能力。短角钢的垂直高度不宜小于檩条截面高度的 3/4。

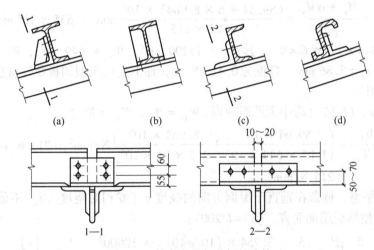

图 5-47 檩条与屋架弦杆的连接

设计檩条时，按水平投影面积计算的屋面活荷载标准值取 0.5 kN/m² （当受荷水平投影面积超过 60 m² 时，可取为 0.3 kN/m²）。此荷载不与雪荷载同时考虑，取两者较大值；积灰荷载应与屋面均布活荷载或雪荷载同时考虑。

在屋面天沟、阴角、天窗挡风板内，高低跨相接等处的雪荷载和积灰荷载应考虑荷载增大系数。对设有自由锻锤、铸件水爆池等振动较大的设备的厂房，要考虑竖向振动的影响，应将屋面总荷载增大 10%~15%。

雪荷载、积灰荷载、风荷载以及增大系数和组合值系数等均应按现行《建筑结构荷载规范》的规定采用。

【例 5-9】 设计一支承压型钢板屋面的檩条，屋面坡度为 1/10，雪荷载为 0.25 kN/m²，无积灰荷载。檩条跨度为 12 m，水平间距为 5 m（坡向间距为 5.025 m）。采用 H 形钢，如图 6-22（a）所示，材料为 Q235-A 钢。

【解】 压型钢板屋面自重约为 0.15 kN/m²（坡向）。檩条自重假设为 0.5 kN/m。

檩条受荷水平投影面积为 5 m×12 m = 60 m²，未超过 60 m²，故屋面均布活荷载取 0.5 kN/m²，大于雪荷载，故不考虑雪荷载。

檩条线荷载为：

标准值：$q_k = (0.15 \times 5.025 + 0.5 + 0.5 \times 5)\,kN/m = 3.754\,kN/m = 3.754\,N/mm$

$q = [1.2 \times (0.15 \times 5.025 + 0.5) + 1.4 \times 0.5 \times 5]\,kN/m = 5.005\,kN/m$

设计值：$q_x = q \cdot \cos\varphi = 5.005 \times 10/\sqrt{101}\,kN/m = 4.98\,kN/m$

$q_y = q \cdot \sin\varphi = 5.005 \times 1/\sqrt{101}\,kN/m = 0.498\,kN/m$

弯矩设计值：$M_x = \dfrac{1}{8} \times 4.98 \times 12^2\,kN \cdot m = 89.64\,kN \cdot m$

$M_y = \dfrac{1}{8} \times 0.498 \times 12^2\,kN \cdot m = 8.964\,kN \cdot m$

采用紧固件（自攻螺钉，钢拉铆钉或射钉等）使压型钢板与檩条受压翼缘连牢，可不计算檩条的整体稳定。由抗弯强度要求的截面模量近似值为：

$$W_{nx} = \frac{M_x + \alpha M_y}{\gamma_x f} = \frac{(89.64 + 6 \times 8.964) \times 10^6}{1.05 \times 215}\,mm^3 = 635 \times 10^3\,mm^3$$

选用 HN346×174×6×9，其 $I_x = 11200\,cm^4$，$W_x = 649\,cm^3$，$W_y = 91\,cm^3$，$i_x = 14.5\,cm$，$i_y = 3.86\,cm$。自重为 0.41 kN/m，加上连接压型钢板零件重量，于假设自重 0.5 kN/m 相等。

验算强度式（5-5）（跨中无孔眼削弱，$W_{nx} = W_x$，$W_{ny} = W_y$）：

$$\frac{M_x}{\gamma_x W_{nx}} + \frac{M_y}{\gamma_y W_{ny}} = \left(\frac{89.64 \times 10^6}{1.05 \times 649 \times 10^3} + \frac{8.964 \times 10^6}{1.2 \times 91 \times 10^3}\right)\,N/mm^2 = 213.6\,N/mm^2 \leqslant f$$

$$= 215\,N/mm^2$$

为使屋面平整，檩条在垂直于屋面方向的挠度 v（或相对挠度 v/l）不能超过其容许值 $[v]$（对压型钢板屋面而言，$[v] = l/200$）：

$$\frac{v}{l} = \frac{5}{384}\frac{ql^3}{EI_x} = \frac{5}{384} \times \frac{3.754 \times (10/\sqrt{101}) \times 12000^3}{206 \times 10^3 \times 11200 \times 10^4} = \frac{1}{275} < \frac{[v]}{l} = \frac{1}{200}$$

作为屋架上弦水平支承横杆或刚性系杆的檩条，应验算其长细比（屋面坡向由于有压型钢板连牢，可不验算）：

$$\lambda_x = 1200/14.5 = 83 < [\lambda] = 200$$

5.7 焊接梁的设计

当梁的内力较大、采用热轧型钢梁不能满足要求时，就需采用组合截面梁，而组合截面梁多采用焊接工字形截面。焊接工字形截面梁设计与型钢梁设计不同，型钢梁只要确定型钢型号即可，而组合梁则需要确定腹板的高度及厚度，翼缘的宽度及厚度等几个尺寸。总的设计原则为：既要保证梁的承载力、刚度、稳定性等要求，又要使钢材用量经济合理。

5.7.1　截面选择

焊接梁一般常用两块翼缘板和一块腹板焊接成双轴对称工字形截面，如图 5-48 所示，需要根据已知设计条件，选择经济合理的翼缘板和腹板尺寸。

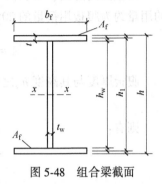

图 5-48　组合梁截面

5.7.1.1　截面高度

确定梁的截面高度应考虑建筑高度、刚度条件和经济条件。

（1）建筑高度要求。建筑高度是指梁的底面到铺板顶面之间的高度，它往往由生产工艺和使用要求决定。梁的高度不能使净空超过建筑设计或工艺设备需要的净空允许值，依此条件决定的梁截面高度常称为容许最大高度 $h_{\max}$。简支梁的常用范围为 $h = 1/14 \sim 1/6$，l 为跨度。

（2）刚度条件。刚度条件决定了梁的最小高度 $h_{\min}$。以均布荷载作用的简支梁为例，其最大挠度公式为：

$$v = \frac{5}{384} \frac{q_k l^4}{EI_x} = \frac{5}{48} \frac{q_k l^2 \cdot l^2}{8EI_x} \approx \frac{M_k l^2}{10EI_x} \tag{5-98}$$

则应满足：

$$\frac{v}{l} \approx \frac{M_k l}{10EI} = \frac{\sigma_k l}{5Eh} \leqslant \frac{[v]}{l} \tag{5-99}$$

式中　q_k——均布线荷载标准值；

　　　M_k——全部荷载标准值产生的最大弯矩；

　　　I_x——毛截面惯性矩；

　　　σ_k——全部荷载标准值产生的最大弯曲正应力。

若使梁的抗弯强度基本满足，可令 $\sigma_k = f/1.3$，这里 1.3 为永久荷载及可变荷载分项系数的平均值。可以得到梁的最小高跨比的计算公式：

$$\frac{h_{\min}}{l} = \frac{\sigma_k l}{5E[v]} = \frac{f}{1.34 \times 10^6} \cdot \frac{1}{[v]} \tag{5-100}$$

（3）经济条件。从用料最省的角度出发，可以定出梁的经济高度 h_e。梁的经济高度是指满足强度、刚度、整体和局部稳定的梁用钢量最小的高度。下面介绍一种确定经济高度 h_e 的简单方法。

对图 5-48 所示截面，有：

$$I_x = \frac{1}{12} t_w h_w^3 + 2A_f \left(\frac{h_1}{2}\right)^2 = W_x \frac{h}{2} \tag{5-101}$$

由此得每个翼缘的面积：

$$A_{\mathrm{f}} = W_x \frac{h}{h_1^2} - \frac{1}{6} t_{\mathrm{w}} \frac{h_{\mathrm{w}}^2}{h_1^2} \tag{5-102}$$

近似取 $h \approx h_1 \approx h_{\mathrm{w}}$ ，则翼缘面积为：

$$A_{\mathrm{f}} = \frac{W_x}{h_{\mathrm{w}}} - \frac{1}{6} t_{\mathrm{w}} h_{\mathrm{w}} \tag{5-103}$$

梁截面的总面积 A 为两个翼缘面积（ $2A_{\mathrm{f}}$ ）与腹板面积（ $t_{\mathrm{w}} h_{\mathrm{w}}$ ）之和，腹板加劲肋的用量约为腹板用钢量的 20%，故将腹板面积乘以构造系数 1.2，由此得：

$$A = 2A_{\mathrm{f}} + 1.25 t_{\mathrm{w}} h_{\mathrm{w}} = 2 \frac{W_x}{h_{\mathrm{w}}} + 0.867 t_{\mathrm{w}} h_{\mathrm{w}} \tag{5-104}$$

腹板厚度与其高度 h_{w} 之间有经验关系：

$$t_{\mathrm{w}} = \sqrt{h_{\mathrm{w}}/3} \tag{5-105}$$

则有：

$$A = \frac{2W_x}{h_{\mathrm{w}}} + 0.248 h_{\mathrm{w}}^{3/2} \tag{5-106}$$

总面积最小的条件为：

$$\frac{\mathrm{d}A}{\mathrm{d}h_{\mathrm{w}}} = -\frac{2W_x}{h_{\mathrm{w}}^2} + 0.372 h_{\mathrm{w}}^{1/2} = 0 \tag{5-107}$$

由此得用钢量最少时的经济高度为：

$$h_{\mathrm{e}} \approx h_{\mathrm{w}} = 2W_x^{0.4} \tag{5-108}$$

式中， W_x 可按下式求出：

$$W_x = \frac{M_x}{\alpha f} \tag{5-109}$$

其中， α 为系数，对一般单向弯曲梁而言，当最大弯矩无孔眼时， $\alpha = \gamma_x = 1.05$ ，有孔眼时， $\alpha = 0.85 \sim 0.9$ 。对于吊车梁，考虑横向水平荷载作用，可取 $\alpha = 0.7 \sim 0.9$ 。

实际采用的梁高 h 应满足 $h_{\min} \leqslant h \leqslant h_{\max}$ ，且 $h \approx h_{\mathrm{e}}$ ，并且应取 50 mm 的倍数。

5.7.1.2　腹板厚度

腹板厚度应满足抗剪强度要求。初选界面时，可近似的假定最大剪应力为腹板平均剪力 $V_{\max}/(h_{\mathrm{w}} t_{\mathrm{w}})$ 的 1.2 倍，应满足：

$$\tau_{\max} \approx 1.2 \frac{V_{\max}}{h_{\mathrm{w}} t_{\mathrm{w}}} \leqslant f_{\mathrm{v}} \tag{5-110}$$

则：

$$t_{\mathrm{w}} \geqslant 1.2 \frac{V_{\max}}{h_{\mathrm{w}} f_{\mathrm{v}}} \tag{5-111}$$

为了考虑局部稳定和构造等因素，腹板厚度一般用下列经验公式估算：

$$t_{\mathrm{w}} = \sqrt{h_{\mathrm{w}}}/3.5 \tag{5-112}$$

实际采用的腹板厚度应考虑钢板的现有规格，一般为 2 mm 的倍数；对考虑腹板屈曲后的强度的梁，腹板厚度可更小，但不得小于 6 mm，同时应满足 $h_{\mathrm{w}}/t_{\mathrm{w}} \leqslant 250\sqrt{235/f_{\mathrm{y}}}$ 。

5.7.1.3　翼缘尺寸

已知腹板尺寸，可求得需要的翼缘截面积 A_f。翼缘板的宽度通常为 $b_f = (1/5 \sim 1/3)h$，厚度 $t = A_f/b_f$，且应满足 $b/t \leqslant 15\sqrt{235/f_y}$ 局部稳定要求，使受压翼缘的外伸宽度 b 与其厚度 t 之比（弹性设计，即取 $\gamma_x = 1.0$）或 $b/t \leqslant 13\sqrt{235/f_y}$（考虑塑性发展，即取 $\gamma_x = 1.05$）。

选择翼缘尺寸时，同样应符合钢板规格，宽度取 10 mm 的倍数，厚度取 2 mm 的倍数。

5.7.2　截面验算

首先需要根据初选的截面尺寸计算实际截面的几何性质（如截面惯性矩、截面抵抗矩和截面面积矩等），然后按照与型钢梁截面验算基本相同的方法验算下列各项。其中，腹板的局部稳定通常是采用配置加劲肋来保证的。

（1）弯曲正应力验算：

$$\frac{M_x}{\gamma_x W_{nx}} + \frac{M_y}{\gamma_y W_{ny}} \leqslant f$$

（2）最大剪应力验算：

$$r = \frac{VS}{It_w} \leqslant f_v$$

（3）局部压应力验算：

$$\sigma_c = \frac{\psi F}{t_w l_z} \leqslant f$$

（4）折算应力验算。在弯曲正应力和剪应力均较大处，有时还发生局部压应力作用，应该按照标准规定对组合梁的腹板验算折算应力。这种情况可能发生在弯矩和剪力均较大的截面，例如图 5-49 所示的简支梁 1—1 截面处，或在梁的翼缘截面改变处以及连续梁的中间支座等处出现。由图 5-50 可见，在集中荷载下稍左一点的 1—1 截面将同时作用有最大弯矩和最大剪力，并且还有局部压应力，此时需要按式（5-9）验算折算应力：

$$\sqrt{\sigma^2 + \sigma_c^2 - \sigma\sigma_c + 3\tau^2} \leqslant \beta_1 f \tag{5-113}$$

式中　σ，τ，σ_c——腹板计算高度边缘同一点上的弯曲正应力、剪应力和局部压应力。

对于如图 5-49 所示的工字形截面，有：

$$\sigma_c = \frac{My}{I_{nx}} \tag{5-114}$$

$$\tau = \frac{VS}{I_x t_w} \tag{5-115}$$

式中　M——所验算截面的弯矩；

I_{nx}——梁净截面惯性矩；

y——验算点到梁中和轴的距离，此处 $y = h_w/2$；

V——所验算截面的剪力；

S——截面面积矩，此处应为翼缘截面对两中和轴的面积矩；

σ_c——局部压应力，按式（5-8）计算，当所验算截面处设有支承加劲肋无集中荷载时，$\sigma_c = 0$。

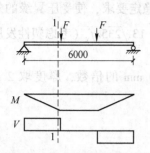

图 5-49　集中荷载作用简支梁

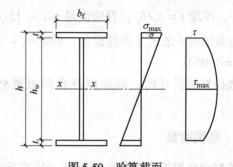

图 5-50　验算截面

（5）梁整体稳定验算：按式（5-16）验算。

（6）刚度验算：按式（5-12）~式（5-13）验算梁的挠度。经过上述强度、整体稳定性的各项验算，如发现初选截面有不满足要求之处时，应修改截面重新验算，直至满足各项要求为止。

（7）对于承受动力荷载的梁，必要时应按标准规定进行疲劳验算。

【例 5-10】　图 5-51 为一工作平台主梁的计算简图。次梁传来的集中荷载标准值为 $F_k = 253$ kN，设计值为 323 kN。主梁自重标准值为 3 kN/m，设计值为 $1.2 \times 3 = 3.6$ kN/m，钢材为 Q236-B 钢，焊条为 E43 型。要求：设计主梁。

【解】　支座处的最大剪力为：

$V_1 = R = (323 \times 2.5 + 12 \times 3.6 \times 15)\text{kN} = 834.5$ kN

跨中最大弯矩：

$M_x = [834.5 \times 7.5 - 323 \times (5 + 2.5) -$

$\qquad 1/2 \times 3.6 \times 7.5^2]\text{kN} \cdot \text{m} = 3735$ kN·m

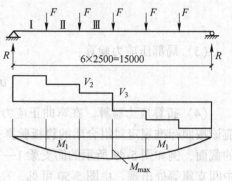

图 5-51　某工作平台主梁的计算简图

采用焊接组合梁，估计翼缘板厚 $t_f \geqslant 16$ mm，则抗弯强度设计值 $f = 205$ N/mm²，需要截面抵抗矩为：

$$W_x \geqslant \frac{M_x}{\alpha f} = \frac{3735 \times 10^6}{1.05 \times 205} \text{mm}^4 = 17350 \times 10^3 \text{ mm}^4$$

最大的轧制型钢也不能提供如此大的截面抵抗矩，可见此梁需要用组合截面。

（1）初选截面。

按刚度条件，$1/[\alpha] = 1/400$，得：

$$h_{\min} = \frac{f}{1.34 \times 10^6} \cdot \frac{l^2}{[v]} = \frac{205}{1.34 \times 10^6} \times 400 \times 15000 \text{ mm} = 918 \text{ mm}$$

按经济条件，得梁的经济高度：

$$h_e = 2W_x^{0.4} = 2 \times (17350 \times 10^3)^{0.4} \text{ mm} = 1573 \text{ mm}$$

综合考虑后，取梁腹板高度 $h_w = 1500$ mm。

腹板厚度 t_w 应满足抗剪要求，即：

$$t_w \geq 1.2 \frac{V_{max}}{h_w f_w} = 1.2 \times \frac{834.5 \times 10^3}{1500 \times 125} \, mm = 5.3 \, mm$$

由经验得：

$$t_w = \sqrt{h_w}/3.5 = \sqrt{1500}/3.5 \, mm = 11.1 \, mm$$

若不考虑腹板屈曲后强度，取 $t_w = 10 \, mm$。

每个翼缘所需截面积：

$$A_f = \frac{W_s}{h_w} - \frac{t_w h_w}{6} = \left(\frac{17350 \times 10^3}{1500} - \frac{10 \times 1500}{6} \right) mm^2 = 9067 \, mm^2$$

翼缘宽度 $b_f = h/5 \sim h/3 = 300 \sim 500 \, mm$，取 $b = 400 \, mm$；翼缘厚度 $t_f = A_f/b_f = 9067/400 \, mm = 22.7 \, mm$，取 $t_f = 24 \, mm$。

翼缘板外伸宽度与厚度之比为 $195/24 = 8.1 < 13\sqrt{235/f_y} = 13$，满足局部稳定要求。

（2）强度验算。

截面尺寸如图 5-52 所示，则有：

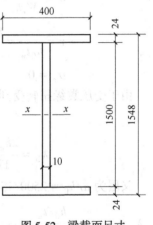

图 5-52 梁截面尺寸

$$I_x = \frac{1}{12} \times (40 \times 154.8^3 - 39 \times 150^3) cm^4 = 1396179 \, cm^4$$

$$W_x = 2I_x/h = \frac{2 \times 1396179}{154.8} cm^3 = 18038.5 \, cm^3$$

$$A = (150 \times 1 + 2 \times 40 \times 2.4) cm = 342 \, cm^2$$

梁自重（钢材质量密度为 $7850 \, kg/m^3$，重力密度为 $77 \, kg/m^3$）为：

$$g_k = 0.0342 \times 77 \, kN/m = 2.6 \, kN/m$$

考虑腹板加劲肋等增加的质量，原假设的梁自重3 kN/m 比较合适。

验算抗弯强度（截面无削弱，$W_{nx} = W_x$）：

$$\sigma = \frac{M_x}{\gamma_x W_{nx}} = \frac{3735 \times 10^6}{1.05 \times 18038.5 \times 10^3} N/mm^2 = 197.2 \, N/mm^2 < f = 205 \, N/mm^2$$

验算抗剪强度：

$$\tau = \frac{V_{max}S}{I_x t_w} = \frac{834.5 \times 10^3}{1396179 \times 10^4 \times 10} \times (400 \times 24 \times 762 + 750 \times 10 \times 375) N/mm^2$$

$$= 60.5 \, N/mm^2 < f_v = 125 \, N/mm^2$$

在主梁的支承处以及支承次梁处均配置支承加劲肋，故不验算局部承压强度（即 $\sigma_c = 0$）。

（3）梁整体稳定计算。

次梁可视为主梁受压翼缘的侧向支承，主梁受压翼缘自由长度与宽度之比为 $l_1/b_1 = 250/40 = 6.3 < 16$，故不需要验算主梁的整体稳定性。

（4）刚度验算。

挠度容许值为 $[v] = 1/400$（全部荷载标准值作用）或 $[v] = 1/500$（仅有可变荷载标

准值作用)。

全部荷载标准值在梁跨中产生的最大弯矩:

$$M_k = [655 \times 7.5 - 253 \times (5 + 2.5) - 3 \times 7.5^2/2] kN \cdot m = 2930.6 \ kN \cdot m$$

$$\frac{v}{l} \approx \frac{M_k l}{10 E I_x} = \frac{2930.6 \times 10^6 \times 1500}{10 \times 206000 \times 1396179 \times 10^4} = \frac{1}{654} < \frac{[v]}{l} = \frac{1}{400}$$

由上式可知仅有可变荷载作用时的梁挠度一定也满足要求。

(5) 主梁加劲肋设计。

1) 加劲肋的布置。

梁腹板高厚比 $h_0/t_w = 1500/10 = 150$, 即 $80 < h_0/t_w < 170$, 故只布置横向加劲肋, 取加劲肋间距 $a = 2500 \ mm$, 满足 $0.5 h_0 < a < 2 h_0$ 的构造要求, 且使主梁中每个次梁位置处均有加劲肋。然后就需要对配有加劲肋的不同区格验算腹板的局部稳定。

对板段 I (图 5-33):

$$\sigma = \frac{M_1 h_0}{W_x h} = \frac{834.5 \times 2.5 \times 10^6}{18038.5 \times 10^3} \times \frac{1500}{1548} \ N/mm^2 = 112.1 \ N/mm^2$$

$$\tau = \frac{V}{h_0 t_w} = \frac{834.5 \times 10^3}{1500 \times 10} \ N/mm^2 = 55.6 \ N/mm^2$$

$$\sigma_c = 0$$

由于受压翼缘扭转受到约束, 则通用高厚比为:

$$\sigma_{cr} = f = 205 \ N/mm^2$$

$$\lambda_b = \frac{2 h_c/t_w}{177} \sqrt{\frac{f_y}{235}} = \frac{1500}{177 \times 10} \sqrt{\frac{235}{235}} = 0.847 < 0.85$$

又因为 $a/h_0 = 2500/1500 = 1.67 > 1.0$, 则用于腹板受剪时的通用高厚比为:

$$\lambda_s = \frac{h_0/t_w}{41 \sqrt{5.34 + 4(h_0/a)^2}} \sqrt{\frac{f_y}{235}} = \frac{1500/10}{41 \sqrt{5.34 + 4(1500/2500)^2}} \sqrt{\frac{235}{235}} = 1.405 > 1.2$$

则有

$$\tau_{cr} = 1.1 f_v/\lambda_s^2 = 1.1 \times 125/1.405^2 \ N/mm^2 = 69.65 \ N/mm^2$$

得

$$\left(\frac{\sigma}{\sigma_{cr}}\right)^2 + \left(\frac{\tau}{\tau_{cr}}\right)^2 + \frac{\sigma_c}{\sigma_{c,cr}} = \left(\frac{112.1}{205}\right)^2 + \left(\frac{55.6}{69.65}\right)^2 + 0 = 0.299 + 0.637 = 0.936 < 1$$

从上面的验算结果可知, 梁腹板加劲肋设置合理。同理, 用类似的步骤可以验算梁长度内的其他板段。

2) 加劲肋的计算。

根据《钢结构设计标准》第 6.3.6 条的规定, 加劲肋应符合下列构造要求: 主梁加劲肋两侧成对配置, 其截面尺寸为:

$$b_s \geqslant \frac{h_0}{30} + 40 = \left(\frac{1500}{30} + 40\right) mm = 90 \ mm$$

$$t_s \geqslant \frac{b_s}{15} = \frac{90}{15} = 6 \ mm$$

取 $b_s = 100 \ mm$, $t_s = 8 \ mm$。次梁的支反力 $R_1 = 323 \ kN$。取加劲肋与腹板之间角焊缝

焊脚尺寸 $h_f = 6$ mm，满足 $h_f > 1.5\sqrt{t_{max}} = 1.5\sqrt{10}$ mm = 4.7 mm 及 $h_f < 1.2t_{min} = 1.2 \times 8$ mm = 9.6 mm。考虑加劲肋梁端各切去高 50 mm、宽 30 mm 的斜角，以避免焊缝相交，则加劲肋焊缝计算长度 $l_w = (1500 - 2 \times 50 - 10)$ N/mm² = 1390 mm。

$$\tau_f = \frac{R_1}{1.4h_f l_w} = \frac{323 \times 10^3}{1.4 \times 6 \times 1390} \text{ N/mm}^2 = 27.7 \text{ N/mm}^2 < f_f^w = 160 \text{ N/mm}^2，\text{所以加劲肋}$$

焊缝可靠。

主梁采用如图 5-53 所示的突缘支座，取支座加劲肋的宽度 $b_s = 300$ mm，厚度 $t_w = 12$ mm，将主梁支承加劲肋搁置在焊接于工字形柱翼缘的支托上（刨平抵紧），并用构造螺栓将支承加劲肋与柱翼缘相连，阻止梁端截面的侧向扭转和平移。这样支承加劲肋在梁腹板板面外的稳定得到保证，不必计算。

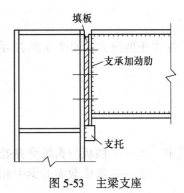

图 5-53 主梁支座

验算支承加劲肋断面承压强度：$\sigma_{ce} = R/A_{ce} = 834.5 \times 10^3/300 \times 12$ N/mm² = 231 N/mm² $< f_{ce} = 320$ N/mm²。支承加劲肋与腹板间的角焊缝焊脚尺寸满足要求。

5.7.3 组合梁截面沿长度的改变

梁的弯矩是沿梁的长度变化的，因此，设计的梁截面如能随弯矩而变化，则可以节约钢材。对跨度较小的梁，截面改变经济效果不大，或者改变截面节约的钢材不能抵消构造复杂带来的加工困难，则不宜改变截面。改变截面梁可以通过改变梁高，也可以通过改变梁宽，变高度梁如图 5-54 所示。

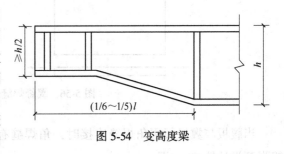

图 5-54 变高度梁

改变梁高时，使上翼缘保持不变，将梁的下翼缘做成折线外形，翼缘板的截面保持不变，这样梁在支座处可减小其高度。但支座处的高度应满足抗剪强度要求，且不宜小于跨中高度的 1/2。在翼缘由水平转为倾斜的两处均需要设置腹板加劲肋，下翼缘的弯折点一般取在距梁端（1/6~1/5）处，如图 5-54 所示。

改变梁宽，主要是改变上、下翼缘宽度，或采用两端单层、跨中双层翼缘的方法，但改变厚度使梁的顶面不平整，也不便于布置铺板。

对承受均布荷载的单层工字形简支梁，最优截面改变处是离支座 1/6 跨度处，如图 5-55 所示。应由截面开始改变处的弯矩 M_1 反算出较窄翼缘板宽度 b_1。为减少应力集中，应将宽板由截面改变位置以不大于 1:2.5 的斜角向弯矩较小侧过渡，与宽度为 b_1 的窄板相对接。

截面一般只改变一次，若改变两次，其经济效益并不显著增加。

5.7.4 焊接组合梁翼缘焊缝的设计计算

当梁弯曲时，由于相邻截面中作用在翼缘截面的弯曲正应力有差值，翼缘与腹板间将

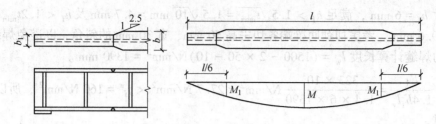

图 5-55 变宽度梁

产生水平剪应力，如图 5-56 所示。沿梁单位长度的水平剪力为：

$$T = \tau_1 t_w = \frac{VS_1}{I_x t_w} t_w = \frac{VS_1}{I_x}$$

$$\tau_1 = \frac{VS_1}{I_x t_w} \tag{5-116}$$

式中　　τ_1——腹板与翼缘交界处的水平剪应力（与竖向剪应力相等）；

　　　　S_1——翼缘截面对梁中和轴的面积矩。

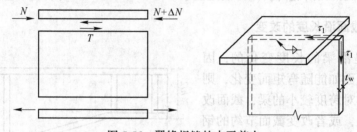

图 5-56 翼缘焊缝的水平剪力

当腹板与翼缘板用角焊缝连接时，角焊缝有效截面上承受的剪应力 τ_f 不应超过角焊缝强度设计值 f_f^w，即：

$$\tau_f = \frac{T}{2 \times 0.7 h_f} = \frac{VS_1}{1.4 h_f I_x} \leqslant f_f^w \tag{5-117}$$

由此可得焊脚尺寸：

$$h_f \geqslant \frac{VS_1}{1.4 I_x f_f^w} \tag{5-118}$$

当梁的翼缘上有固定集中荷载而未设置支承加劲肋，或有移动集中荷载（如吊车轮压）时，上翼缘与腹板之间的连接焊缝，除承受沿焊缝长度方向的剪应力 τ_f 外，还承受垂直于焊缝长度方向的局部压应力：

$$\sigma_f = \frac{\psi F}{2 h_c l_z} = \frac{\psi F}{1.4 h_f l_z} \tag{5-119}$$

因此，承受局部压应力的上翼缘与腹板之间的连接焊缝应按下式计算强度：

$$\frac{1}{1.4 h_f} \sqrt{\left(\frac{\psi F}{\beta_f l_z}\right)^2 + \left(\frac{VS_1}{I_x}\right)^2} \leqslant f_f^w \tag{5-120}$$

从而：

$$\frac{1}{1.4h_f^w}\sqrt{\left(\frac{\psi F}{\beta_f l_z}\right)^2 + \left(\frac{VS_1}{I_x}\right)^2} \leq h_f \qquad (5\text{-}121)$$

对于直接承受动力荷载的梁，$\beta_f = 1.0$；对其他梁 $\beta_f = 1.22$。

对承受较大动力荷载的梁（如重级工作制吊车梁和大吨位中级工作制吊车梁），因角焊缝易产生疲劳破坏，此时宜采用焊透的 T 形对接，如图 5-57 所示，此时可认为焊缝与腹板等强度而不必计算。

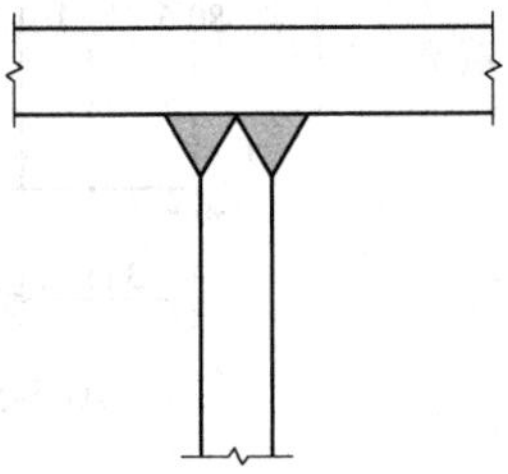

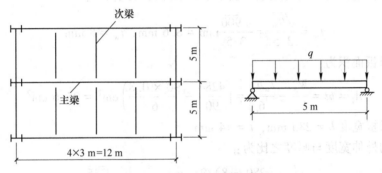

图 5-57 焊透的 T 形对接焊

【例 5-11】 某工作平台的梁格布置如图 5-58 所示，平台上无动力荷载，平台上永久荷载标准值为 3.0 kN/m²，可变荷载标准值为 5 kN/m²，次梁简支于主梁，假定平台板为刚性铺板，并可保证次梁的整体稳定，设计工作平台的中间主梁，材料为 Q235-B 钢。

图 5-58 工作平台的梁格布置

【解】 （1）选择截面主梁的计算简图如图 5-59 所示。中间次梁传给主梁的荷载设计值为：

$$F = (31.8 + 1.2 \times 0.365) \times 5 \text{ kN} = 161.2 \text{ kN}$$

梁端的次梁传给主梁的荷载设计值取中间次梁的一半。主梁的支座反力（未计主梁自重）为 $R = 2F = 322.4 \text{ kN}$。

梁中最大弯矩为：

$$M_{max} = [(322.4 - 80.6) \times 6 - 161.2 \times 3] \text{kN} \cdot \text{m} = 967.2 \text{ kN} \cdot \text{m}$$

梁所需要的截面抵抗矩为：

$$W_{nx} = M_{max}/(\gamma_x f) = 967.2 \times 10^6/(1.05 \times 215) \text{mm}^3 = 4284 \times 10^3 \text{ mm}^3$$

梁的高度在净空方面无限制条件，依刚度要求，工作平台主梁的容许挠度为 1/400，得其容许最小高度为：

$$h_{min} = \frac{5fl}{31.2E} \cdot \frac{l}{[v]} = \frac{5 \times 215 \times 12000}{31.2 \times 2.06 \times 10^5} \times \frac{12000}{[12000/400]} \text{ mm} = 803 \text{ mm}$$

梁的经济高度为：

$$h_3 = 7\sqrt[3]{W_x} - 300 = 837 \text{ mm}$$

参照以上数据（图 5-60），取梁腹板高度 $h_w = 900 \text{ mm}$。

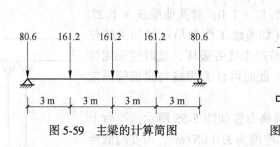

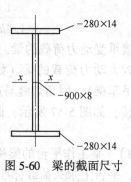

图 5-59　主梁的计算简图　　　　图 5-60　梁的截面尺寸

梁腹板厚度：

$$t_w = 1.2V/(h_w f_v) = 1.2 \times 322.4 \times 10^3/(900 \times 125) \text{mm} = 3.44 \text{ mm}$$

可见由抗剪条件所决定的腹板厚度很小，依经验公式估算：

$$t_w = \frac{\sqrt{h_w}}{3.5} = \frac{\sqrt{900}}{3.5} \text{mm} = 8.6 \text{ mm}, \quad t_w = 8 \text{ mm}$$

一个翼缘板面积为：

$$A_f = bt = \frac{W_x}{h_w} - \frac{t_w h_w}{6} = \left(\frac{4284}{90} - \frac{90 \times 0.8}{6}\right) \text{cm}^2 = 35.6 \text{ cm}^2$$

试选翼缘板宽度 $b = 280$ mm，$t = 14$ mm。

梁翼缘的外伸宽度与厚度之比为：

$$\frac{b_t'}{t} = \frac{(280 - 8)/2}{14} = 9.71 < 13\sqrt{\frac{235}{f_y}}$$

梁翼缘板的局部稳定可以保证，且截面可以考虑部分塑性发展。

（2）截面验算。

截面的实际几何特征：

$$A = (80 \times 0.8 + 28 \times 1.4 \times 2)\text{cm}^2 = 150.4 \text{ cm}^2$$

$$I_x = \left[\frac{90^3 \times 0.8}{12} + 1.4 \times 28 \times \left(\frac{90}{2} + \frac{1.4}{2}\right)^2 \times 2\right] \text{cm}^4 = 2.124 \times 10^5 \text{ cm}^4$$

$$W_x = \frac{2.124 \times 10^5}{1.4 + 90/2} \text{cm}^3 = 4575 \text{ cm}^3$$

主梁自重估算为：

$$150.4 \times 10^{-4} \times 7.85 \times 10^3 \times 9.8 \times 1.2 \text{ kN/m} = 1.388 \text{ kN/m}$$

式中，1.2 为考虑腹板加劲肋等附加构造的用钢量系数。

自重产生的弯矩为：

$$M_g = \frac{1}{8} \times 1.388 \times 1.2 \times 12^2 \text{ kN} \cdot \text{m} = 29.98 \text{ kN} \cdot \text{m}$$

跨中最大弯矩为：

$$M_g = (967.2 + 29.98)\text{kN} \cdot \text{m} = 997.18 \text{ kN} \cdot \text{m}$$

主梁的支座反力（计主梁自重）为：

$$R = \left(322.4 + 1.2 \times 1.388 \times 12 \times \frac{1}{2}\right) \text{kN} = 332.4 \text{ kN}$$

跨中截面最大正应力为：

$$\sigma = \frac{M}{\gamma_x W_{nx}} = \frac{997.18 \times 10^6}{1.05 \times 4575 \times 10^3} \text{ N/mm}^2 = 207.5 \text{ N/mm}^2 < f = 215 \text{ N/mm}^2$$

在主梁的支承处以及支承次梁处均配置支承加劲肋，不必验算局部压应力。

跨中截面腹板边缘折算应力为：

$$\sigma = \frac{997.18 \times 10^6 \times 450}{2.124 \times 10^5 \times 10^4} = 211.3 \text{ N/mm}^2$$

跨中截面剪力为：

$$V = 80.6 \text{ kN}$$

$$\tau = \frac{80.6 \times 10^3 \times 14 \times 280 \times 457}{2.124 \times 10^5 \times 10^4 \times 8} \text{ N/mm}^2 = 8.50 \text{ N/mm}^2$$

$$\sqrt{\sigma^2 + 3\tau^2} = \sqrt{211.3^2 + 3 \times 8.5^2} \text{ N/mm}^2 = 211.8 \text{ N/mm}^2 < 1.1f = 236.5 \text{ N/mm}^2$$

次梁可作为主梁的侧向支承点，因而梁受压翼缘自由长度 $l_1 = 3$ m，$l_1/b_1 = 300/28 = 10.7 < 16$，主梁整体稳定可以保证，刚度条件因 $h > h_{\min}$，自然满足。

（3）梁翼缘焊缝的计算。

$$h_f \geqslant \frac{VS_1}{1.4 I_x f_1^w} = \frac{332.4 \times 10^3 \times 14 \times 280 \times 457}{1.4 \times 2.124 \times 10^5 \times 10^4 \times 160} \text{ mm} = 1.25 \text{ mm}$$

取 $h_f = 6$ mm $\geqslant 1.5\sqrt{t_m} = 1.5\sqrt{14}$ mm $= 5.6$ mm。

（4）主梁加劲肋的设计。

考虑腹板屈曲后强度，则主梁腹板的强度和加劲肋的设计按照如下步骤进行：1）各板段的强度验算；2）各板段承压强度的验算。

此种梁腹板宜考虑屈曲后强度，在支座处和每个次梁处（即固定集中荷载处）设置支承加劲肋。端部板段采用图 5-61（a）的构造，另加横向加劲肋，使 $a_1 = 700$ mm，因 $a/h_0 < 1.0$，则：

$$\lambda_s = \frac{h_0/t_w}{41\sqrt{4.0 + 5.34 \times (h_0/a)^2}}\sqrt{\frac{f_y}{235}} = 0.766 < 0.8$$

故 $\tau_{cr} = f_v$，使板段 I 范围内不会屈曲，支座加劲肋就不会受到水平力 H 的作用。对于板段 II，有：

$$a/h_0 > 1$$

$$\lambda_s = \frac{h_0/t_w}{41\sqrt{5.34 + 4.0 \times (h_0/a)^2}}\sqrt{\frac{f_y}{235}} = \frac{900/8}{41\sqrt{5.34 + 4.0 \times (900/2300)^2}} = 1.12$$

$$0.8 < \lambda_s < 1.2$$

$$V_u = h_w t_w f_v [1 - 0.5(\lambda_s - 0.8)] = 900 \times 8 \times 125 \times [1 - 0.5(1.12 - 0.8)] \text{N} = 756 \text{ kN}$$

左侧剪力 $V_1 = (332.4 - 80.6 - 1.2 \times 1.388 \times 0.7) \text{kN} = 250.63 \text{ kN} < 0.5V_u = 378 \text{ kN}$

由分析可知板格 II 右侧剪力也小于 $0.5V_u$：

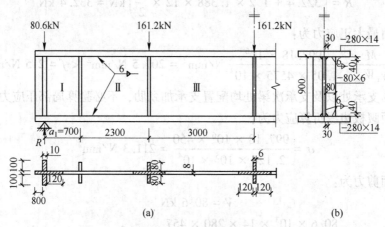

图 5-61　端部板段

$$\lambda_b = \frac{2h_c}{177t_w}\sqrt{\frac{f_y}{235}} = \frac{2 \times 450}{177 \times 8} = 0.64 < 0.85$$

则 $\rho = 1.0$，全截面有效，$\alpha_c = 1$。

故左右侧均用 $\dfrac{M - M_f}{M_{eu} - M_f} < 1.0$ 来验算：

左侧弯矩：$M_1 = \left[(332.4 - 80.6) \times 0.7 - 1.2 \times 1.388 \times \dfrac{0.7^2}{2}\right] \text{kN} \cdot \text{m} = 175.85 \text{ kN} \cdot \text{m}$

右侧弯矩：$M_f = \left[(332.4 - 80.6) \times 3 - 1.2 \times 1.388 \times \dfrac{3^2}{2}\right] \text{kN} \cdot \text{m} = 747.9 \text{ kN} \cdot \text{m}$

$$M_f = 2A_{f1}h_1 f = 2 \times 14 \times 280 \times 457 \times 215 \text{ kN} \cdot \text{m} = 770 \text{ kN} \cdot \text{m}$$

由于 $M_1 < M_f$，取 $M = M_f$，所以 $\dfrac{M - M_f}{M_{eu} - M_f} = 0 < 1$（满足）。

板段Ⅲ：

$$\lambda_s = \frac{h_0/t_w}{41\sqrt{5.34 + 4.0(h_0/a)}}\sqrt{\frac{f_y}{235}} = \frac{900/8}{41\sqrt{5.34 + 4.0 \times (900/3000)}}\sqrt{\frac{235}{235}} = 1.15$$

$$0.8 < \lambda_s < 1.2$$

$$V_u = h_w t_w f_v[1 - 0.5 \times (\lambda_s - 0.8)] = 900 \times 8 \times 125 \times [1 - 0.5 \times (1.15 - 0.8)]\text{kN} = 742.5 \text{ kN}$$

由分析可知：V_l 与 V_r 均小于 $0.5V_u = 371.25$ kN。

由于板段Ⅲ左侧弯矩小于右侧弯矩，故验算右侧：

右侧弯矩：$M_r = M_{max} = 997.18$ kN·m

$$\frac{M - M_f}{M_{eu} - M_f} = \frac{997.18 - 770}{1033 - 770} = 0.86 < 1（满足）$$

加劲肋的计算：

如图 5-61（b）所示，横向加劲肋的截面有：

宽度：$b_s \geqslant \dfrac{h_0}{30} + 40 = \left(\dfrac{900}{30} + 40 \right)$ mm = 70 mm，取 $b_s = 80$ mm。

厚度 $t_s \geqslant \dfrac{b_s}{15} = \dfrac{80}{15}$ mm = 5.3 mm，取 $t_s = 6$ mm。

中部承受次梁支座反力的支承加劲肋的截面验算：

因为：$\lambda_s = 1.15$，$0.8 < \lambda_s < 1.2$

故： $\tau_{cr} = [1 - 0.59(\lambda_s - 0.8)]f_v = [1 - 0.59 \times (1.15 - 0.8)] \times 125$ N/mm^2

$= 99.19$ N/mm^2

该加劲肋所承受的轴心力为：

$N_s = V_u - h_w t_w \tau_{cr} + F = (742.5 - 99.19 \times 900 \times 8 \times 10^{-3} + 161.2)$kN = 189.5 kN

截面积 $A_s = [(2 \times 80 + 8) \times 6 + 2 \times 8 \times 15 \times 8]$cm^2 = 29.28 cm^2

$$I_z = \frac{1}{12} \times 6 \times 168^3 \text{ cm}^4 = 237 \text{ cm}^4$$

$$i_z = \sqrt{\frac{I_z}{A}} = \sqrt{\frac{237}{29.28}} \text{ cm} = 2.845 \text{ cm}$$

$$\lambda_s = \frac{900}{28.45} = 31.63(\text{b 类截面})，查附表 4-2 得 \varphi_z = 0.931。$$

验算其在腹板平面外的稳定：

$$\frac{N_s}{\varphi_z A_z} = \frac{189.5 \times 10^3}{0.931 \times 2928} \text{ N/mm}^2 = 69.5 \text{ N/mm}^2 < f = 215 \text{ N/mm}^2(\text{满足})$$

采用次梁侧面连于主梁加劲肋时，不必验算加劲肋端部的承压强度。

支座加劲肋的验算：采用两块— 100 × 10 的板，则：

$$A_s = [(2 \times 100 + 8) \times 10 + (80 + 15 \times 8) \times 8]\text{cm}^2 = 36.8 \text{ cm}^2$$

$$I_z = \frac{1}{12} \times 10 \times (2 \times 100 + 8)^3 \text{ cm}^4 = 749.9 \text{ cm}^4$$

$$i_z = \sqrt{\frac{I_z}{A}} = \sqrt{\frac{749.9}{36.8}} \text{ cm} = 4.514 \text{ cm}$$

$$\lambda_s = \frac{900}{45.14} = 19.93(\text{c 类})，查附表 4-3 得 \varphi_z' = 0.966。$$

验算在腹板平面外的稳定：

$$\frac{N_s'}{\varphi_z' A_s} = \frac{332.4 \times 10^3}{0.966 \times 3680} \text{ N/mm}^2 = 93.5 \text{ N/mm}^2 < f = 215 \text{ N/mm}^2(\text{满足})$$

验算端部承压：

$$\sigma_{ce} = \frac{332.4 \times 10^3}{2 \times (100 - 30) \times 10} \text{ N/mm}^2 = 237.4 \text{ N/mm}^2 < f_{ce} = 325 \text{ N/mm}^2$$

计算与腹板的连接焊缝：

$$h_f \geqslant \frac{332.4 \times 10^3}{4 \times 0.7 \times (900 - 2 \times 40) \times 160} \text{ mm} = 0.9 \text{ mm}$$

取 $h_f = 6$ mm $> 1.5\sqrt{t_{max}} = 1.5 \times \sqrt{10} = 4.7$ mm。

5.8 梁的拼接、连接和支座

5.8.1 梁的拼接

梁的拼接有工厂拼接和工地拼接两种。由于钢材尺寸的限制，必须将钢材接长或拼大，这种拼接常在工厂中进行，称为工厂拼接。由于运输或安装条件的限制，梁必须分段运输，然后在工地拼装连接，这种拼接方式称为工地拼接。

型钢梁的拼接，其翼缘可采用对接直焊缝或拼接板，腹板可采用拼接板，拼接板均可采用焊接或螺栓连接。拼接位置宜放在弯矩较小处。

焊接组合梁的工厂拼接中，翼缘和腹板的拼接位置最好错开并采用对接直焊缝，如图 5-62 所示，腹板的拼接焊缝与横向加劲肋之间至少应相距 $10t_w$。对接焊缝施焊时宜加引弧板，并采用 1 级或 2 级焊缝，这样焊缝可与钢材等强。若采用 3 级焊缝，焊缝抗拉强度低于钢材的强度，需进行焊缝强度验算。若焊缝强度不足时，可采用斜焊缝，但斜焊缝连接较费料，较宽的腹板不宜采用此方法，此时可将拼接位置调整到弯矩较小处。

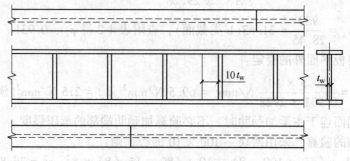

图 5-62 组合梁的工厂拼接

梁的工地拼接应使翼缘和腹板在同一截面或接近于同一截面处断开，以便分段运输。为了便于焊接，可以将上、下翼缘板均切割成向上的 V 形坡口，以便操作人员俯焊，同时为了减小焊接残余应力，将翼缘板在靠近拼接截面处的焊缝预留出约 500 mm 的长度不在工厂焊接，而在工地上按图 5-63 所示序号施焊。为了避免焊缝过分密集，可将上、下翼缘板和腹板的拼接位置略微错开，但运输单元突出部分应特别保护，以免碰损。

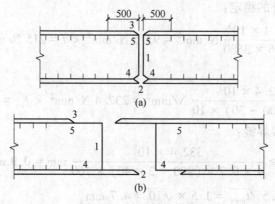

图 5-63 工地焊接拼接

对于重要的或受动力荷载作用的大型组合梁，由于现场焊接质量难以保证，工地拼接时，宜采用高强度螺栓连接，如图 5-64 所示。

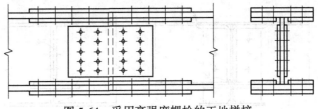

图 5-64 采用高强度螺栓的工地拼接

对用拼接板的接头，应按下列规定的内力进行计算，翼缘拼接板及其连接所承受的轴向力 N_1 为翼缘板的最大承载力为：

$$N_1 = A_{fn}f \tag{5-122}$$

式中 A_{fn}——被拼接的翼缘板净截面面积。

腹板拼接板及其连接，主要承受梁截面上的全部剪力 V，以及按刚度分配到腹板上的弯矩 $M_w = M \cdot I_w / I$，式中 I_w 为腹板的毛截面惯性矩，I 为整个梁的毛截面惯性矩。

5.8.2 梁的连接

根据次梁与主梁相对位置不同，梁的连接分为叠接和平接两种。

如图 5-65 所示，叠接是将次梁直接搁在主梁上面，用螺栓或焊缝连接，构造简单，但占有较大的建筑空间，使用受到限制。在次梁的支承处，主梁应设置支承加劲肋。图 5-65（a）是次梁为简支梁时与主梁连接的构造，而图 5-65（b）是次梁为连续梁时与主梁连接的构造。

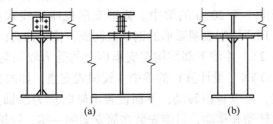

         (a)   (b)

图 5-65 次梁与主梁的叠接

平接是使次梁顶面与主梁相平或略高、略低于主梁顶面，从侧面与主梁的加劲肋或在腹板上专设的短角钢或支托相连接。平接虽构造复杂，但可降低结构高度，故在实际工程中应用较广泛。

次梁与主梁从传力效果上分为铰接和刚接两种。若次梁为简支梁，其连接为铰接，如图 5-66 所示；若次梁为连续梁，其连接为刚接，如图 5-67 所示。

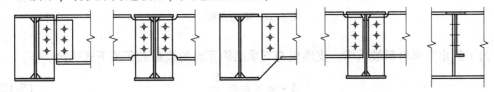

图 5-66 次梁与主梁的铰接

铰接连接需要的焊缝或螺栓数量应按次梁的反力计算，考虑到连接并非理想铰接，会有一定的弯矩作用，故计算时宜将次梁反力增加 20%~30%。

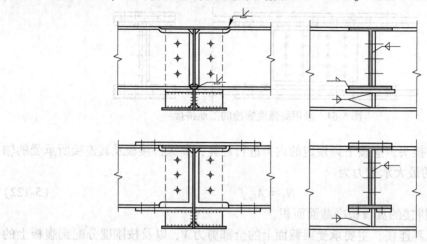

图 5-67　次梁与主梁的刚接

5.8.3　梁的支座

梁通过在砌体、钢筋混凝土柱或钢柱上的支座，将荷载传给柱或墙体，再传给基础和地基。本节主要介绍支于砌体或钢筋混凝土上的支座。

支于砌体或钢筋混凝土上的支座有三种传统形式，即平板支座、弧形支座、铰轴式支座，如图 5-68 所示。

平板支座如图 5-68（a）所示，系在梁端下面垫上钢板做成，使梁的端部不能自由移动和转动，一般用于跨度小于 20 m 的梁中。弧形支座也叫切线式支座，如图 5-68（b）所示，由厚 40~50 mm 顶面切削成圆弧形的钢垫板制成，使梁能自由转动并可产生适量的移动（摩阻系数约为 0.2），并使下部结构在支承面上的受力较均匀，常用于跨度为 20~40 m，支反力不超过 750 kN（设计值）的梁中。铰轴式支座，如图 5-68（c）所示，完全符合梁简支的力学模型，可以自由转动，下面设置滚轴时称为滚轴支座，如图 5-68（d）所示。滚轴支座能自由转动和移动，只能安装在简支梁的一端。铰轴式支座用于跨度大于40 m 的梁中。

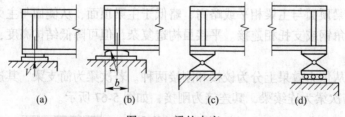

图 5-68　梁的支座

为了防止支承材料被压坏，支座板与支承结构顶面的接触面积按下式确定：

$$A = a \times b \geqslant \frac{V}{f_c}$$

(5-123)

式中 V——支座反力；

   f_c——支承材料的承压强度设计值；

   a——支座垫板的长；

   b——支座垫板的宽；

   A——支座板的平面面积。

  支座底板的厚度按均布支反力产生的最大弯矩进行计算。

  为了防止弧形支座的弧形垫块和滚轴支座的滚轴被劈裂，其圆弧面与钢板接触面（系切线接触）的承压力（劈裂应力），应满足下式的要求：

$$\sigma = \frac{25V}{2nra_1} \leqslant f \tag{5-124}$$

式中 r——弧形支座板表面半径或滚轴支座的滚轴半径，对于弧形支座，$r = 3b$；

   a——弧形表面或滚轴与平板的接触长度；

   n——滚轴个数，弧形支座，$n = 1$。

  铰轴式支座的圆柱形枢轴，当接触面中心角 $\theta \geqslant 90°$ 时，其承压应力应满足下式要求：

$$\sigma = \frac{2V}{dl} \leqslant f \tag{5-125}$$

式中 d——枢轴直径；

   l——枢轴纵向接触长度。

  在设计梁的支座时，除了保证梁端可靠、可以传递支反力并符合梁的力学计算模型外，还应与整个梁格的设计一致，采取必要的构造措施使支座有足够的水平抗震能力和防止梁端截面的侧移和扭转。

5.9 其他类型的梁

5.9.1 蜂窝梁

  将 H 形钢沿腹板的折线切割成的两部分，如图 5-69（a）所示，齿尖对齿尖焊合后，就形成一个腹板有孔洞的工字形梁，如图 5-69（b）所示，这种梁称之为蜂窝梁。与原 H 形钢相比，蜂窝梁的承载力及刚度均显著增大。工程中跨度较大的梁或檩条采用蜂窝梁，不单是追求结构的经济效益，常常还是为了方便管线穿越。

  蜂窝梁腹板上的孔洞可以做成几种不同的形状，特别以正六边形为最佳。梁高 h_2 一般为原 H 形钢高度 h_1 的 1.3 ~ 1.6 倍，相应的正六边形孔洞的边长或外接圆半径为 h_1 的 0.35 ~ 0.7 倍。

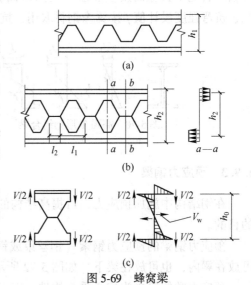

图 5-69 蜂窝梁

蜂窝梁的抗弯强度、局部承压强度、刚度和整体稳定的计算公式同实腹梁。但在计算梁的抗弯强度和整体稳定时，截面模量 W、W_x，均按孔洞处的 a—a 截面计算。由于腹板的抗剪刚度较弱，在计算梁的挠度时，剪切变形的影响不可忽视，这可在刚度验算时，取用孔洞截面 a—a 的惯性矩乘以折减系数 0.9 予以近似考虑。

剪力 V 在孔洞部分的截面上，可视为由上下两个 T 形截面各担一半，因此梁的抗剪强度可按此 T 形截面承受剪力的 $\dfrac{1}{2}$ 计算。

如图 5-69（c）所示在孔洞之间，腹板拼接处的水平截面承担的剪力为

$$V_{\mathrm{w}} = \frac{(l_1 + l_2)V}{h_0} \tag{5-126}$$

式中，h_0 近似为 T 形截面形心之间的距离。此剪力可验算腹板主体金属及焊缝水平截面的强度。

5.9.2　异种钢组合梁

对于荷载和跨度较大的钢梁，当梁的截面由抗弯强度控制时，可以将主要承受弯矩的翼缘板选用为强度较高的钢材，而主要承受剪力且常有富余的腹板则选用强度较低的钢材，以获得较好的经济效果。这种由不同种类的钢材制成的梁称之为异种钢组合梁。

对于三块钢板组成的异种钢梁，受弯时截面正应力如图 5-70 所示，当荷载较小时，梁全截面均处于弹性工作阶段，截面上的应力呈三角形分布。随着荷载的增大，翼缘附近的腹板可能首先屈服。荷载再继续增大，腹板的屈服范围将扩大，相继的，翼缘也产生屈服。设计这样的钢梁，可取翼缘板开始屈服时作为支承力的极限状态。在极限荷载和标准荷载作用下，腹板可能有部分区域发生屈服，将一般梁的截面验算公式作适当修改后方可在这里引用。

T 形高强度钢材与普通钢材腹板焊成的异种钢梁如图 5-71 所示，当 $h_1 \leqslant h_2 f_1/f_2$ 时，腹板不会先于翼缘而发生屈服。梁的截面验算可采用一般梁的公式，但钢材的抗拉、抗压、抗弯强度设计值 f 按翼缘钢材取用，抗剪强度设计值 f_{v} 按腹板钢材取用。

图 5-70　高强 T 形钢组合梁　　　　　　图 5-71　异种钢组合梁

5.9.3　预应力钢梁

在钢结构中施加预应力，可提高结构的承载力或增加结构的刚度，同时达到节省钢材的目的。

预应力钢梁的预应力钢索（钢丝束或钢筋）可以做成直线形、曲线形和折线形三种，可放在梁内，也可放在梁下，如图 5-72 所示。放在梁下效果好一些，但梁的高度较大。

预应力常使梁成为偏心受力构件，因而梁的合理截面是不对称截面，上下翼缘的面积

之比一般为 1.5~1.7。预应力梁的常用截面形式如图 5-73 所示，选用时，应尽可能使上下翼缘及预应力钢索都能充分发挥作用。为了保护预应力钢索免受损伤且易于防锈，宜把下翼缘做成封闭形，将预应力钢索置于密封的截面中。

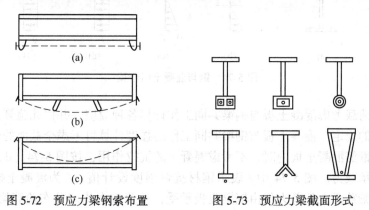

图 5-72　预应力梁钢索布置　　　图 5-73　预应力梁截面形式

在设计时需按张拉阶段和使用阶段分别验算。为了获得最好的经济效果，应该使梁的截面在各个阶段都能充分利用其承载力，并使钢索在全部荷载作用下，强度依然满足需求。

5.9.4　钢与混凝土组合梁

钢与混凝土组合梁是指钢梁和所支承的钢筋混凝土板连接成的整体工作的梁。它能充分发挥钢材的抗拉性能和混凝土的抗压性能，同时将传递楼面荷载的钢筋混凝土板作为承重梁的一部分。它与单独工作的钢梁相比，可节省钢材 20%~40%；与钢筋混凝土梁相比，省去梁的混凝土和模板，减小自重，方便安装，缩短工期，并且便于铺设管线，减少预埋件。

钢与混凝土组合梁的整体刚度比钢梁单独工作时大得多，挠度可减少 1/3~1/2。如果保持挠度不变（比如为挠度限值），则钢梁高度可减低 15%~20%，使建筑高度降低且使用空间增加。钢与混凝土组合梁一般用于工作平台和高层钢结构楼盖。在高层钢结构楼盖中，常采用以蜂窝梁、压型钢板与混凝土组合楼板构成的组合梁，以进一步节省钢材，方便施工和铺设管线。

图 5-74（a）所示的组合梁，当混凝土板与钢梁之间无抗剪件连接时，混凝土板和钢梁各自独立工作，弯曲时截面上的应力分布如图 5-74（b）所示，抗弯能力和刚度较小。实际上，非组合梁弯曲时一般均未考虑混凝土铺板的作用，抗弯承载力和刚度比图 5-74（b）所示计算图形还要低。当有可靠的抗剪连接件，板与梁整体工作时，其弹性工作阶段的应力分布图形如图 5-74（c）所示，抗弯承载力和刚度明显提高。

组合梁的计算与其施工方案有关。施工时若梁下无支撑，应分别在浇注混凝土板的施工阶段和混凝土板凝结后的使用阶段进行截面验算。在施工阶段，混凝土无强度，仅按一般方法进行钢梁的截面验算。在使用阶段，截面验算的荷载效应为施工阶段的荷载效应与使用阶段新增荷载的效应（计算后者时考虑混凝土板与钢梁共同工作）的叠加。施工时若钢梁下面设置了支撑，施工荷载在钢梁中不产生效应，不进行施工阶段的验算。在使用

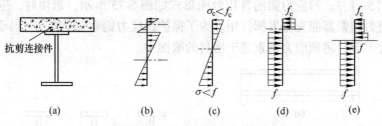

图 5-74 钢与混凝土组合梁

阶段，按全部荷载考虑混凝土板与钢梁共同工作计算各种效应，并以此验算截面。

按照标准的规定，混凝土板与钢梁共同工作的强度计算可考虑全截面的塑性发展。当塑性中和轴在钢筋混凝土板内时，不考虑混凝土的抗拉作用，按图 5-74（d）的应力图形计算梁的抗弯承载力。图 5-74 中 f 表示钢材抗弯强度设计值，f_c 为混凝土抗压强度设计值。假定组合梁截面上的剪力仅由钢梁腹板承受，按剪应力均匀分布验算梁的抗剪强度。对于组合梁的变形计算应按弹性理论进行。

抗剪连接件按钢筋混凝土板与钢梁之间的纵向剪力进行计算。

习　题

5-1　一平台的梁格布置如图 5-75 所示，辅板为预制钢筋混凝土板，焊于次梁上。设平台恒荷载的标准值（不包括梁自重）为 2.0 kN/m²，活荷载的标准值为 20 kN/m²。试选择次梁截面，钢材为 Q345 钢。

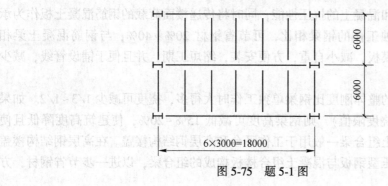

图 5-75　题 5-1 图

解：

（1）工字形钢。

（2）$W_x \geqslant \dfrac{m_x}{r_x f}$

$$q_k = (2 + 20) \times 3 \text{ kN/m} = 66 \text{ kN/m}$$

$$q = (1.2 \times 2 + 1.4 \times 20) \times 3 \text{ kN/m} = 91.2 \text{ kN/m}$$

$$M_x \geqslant \frac{1}{8} q l^2 = \frac{1}{8} \times 91.2 \times 6^2 \text{ kN} \cdot \text{m} = 410.4 \text{ kN} \cdot \text{m}$$

$$W_x \geqslant \frac{M_x}{r_x f} = \frac{410.4 \times 10^6}{1.05 \times 295} \text{ mm}^3 = 1324939 \text{ mm}^3 = 1324.939 \text{ cm}^3$$

选 I45a

$$W_x = 1433 \text{ cm}^3, \quad I_x = 32241 \text{ cm}^4$$

（3）验算：

1）强度：

$$\sigma = \frac{M_x}{r_x W_x} = \frac{410.4 \times 10^6}{1.05 \times 1433 \times 10^3} = 272.8 \text{ MPa} < 295 \text{ MPa}$$

2）挠度：

$$v = \frac{5}{384} \frac{q_k l^4}{EIx} = \frac{5}{384} \times \frac{66 \times 6000^4}{2.06 \times 10^5 \times 32241 \times 10^4} = 16.77 \text{ mm} > [v] = 15 \text{ mm}$$

重选 I50a

$$I_x = 46472 \text{ cm}^4$$

$$v = \frac{5}{384} \frac{q_k l^4}{EIx} = \frac{5}{384} \times \frac{66 \times 6000^4}{2.06 \times 10^5 \times 46472 \times 10^4}$$

3）整稳：不必计算。

4）局稳：因为是型钢，不必验算。

5-2 选择一悬挂电动葫芦的简支轨道梁的截面，跨度为 6 m；电动葫芦的自重为 6 kN，起重能力为 30 kN（均为标准值），钢材用 Q235-B 钢。（无答案）

注：悬吊重和葫芦自重可作为集中荷载考虑。另外，考虑葫芦轮子对轨道梁下翼缘的磨损，梁截面模量和惯性矩应乘以折减系数 0.9。

5-3 如图 5-76（a）所示的简支梁，其截面为不对称工字形，如图 5-76（b）所示，材料为 Q235-B 钢；梁的中点和两端均有侧向支承；在集中荷载（未包括梁自重）$F = 160$ kN（设计值）的作用下，梁能否保证其整体稳定性？

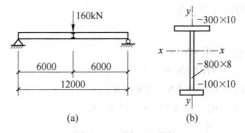

图 5-76 题 5-76 图

解：

（1）计算梁自重。

$$A = (30 \times 1 + 80 \times 0.8 + 10 \times 1) \text{cm}^2 = 104 \text{ cm}^2$$

$$q = 104 \times 10^{-4} \times 76.98 \text{ kN/m} = 0.8 \text{ kN/m}$$

$$M_{max} = \gamma_G \frac{ql^2}{8} + \frac{Pl}{4} = \left(1.2 \times \frac{0.8 \times 12^2}{8} + \frac{160 \times 12}{4}\right) \text{kN} \cdot \text{m} = 497.3 \text{ kN} \cdot \text{m}$$

（2）计算中和轴位置。

$$y_1 = \left(\frac{80 \times 0.8 \times 40.5 + 10 \times 1 \times 81}{30 \times 1 + 80 \times 0.8 + 10 \times 1} + 0.5\right) \text{cm} = 33.2 \text{ cm}$$

$$I_x = \left[\frac{1}{12} \times 0.8 \times 80^3 + (82/2 - 33.2)^2 \times 80 \times 0.8 + 30 \times 1 \times (33.2 - 0.5)^2 + 10 \times 1 \times (48.8 - 0.5)^2\right] \text{cm}^4$$

$$= 93440 \text{ cm}^4$$

$$W_x = \frac{I_x}{y_1} = \frac{93440}{33.2} \text{ cm}^3 = 2810 \text{ cm}^3$$

（3）求 φ_b。

查附表 3-1，得 $\beta_b = 1.75$。

$$I_y = \frac{1}{12} \times (1 \times 30^3 + 1 \times 10^3) \, \text{cm}^4 = 2330 \, \text{cm}^4$$

$$i_y = \sqrt{\frac{I_y}{A}} = \sqrt{\frac{2330}{104}} \, \text{cm} = 4.7 \, \text{cm}$$

$$\lambda_y = l_1/i_y = 600/4.7 = 127.7$$

$$\alpha_b = I_1/(I_1 + I_2) = \frac{(1 \times 30^3)/12}{2330} = 0.96$$

$$\eta_b = 0.8(2\alpha_b - 1) = 0.8 \times (2 \times 0.96 - 1) = 0.74$$

$$\varphi_b = \beta_b \times \frac{4320}{\lambda_y^2} \times \frac{Ah}{W_x} \times \left[\sqrt{1 + \left(\frac{\lambda_y t_1}{4.4h}\right)^2} + \eta_b \right] \times \frac{235}{f_y}$$

$$= 1.75 \times \frac{4320}{127.7^2} \times \frac{104 \times 82}{2810} \times \left[\sqrt{1 + \left(\frac{127.7 \times 1}{4.4 \times 82}\right)^2} + 0.74 \right] \times \frac{235}{235}$$

$$= 2.5 > 0.6$$

$$\varphi_b' = 1.07 - \frac{0.282}{\varphi_b} = 1.07 - \frac{0.282}{2.5} = 0.957$$

（4）梁整体稳定计算。

$$\frac{M}{\varphi_b W_x} = \frac{497.3 \times 10^6}{0.957 \times 2810 \times 10^3} = 184.9 \, \text{MPa} < f = 215 \, \text{MPa（满足）}$$

5-4 设计习题 5-1 的中间主梁（焊接组合梁），包括选择截面、计算翼缘焊缝、确定腹板加劲肋的间距。钢材为 Q345 钢，E50 型焊条（手工焊）。

解：

$$q_k = 66 \, \text{kN/m}$$

$$q = 91.2 \, \text{kN/m}$$

$$F_k = 66 \times 6 \, \text{kN} = 396 \, \text{kN}$$

$$F = 91.2 \times 6 \, \text{kN} = 547.2 \, \text{kN}$$

$$V = \frac{5}{2} \times 547.2 \, \text{kN} = 1368 \, \text{kN}$$

$$M = [1368 \times 9 - 547.2 \times (6 + 3)] \text{kN} \cdot \text{m} = 7387.2 \, \text{kN} \cdot \text{m}$$

$$W_x \geq \frac{M_x}{r_x f} = \frac{7387.2 \times 10^6}{1.05 \times 295} \, \text{mm}^3 = 23849 \times 10^3 \, \text{mm}^3$$

（1）试选截面。

$$h_{\min} = \frac{f}{1.34 \times 10^6} \times \frac{l^2}{[V_T]} = \frac{295}{1.34 \times 10^6} \times 400 \times 18000 \, \text{mm}$$

$$= 1585 \, \text{mm}$$

$$h_e = 2W_x^{0.4} = 2 \times (23849 \times 10^3)^{0.4} \, \text{mm} = 1786 \, \text{mm}$$

取梁腹板高 $h_0 = 1700 \, \text{mm}$

$$t_w \geq 1.2 \frac{V_{\max}}{h_0 f_v} = 1.2 \times \frac{1368 \times 10^3}{1700 \times 170} \, \text{mm} = 5.7 \, \text{mm}$$

$$t_w = \sqrt{h_0}/3.5 = 11.8 \, \text{mm}$$

取 $t_w = 12 \, \text{mm}$

翼缘 $A_f = \dfrac{W_x}{h_0} - \dfrac{t_w h_0}{6} = \left(\dfrac{23849 \times 10^3}{1700} - \dfrac{12 \times 1700}{6} \right)$ mm $= 10629$ mm

$b_f = h/5 \sim h/3 = 1700/5 \sim 1700/3 = (340 \sim 567)$ mm

取 $b_f = 500$ mm

则 $t_f = 10629/500$ mm $= 21.2$ mm

取 $t_f = 24$ mm

（2）强度验算。

$$S_x = \left(\dfrac{1700}{2} \times 12 \times \dfrac{1700}{4} + 500 \times 24 \times 862 \right) \text{mm}^3 = 1.468 \times 10^7 \text{ mm}^3$$

$$I_x = \dfrac{1}{12}(500 \times 1748^3 - 488 \times 1700^3)\text{mm}^4 = 2.27 \times 10^{10} \text{ mm}^4$$

$$W_x = I_x/(h/2) = 2.27 \times 10^{10}/874 \text{ mm}^3 = 2.597 \times 10^7 \text{ mm}^3$$

$$A = (500 \times 24 \times 2 + 1700 \times 12)\text{mm}^2 = 44400 \text{ mm}^2$$

$$\sigma = \dfrac{M_x}{r_x W_x} = \dfrac{7387.2 \times 10^6}{1.05 \times 2.597 \times 10^7} \text{ MPa} = 270.9 \text{ MPa} < f = 295 \text{ MPa}$$

$$\tau = \dfrac{V_{\max} s}{I_x \cdot t_w} = \dfrac{1368 \times 10^3 \times 1.468 \times 10^7}{2.27 \times 10^{10} \times 12} \text{ MPa} = 73.7 \text{ MPa} < F_v = 170 \text{ MPa}$$

（3）整稳验算。$h/b_1 = 3000/500 = 6 < 16$，不需验算。

（4）刚度验算。

（5）翼缘和腹板的连接焊缝计算。

（6）主梁加劲肋设计。

$$h_0/t_w = 1700/12 = 142$$

$80 < 170$，宜设置横向加劲肋

$$\left(\dfrac{\sigma}{\sigma_{cr}} \right)^2 + \dfrac{\sigma_c}{\sigma_{c,cr}} + \left(\dfrac{\tau}{\tau_{cr}} \right)^2 \leqslant 1$$

间距 $a \geqslant 0.5 h_0 = 0.5 \times 1700$ mm $= 850$ mm $< 2 h_0 = 2 \times 1700$ mm $= 3400$ mm

取 $a = 3000$ mm，设在集中荷载作用处。

$$q_k = \dfrac{5 \times F_k}{18} = \dfrac{5 \times 396}{18} \text{ kN/m} = 110 \text{ kN/m}$$

$$v = \dfrac{5}{384} \cdot \dfrac{q_k l^4}{E I_x} = \dfrac{5}{384} \times \dfrac{110 \times 18000^4}{2.06 \times 10^5 \times 2.27 \times 10^{10}} \text{ mm} = 32 \text{ mm} < [v] = \dfrac{l}{400} = \dfrac{18000}{400} \text{ mm} = 45 \text{ mm}$$

$$h_f \geqslant \dfrac{V_{S_1}}{1.4 I_x f_f^w} = \dfrac{1368 \times 10^3 \times (500 \times 24 \times 862)}{1.4 \times 2.27 \times 10^{10} \times 200} \text{ mm} = 2.2 \text{ mm}$$

取 $h_f \geqslant 8$ mm $\geqslant 1.5\sqrt{t_{\max}} = 1.5\sqrt{24}$ mm $= 7.3$ mm

Ⅰ区格：$v_Ⅰ = 1368$ kN

$$M_Ⅰ = 1368 \times 1.5 \text{ kN} \cdot \text{m} = 2052 \text{ kN} \cdot \text{m}$$

$$\sigma_Ⅰ = \dfrac{m M_Ⅰ}{W_x} \cdot \dfrac{h_0}{h} = \dfrac{2052 \times 10^6}{2.597 \times 10^7} \times \dfrac{1700}{1748} \text{ MPa} = 76.8 \text{ MPa}$$

$$\tau_Ⅰ = \dfrac{V_Ⅰ}{h_0 t_w} = \dfrac{1368 \times 10^3}{1700 \times 12} \text{ MPa} = 67.1 \text{ MPa}$$

Ⅱ区格：$V_Ⅱ = 820.8$ kN

$$M_Ⅱ = (1368 \times 4.5 - 547.2 \times 1.5)\text{kN} \cdot \text{m} = 5335.2 \text{ kN} \cdot \text{m}$$

$$\sigma_{\mathrm{II}} = \frac{M_{\mathrm{II}}}{W_x} \cdot \frac{h_0}{h} = 76.8 \times \frac{5335.2}{2052}\mathrm{MPa} = 199.68\ \mathrm{MPa}$$

$$\tau_{\mathrm{II}} = \frac{820 \times 8 \times 10^3}{1700 \times 12}\mathrm{MPa} = 40.24\ \mathrm{MPa}$$

Ⅲ区格：$V_{\mathrm{III}} = 273.6\ \mathrm{kN}$

$$M_{\mathrm{III}} = [1368 \times 7.5 - 547.2 \times (4.5 + 1.5)]\mathrm{kN} \cdot \mathrm{m} = 6976.8\ \mathrm{kN} \cdot \mathrm{m}$$

$$\sigma_{\mathrm{III}} = 76.8 \times \frac{6976.8}{2052}\mathrm{MPa} = 261.12\ \mathrm{MPa}$$

$$\tau_{\mathrm{III}} = \frac{273.6 \times 10^3}{1700 \times 12}\mathrm{MPa} = 13.41\ \mathrm{MPa}$$

计算 σ_{cr}、τ_{cr}：

$$\lambda_{\mathrm{b}} = \frac{h_0/t_{\mathrm{w}}}{177} \cdot \sqrt{\frac{f_{\mathrm{y}}}{235}} = \frac{1700/12}{177} \times \sqrt{\frac{345}{234}} = 0.97$$

$$0.85 < \lambda_{\mathrm{b}} < 1.25$$

$$\sigma_{\mathrm{cr}} = [1 - 0.75(\lambda_{\mathrm{b}} - 0.85)]f = [1 - 0.75(0.97 - 0.85)] \times 295\ \mathrm{MPa} = 268.45\ \mathrm{MPa}$$

$$a/h_0 = 3000/1700 = 1.77 > 1.0$$

$$\lambda_{\mathrm{s}} = \frac{h_0/t_{\mathrm{w}}}{41\sqrt{5.34 + 4(h_0/a)^2}} \cdot \sqrt{\frac{f_{\mathrm{y}}}{235}} = \frac{1700/12}{41\sqrt{5.34 + 4\left(\frac{1700}{3000}\right)^2}} \times \sqrt{\frac{345}{235}} = 1.627 > 1.2$$

$$\tau_{\mathrm{cr}} = 1.1f_{\mathrm{v}}/\lambda_{\mathrm{s}}^2 = 1.1 \times 170/1.627^2\ \mathrm{MPa} = 70.6\ \mathrm{MPa}$$

Ⅰ区格：$\left(\dfrac{76.8}{268.45}\right)^2 + \left(\dfrac{67.1}{70.6}\right)^2 = 0.082 + 0.903 = 0.985 < 1$

Ⅱ区格：$\left(\dfrac{199.68}{268.45}\right)^2 + \left(\dfrac{40.24}{70.6}\right)^2 = 0.553 + 0.325 = 0.878 < 1$

Ⅲ区格：$\left(\dfrac{261.12}{268.45}\right)^2 + \left(\dfrac{13.41}{70.6}\right)^2 = 0.946 + 0.036 = 0.985 < 1$

横向加劲肋尺寸：

$$b_{\mathrm{s}} \geqslant \frac{h_0}{30} + 40 = \left(\frac{1700}{30} + 40\right)\mathrm{mm} = 97\ \mathrm{mm}, \ \text{取}\ 140\ \mathrm{mm}$$

$$t_{\mathrm{s}} \geqslant \frac{b_{\mathrm{s}}}{15} = \frac{140}{15}\mathrm{mm} = 9.3\ \mathrm{mm}, \ \text{取}\ 10\ \mathrm{mm}$$

$$I_z = \left[\frac{1}{12} \times 10 \times 140^3 + 140 + 140 \times 10 \times \left(\frac{140}{2} + \frac{12}{2}\right)^2\right]\mathrm{mm}^4$$

$$= 10.4 \times 10^6\ \mathrm{mm}^4 > 3h_0t_{\mathrm{w}}^3 = 3 \times 1700 \times 12^3\ \mathrm{mm}^4 = 8.8 \times 10^6\ \mathrm{mm}^4$$

中部支承加劲肋：

$$N = \left(1368 + 547.2 - \frac{70.6 \times 1700 \times 12}{1000}\right)\mathrm{kN} = 475.2\ \mathrm{kN}$$

$$A = (2 \times 140 \times 10 + 360 \times 12)\mathrm{mm}^2 = 7120\ \mathrm{mm}^2$$

$$I_z = \frac{1}{12} \times 10 \times (140 \times 2 + 12)^3\ \mathrm{mm}^4 = 2.07 \times 10^7\ \mathrm{mm}^4$$

$$I_2 = \sqrt{\frac{I_z}{A}} = 53.9\ \mathrm{mm}$$

$$\lambda_2 = 1700/53.9 = 32 \rightarrow \varphi_2 = 0.929$$

$$\frac{N}{\varphi_2 A} = \frac{475.2 \times 10^3}{0.929 \times 7120} \text{ MPa} = 71.8 \text{ MPa} < f = 295 \text{ MPa}$$

支座支承加劲肋验算：

$$N = \left(1368 + \frac{547.2}{2}\right) \text{kN} = 1641.6 \text{ kN}$$

采用 180×16 板

$$A = [2 \times 180 \times 16 + (180 + 100) \times 12] \text{ mm}^2 = 9120 \text{ mm}^2$$

$$I_z = \frac{1}{12} \times 16 \times (180 \times 2 + 12)^3 \text{ mm}^4 = 6.86 \times 10^7 \text{ mm}^4$$

$$I_2 = \sqrt{\frac{I_z}{A}} = \sqrt{\frac{6.86 \times 10^7}{9120}} \text{ mm} = 86.7 \text{ mm}$$

$$\lambda_2 = 1700/86.7 = 20 \rightarrow \varphi_2 = 0.970$$

$$\frac{N}{\varphi A} = \frac{1641.6 \times 10^3}{0.970 \times 9120} \text{ MPa} = 185.6 \text{ MPa} < f = 295 \text{ MPa}$$

$$\sigma_{ce} = \frac{1641.6 \times 10^3}{2(180 - 40) \times 16} \text{ MPa} = 366.4 \text{ MPa} < f_{ce} = 400 \text{ MPa}$$

$$h_f \geqslant \frac{1641.6 \times 10^3}{4 \times 0.7 \times (1700 - 2 \times 50) \times 200} \text{ mm} = 1.8 \text{ mm}, \text{用 6 mm} \geqslant 1.5\sqrt{16} = 6 \text{ mm}$$

5-5 根据习题 5-1 和习题 5-4 所给定条件和所选定的主、次梁截面，设计次梁与主梁连接（用等高的平接），并按 1∶10 比例尺绘制连接构造图。（无答案）

参 考 文 献

[1] 中华人民共和国住房和城乡建设部. GB 50017—2017 钢结构设计标准 [S]. 北京：中国建筑工业出版社，2017.

[2] 中华人民共和国住房和城乡建设部. GB 55001—2021 工程结构通用规范 [S]. 北京：中国建筑工业出版社，2021.

[3] 中华人民共和国住房和城乡建设部. GB 55004—2021 组合结构通用规范 [S]. 北京：中国建筑工业出版社，2021.

[4] 中华人民共和国住房和城乡建设部. GB 55002—2021 建筑与市政工程抗震通用规范 [S]. 北京：中国建筑出版社，2021.

[5] 中华人民共和国住房和城乡建设部. GB 55007—2021 砌体结构通用规范 [S]. 北京：中国建筑工业出版社，2021.

[6] 中华人民共和国住房和城乡建设部. GB 50016—2014 建筑设计防火规范 [S]. 北京：中国计划出版社，2018.

[7] 中华人民共和国住房和城乡建设部. GB 50352—2019 民用建筑设计统一标准 [S]. 北京：中国建筑工业出版社，2019.

[8] 龙驭球，包世华. 结构力学 I——基本教程 [M]. 3 版. 北京：高等教育出版社，2012.

6 拉弯和压弯构件

【学习重点】 实腹式压弯构件的弯矩作用平面内稳定、弯矩作用平面外稳定和局部稳定计算，格构式压弯构件的稳定计算。

【学习难点】 复杂受力状态下各类连接的设计计算。

【大纲要求】

(1) 了解拉弯和压弯构件的应用和截面形式。

(2) 了解压弯构件整体稳定的基本原理；掌握其计算方法。

(3) 了解实腹式压弯构件局部稳定的基本原理；掌握其计算方法。

(4) 掌握拉弯和压弯的强度和刚度计算。

(5) 掌握实腹式压弯构件设计方法及其主要的构造要求。

【能力要求】

(1) 建立拉弯构件与压弯构件的概念；

(2) 了解拉压弯构件的破坏形式；

(3) 了解设计计算的内容。

【规范主要内容】

(1) 截面强度计算；

(2) 构件的稳定性计算；

(3) 框架柱的计算长度；

(4) 压弯构件的局部稳定和屈曲后强度；

(5) 承受次弯矩的桁架杆件。

【序言】 本章介绍了拉弯和压弯构件的计算原理、构造措施和设计方法。具体内容包括：拉弯和压弯构件的强度和刚度计算，实腹式压弯构件的弯矩作用平面内稳定、弯矩作用平面外稳定和局部稳定计算，格构式压弯构件的稳定计算，框架柱计算长度计算方法，拉弯和压弯构件的设计方法。

6.1 概　　述

如图 6-1、图 6-2 所示，同时承受轴向力和弯矩的构件称为压弯（或拉弯）构件，也常称为偏心受拉或偏心受压构件。弯矩可能由轴向力的偏心作用、端弯矩作用或横向荷载作用三种因素形成。当弯矩作用在截面的一个主轴平面内时称为单向压弯（或拉弯）构件，作用在两主轴平面的称为双向压弯（或拉弯）构件。

钢结构中，拉弯和压弯构件的应用十分广泛，例如有节间荷载作用的桁架上下弦杆，受风荷载作用的墙架柱以及天窗架的侧立柱等。

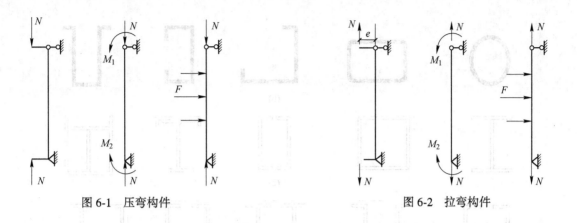

图 6-1 压弯构件   图 6-2 拉弯构件

相对而言，压弯构件要比拉弯构件在钢结构中应用得更加广泛，如工业建筑中的厂房框架柱（图 6-3）、多层（或高层）建筑中的框架柱（图 6-4）以及海洋平台的立柱等。它们不仅要承受上部结构传下来的轴向压力，同时还承受弯矩和剪力作用。

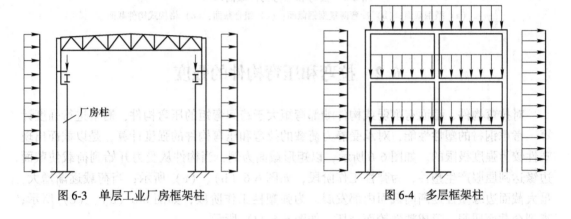

图 6-3 单层工业厂房框架柱   图 6-4 多层框架柱

拉弯和压弯构件按其截面形式分为实腹式构件和格构式构件两种。常用的截面形式有热轧型钢截面、冷弯薄壁型钢截面和组合截面，如图 6-5 所示。

设计拉弯和压弯构件时，与轴心受力构件一样，应同时满足承载能力极限状态和正常使用极限状态的要求。拉弯构件需要计算其强度和刚度（限制长细比）；对压弯构件，则需要计算强度、整体稳定（弯矩作用平面内稳定和弯矩作用平面外稳定）以及局部稳定和刚度（限制长细比）。

拉弯构件的容许长细比与轴心拉杆相同（表 4-1）；压弯构件的容许长细比与轴心压杆相同（表 4-2）。

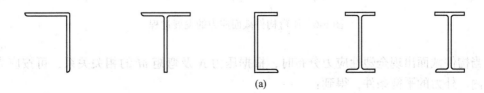

(a)

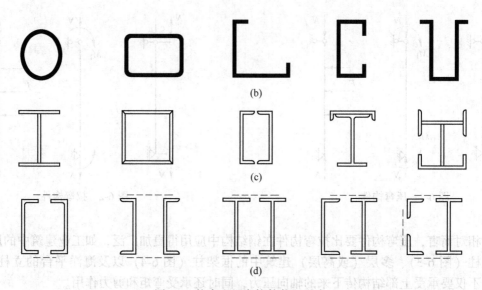

图 6-5　拉弯和压弯构件截面形式

（a）型钢截面；（b）冷弯薄壁型钢截面；（c）组合截面；（d）格构式构件截面

6.2　拉弯和压弯构件的强度

对拉弯构件、截面有削弱或构件端部弯矩大于跨间弯矩的压弯构件，需要进行强度计算。考虑钢材的塑性性能，对承受静力荷载的拉弯和压弯构件的强度计算，是以截面出现塑性铰为强度极限的。如图 6-6 所示，以矩形截面为例，当构件从受力开始到荷载使截面边缘达到屈服产生塑性，为弹性工作阶段，如图 6-6（b）、（c）所示；当荷载逐渐增大，最大截面边缘塑性逐渐向截面内部发展，为弹塑性工作阶段，如图 6-6（d）、（e）所示；直到全截面屈服，形成塑性铰而破坏，如图 6-6（f）所示。

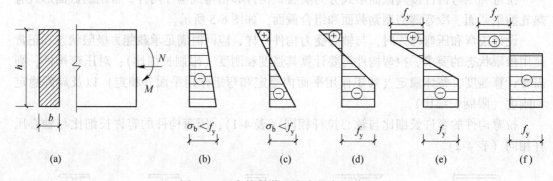

图 6-6　压弯构件截面应力的发展过程

当构件截面出现全塑性应力分布时，根据压力 N 及弯矩 M 的相关关系，可按应力分布和内、外力的平衡条件，得到：

单向拉弯或压弯构件计算公式为：

$$\frac{N}{A_n} \pm \frac{M_x}{\gamma_x W_{nx}} \leqslant f \tag{6-1}$$

双向弯曲的拉弯或压弯构件，除圆管截面外其计算公式为：

$$\frac{N}{A_n} \pm \frac{M_x}{\gamma_x W_{nx}} \pm \frac{M_y}{\gamma_y W_{ny}} \leqslant f \tag{6-2}$$

式中　A_n——净截面面积；

W_{nx}，W_{ny}——对 x 轴和 y 轴的净截面模量；

γ_x，γ_y——截面塑性发展系数，其取值的具体规定如表 5-1 所示。

当压弯构件受压翼缘的自由外伸宽度与其厚度之比 $13\sqrt{235/f_y} < b/t \leqslant 15\sqrt{235/f_y}$ 时或需验算疲劳强度的拉弯压弯构件，应取 $\gamma_x = 1.0$。

直接承受动力荷载的构件，不考虑塑性发展，取 $\gamma_x = \gamma_y = 1.0$。

注：单向拉弯或压弯构件计算公式的推导如下。

如图 6-7 所示，以矩形截面为例，并考虑由于纯压力或拉力达到塑性时 $\eta = 0$、$M_{px} = 0$，$N_p = bhf_y$ 或达到最大弯矩出现塑性铰时 $\eta = \frac{1}{2}$，$N = 0$，$M_{px} = \frac{bh^2}{4}f_y$，得：

$$N = (1 - 2\eta)bhf_y = N_p(1 - 2\eta)$$

$$M_x = \eta bh(h - \eta h)f_y = \frac{bh^2}{4}f_y(4\eta - 4\eta^2) = M_{px}[4\eta - (2\eta)^2]$$

$$\frac{N}{N_p} = 1 - 2\eta$$

$$\frac{M_x}{M_{px}} = 2(2\eta) - (2\eta)^2$$

消去 η，得：

$$\left(\frac{N}{N_p}\right)^2 + \frac{M_x}{M_{px}} = 1$$

这就是矩形截面拉弯或压弯构件的弯矩与轴力的相关关系式。

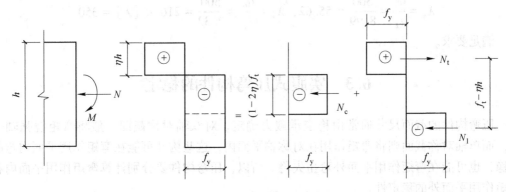

图 6-7　截面全塑性应力分布

为了便于计算，同时考虑到分析中没有考虑附加挠度的不利影响，标准偏安全地采用

直线式相关公式，即用一条斜直线代替曲线，其表达式为

$$\frac{N}{N_p} + \frac{M_x}{M_{px}} = 1$$

同时考虑控制塑性发展区在 $0.1251h \sim 0.15h$ 范围内，并以不超过 0.15 倍截面高度来采用塑性发展系数。于是以 $N_p = A_n f_y$、$M_{px} = \gamma_x W_{nx} f_y$ 代入上式，并引入抗力分项系数，可得单向拉弯或压弯构件计算公式，如式（6-1）所示。

【例 6-1】 如图 6-8 所示的拉弯构件，承受横向均布荷载设计值 $q = 13\ kN/m$，轴向拉力设计值 $N = 330\ kN$，截面为 I22a，无削弱，材料为 Q235 钢。试验算其强度和刚度条件。

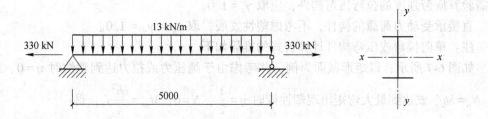

图 6-8 例 6-1 图

【解】 查附表 7-1，I22a 的截面特征为：截面积 $A = 42.1\ cm^2$，自重为 $0.33\ kN/m$，$W_x = 310\ cm^3$，$i_x = 8.99\ cm$，$i_y = 2.32\ cm$。

构件的最大弯矩设计值为：

$$M_x = \frac{1}{8}ql^2 = \frac{1}{8} \times (13 + 0.33 \times 1.2) \times 5^2\ kN \cdot m = 41.86\ kN \cdot m$$

强度验算：

$$\frac{N}{A_n} + \frac{M_x}{\gamma_x W_{nx}} = \left(\frac{330 \times 10^3}{42.1 \times 10^2} + \frac{41.86 \times 10^6}{1.05 \times 310 \times 10^3}\right)N/mm^2 = 207\ N/mm^2 < f = 215\ N/mm^2$$

刚度验算：

$$\lambda_x = \frac{l_{0x}}{i_x} = \frac{500}{8.99} = 55.62, \quad \lambda_y = \frac{l_{0y}}{i_y} = \frac{500}{2.32} = 216 < [\lambda] = 350$$

满足要求。

6.3 实腹式压弯构件的稳定

压弯构件的截面尺寸通常由稳定承载力确定。对双轴对称截面一般将弯矩绕强轴作用，而单轴对称截面则将弯矩作用在对称轴平面内，这些构件可能在弯矩作用平面内弯曲失稳，也可能在弯矩作用平面外弯扭失稳。所以，压弯构件要分别计算弯矩作用平面内和弯矩作用平面外的稳定性。

单向压弯构件的整体失稳分为弯矩作用平面内和弯矩作用平面外两种情况。双向压弯构件则只有弯扭失稳一种可能。

6.3.1 弯矩作用平面内的稳定

对于抵抗弯扭变形能力很强的压弯构件，或者构件有足够的侧向支承以阻止其发生弯扭变形的压弯构件，以弯矩作用平面内发生整体失稳作为其承载能力极限状态。

确定压弯构件弯矩作用平面内极限承载力的方法分为两大类：一类是边缘屈服准则的计算方法，通过建立轴力和弯矩的相关公式来求解压弯构件弯矩作用平面内的极限承载力；另一类是最大强度准则的计算方法，即采用解析法或精确度较高的数值法直接求解压弯构件弯矩作用平面内的极限荷载。压弯构件在弯矩作用平面内的相关设计计算公式由截面受压边缘纤维屈服为基准所得的相关公式修正而来。

6.3.1.1 边缘屈服准则

对弯矩沿杆长均匀分布的两端铰支压弯构件（图6-9），按边缘屈服准则推导的极限承载公式为：

$$\frac{N}{\varphi_x A} + \frac{M_x}{W_{1x}\left(1 - \varphi_x \dfrac{N}{N_{Ex}}\right)} \leqslant f_y \tag{6-3}$$

式中 N——所计算构件段范围内的轴心压力；

φ_x——弯矩作用平面内的轴心受压稳定系数；

M_x——所计算构件段范围内的最大弯矩；

N_{Ex}——欧拉临界力；

W_{1x}——弯矩作用平面内最大受压纤维的毛截面模量。

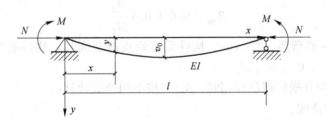

图6-9 压弯构件受荷挠曲形式

6.3.1.2 最大强度准则

边缘纤维屈服准则是基于构件截面最边缘纤维刚屈服时构件即失去承载能力而发生破坏，适用于格构式构件。对于实腹式压弯构件，当受压最大边缘刚开始屈服时，截面尚有较大的强度储备，容许截面塑性的继续发展。因此若要反映构件的实际受力情况，宜采用最大强度准则，即以具有各种初始缺陷的构件为计算模型，求解其极限承载能力。

在第4章中，曾介绍了具有初始缺陷（初弯曲、初偏心和残余应力）的轴心受压构件的稳定计算方法。实际上，考虑初弯曲和初偏心的轴心受压构件就是压弯构件，只不过第4章中弯矩是由偶然因素引起，主要考虑的内力是轴心压力。

《钢结构设计标准》采用数值计算方法，考虑构件存在 $l/1000$ 的初弯曲和实测的残余应力分布，得到近200条压弯构件极限承载力曲线。此外，标准借用弹性压弯构件边缘纤维屈服时计算公式的形式，但在计算弯曲应力时考虑截面的塑性发展和二阶弯矩，利用数值方法得出了比较符合实际又能满足工程精度要求的近似相关公式：

$$\frac{N}{\varphi_x A} + \frac{M_x}{W_{px}\left(1 - 0.8\dfrac{N}{N_{Ex}}\right)} \leqslant f_y \qquad (6\text{-}4)$$

式中　W_{px}——截面塑性模量。

6.3.1.3　标准规定的压弯构件弯矩作用平面内整体稳定的计算公式

式（6-4）仅适用于弯矩沿杆长为均匀分布的两端铰接压弯构件。当弯矩为非均匀分布时，构件的实际承载能力将比由上式算得的值高。为了把式（6-4）推广应用于其他荷载作用时的压弯构件，可用等效弯矩 $\beta_{mx}M_x$（M_x 为最大弯矩，$\beta_{mx} \leqslant 1$）代替公式中的 M_x 来考虑这种有利因素。另外，考虑部分塑性深入截面，采用 $W_{px} = \gamma_x W_{1x}$，并引入抗力分项系数，即得到标准所采用的实腹式压弯构件在弯矩作用平面内的稳定计算式：

$$\frac{N}{\varphi_x A} + \frac{\beta_{mx}M_x}{\gamma_x W_{1x}\left(1 - 0.8\dfrac{N}{N'_{Ex}}\right)} \leqslant f \qquad (6\text{-}5)$$

$$N'_{Ex} = \pi^2 EA/(1.1\lambda_x^2)$$

式中　N'_{Ex}——参数，为欧拉临界力除以抗力分项系数 γ_R（不分钢种，取 $\gamma_R = 1.1$）；

　　　　β_{mx}——等效弯矩系数。

β_{mx} 按下列规定采用：

（1）无侧移框架柱和两端支承的构件：

1）无横向荷载作用时，β_{mx} 应按下式计算：

$$\beta_{mx} = 0.6 + 0.4\frac{M_2}{M_1}$$

式中　M_1，M_2——端弯矩，$N \cdot mm$，构件无反弯点时取同号；构件有反弯点时取异号，$|M_1| \geqslant |M_2|$。

2）无端弯矩但有横向荷载作用时，β_{mx} 应按下列公式计算：

跨中单个集中荷载：

$$\beta_{mx} = 1 - 0.36N/N_{cr}$$

全跨均布荷载：

$$\beta_{mx} = 1 - 0.18N/N_{cr}$$

$$N_{cr} = \frac{\pi^2 EI}{(\mu l)^2}$$

式中　N_{cr}——弹性临界力，N；

　　　　μ——构件的计算长度系数，按附表 5-1 取值。

3）端弯矩和横向荷载同时作用时，式（6-5）的 $\beta_{mx}M_x$ 应按下式计算：

$$\beta_{mx}M_x = \beta_{mqx}M_{qx} + \beta_{mlx}M_1$$

式中　M_{qx}——横向荷载产生的弯矩最大值，$N \cdot mm$；

　　　　β_{mlx}——取按本条第一款第一项计算的等效弯矩系数。

（2）有侧移框架柱和悬臂构件，等效弯矩系数 β_{mx} 应按下列规定采用：

1）除本款第 2 项规定之外的框架柱，β_{mx} 应按下式计算：

$$\beta_{mx} = 1 - 0.36 N/N_{cr}$$

2）有横向荷载的柱脚铰接的单层框架柱和多层框架的底层柱，$\beta_{mx} = 1.0$；

3）自由端作用有弯矩的悬臂柱，β_{mx} 应按下式计算：

$$\beta_{mx} = 1 - 0.36(1 - m) N/N_{cr}$$

式中　m——自由端弯矩与固定端弯矩之比，当弯矩图无反弯点时取正号，有反弯点时取负号。

6.3.2 弯矩作用平面外的稳定

开口薄壁截面压弯构件的抗扭刚度及弯矩作用平面外的抗弯刚度通常较小，当构件在弯矩作用平面外没有足够的支承以阻止其产生侧向位移和扭转时，构件可能因弯扭屈曲而破坏。

对于两端简支的双轴对称实腹式截面的压弯构件，当两端受轴心压力和等弯矩作用时，根据弹性稳定理论，构件发生弯扭失稳时，其临界条件为：

$$\left(1 - \frac{N}{N_{Ey}}\right)\left(1 - \frac{N}{N_{Ey}} \cdot \frac{N_{Ey}}{N_z}\right) - \left(\frac{M_x}{M_{crx}}\right)^2 = 0$$

式中　N_{Ey}——构件轴心受压时对弱轴（y 轴）的弯曲屈曲临界力，即欧拉临界力；

　　　N_z——构件轴心受压时绕纵轴的扭转屈曲临界力；

　　　M_{crx}——构件受对 x 轴的均布弯矩作用时的弯扭屈曲临界弯矩。

以 N_z/N_{Ey} 的不同比值代入上式，可以绘出 N/N_{Ey} 和 M_x/M_{crx} 之间的相关曲线，如图 6-10 所示。

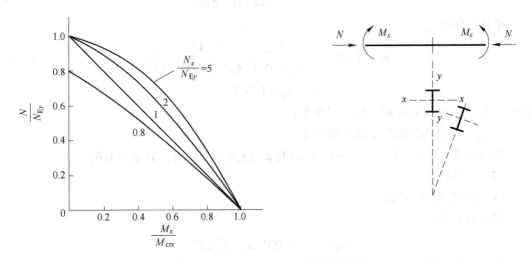

图 6-10　N/N_{Ey} 和 M_x/M_{crx} 的相关曲线

这些曲线与 N_z/N_{Ey} 的比值有关，N_z/N_{Ey} 值越大，曲线越外凸。对于钢结构中常用的双轴对称工字形截面，其 N_z/N_{Ey} 总是大于 1.0，若偏安全地取 $N_z/N_{Ey} = 1.0$，则可得如下线性相关方程：

$$\frac{N}{N_{Ey}} + \frac{M_x}{M_{crx}} = 1 \tag{6-6}$$

　　理论分析和试验研究表明，它同样适用于弹塑性压弯构件的弯扭屈曲计算，而且对于单轴对称截面的压弯构件，只要用该单轴对称截面轴心压杆的弯扭屈曲临界应力 N_{cr} 代替式中的 N_{Ey}，相关公式仍然适用。

　　在式（6-7）中，将 $N_{Ey} = \varphi_y A f_y$、$M_{crx} = \varphi_b W_{1x} f_y$ 代入，并引入非均匀弯矩作用时的等效弯矩系数 β_{tx}、截面影响系数 η 以及抗力分项系数 γ_R 后，就得到标准规定的压弯构件在弯矩作用平面外稳定计算的相关公式：

$$\frac{N}{\varphi_y A} + \eta \frac{\beta_{tx} M_x}{\varphi_b W_{1x}} \leqslant f \tag{6-7}$$

式中　M_x——所计算构件段范围内的最大弯矩；

　　　　β_{tx}——等效弯矩系数，两端支承的构件段取其中央 1/3 范围内的最大弯矩与全段最大弯矩之比，但不小于 0.5，悬臂段取 $\beta_{tx} = 0$。

　　　　η——截面影响系数，闭口截面 $\eta = 0.7$，其他截面 $\eta = 1.0$；

　　　　φ_y——弯矩作用平面外的轴心受压构件稳定系数；

　　　　φ_b——均匀弯曲受弯构件的整体稳定系数。

　　为了设计上的方便，标准对压弯构件的整体稳定系数 φ_b 采用了近似计算公式，这些公式已考虑了构件的弹塑性失稳问题，因此当 $\varphi_b > 0.6$ 时不必再换算。

　　（1）工字形截面（含 H 形钢）。

　　双轴对称时：

$$\varphi_b = 1.07 - \frac{\lambda_y^2}{44000} \cdot \frac{f_y}{235} \tag{6-8}$$

　　单轴对称时：

$$\varphi_b = 1.07 - \frac{W_{1x}}{(2a_b + 0.1)Ah} \cdot \frac{\lambda_y^2}{14000} \cdot \frac{f_y}{235} \tag{6-9}$$

$$a_b = I_1 / (I_1 + I_2)$$

式中　I_1——受拉翼缘对 y 轴的惯性矩；

　　　　I_2——受压翼缘对 y 轴的惯性矩。

　　当按公式（6-8）和公式（6-9）算得的 φ_b 值大于 1.0 时，取 $\varphi_b = 1.0$。

　　（2）T 形截面。

　　1）弯矩使翼缘受压时：

　　双角钢 T 形：

$$\varphi_b = 1 - 0.0017 \lambda_y \sqrt{f_y / 235}$$

　　两板组合 T 形（含 T 形钢）：

$$\varphi_b = 1 - 0.0022 \lambda_y \sqrt{f_y / 235}$$

　　2）矩使翼缘受拉且腹板宽厚比不大于 $18\sqrt{235/f_y}$ 时：

$$\varphi_b = 1 - 0.0005 \lambda_y \sqrt{f_y / 235}$$

　　（3）闭口截面：

$$\varphi_b = 1.0$$

6.3.3 双向弯曲实腹式压弯构件的整体稳定

前面所述的压弯构件，弯矩仅作用在构件的一个对称轴平面内，为单向弯曲压弯构件。弯矩作用在两个主轴平面内为双向弯曲压弯构件，在实际工程中较为少见。标准仅规定了双轴对称截面柱的计算方法。

双轴对称的工字形截面（含 H 形钢）和箱形截面的压弯构件，当弯矩作用在两个主平面内时，可按下式计算其稳定性：

$$\frac{N}{\varphi_x A} + \frac{\beta_{\max} M_x}{\gamma_x W_{1x} \left(1 - 0.8 \dfrac{N}{N'_{Ex}} \right)} + \eta \frac{\beta_{ty} M_y}{\varphi_{by} W_{1y}} \leqslant f \tag{6-10}$$

$$\frac{N}{\varphi_y A} + \frac{\beta_{my} M_y}{\gamma_y W_{1y} \left(1 - 0.8 \dfrac{N}{N'_{Ey}} \right)} + \eta \frac{\beta_{tx} M_x}{\varphi_{bx} W_{1x}} \leqslant f \tag{6-11}$$

式中 M_x , M_y ——所计算构件段范围内对强轴和弱轴的最大弯矩设计值；

φ_x , φ_y ——对强轴 x—x 轴和弱轴 y—y 轴的轴心受压构件稳定系数；

φ_{bx} , φ_{by} ——均匀弯曲的受弯构件整体稳定系数，对工字形截面的非悬臂构件，φ_{bx} 按式（6-9）计算，而 $\varphi_{by} = 1.0$，对闭合截面，$\varphi_{bx} = \varphi_{by} = 1.0$；

N'_{Ex} , N'_{Ey} ——参数，$N'_{Ex} = \pi^2 EA / (1.1\lambda_x^2)$，$N'_{Ey} = \pi^2 EA / (1.1\lambda_y^2)$；

W_{1x} , W_{1y} ——对强轴和弱轴的毛截面模量。

等效弯矩系数 β_{mx} 和 β_{my} 应按式（6-5）中有关弯矩作用平面内的规定采用；β_{tx}、β_{ty} 和 η 应按式（6-7）中有关弯矩作用平面外的规定采用。

6.3.4 压弯构件的局部稳定

为保证压弯构件中板件的局部稳定，标准采用了同轴心受压构件相同的方法，限制翼缘和腹板的宽厚比及高厚比。

6.3.4.1 翼缘的宽厚比

压弯构件的受压翼缘板，其应力情况与梁受压翼缘基本相同，因此其自由外伸宽度与厚度之比以及箱形截面翼缘在腹板之间的宽厚比均与梁受压翼缘的宽厚比限值相同。

工字形（H 形）、T 形和箱形压弯构件，受压翼缘板外伸宽度与其厚度之比，应符合式（5-35）的要求。

当强度和稳定计算中取 $\gamma_x = 1.0$，应符合式（5-36）的要求。

箱形截面压弯构件受压翼缘两腹板之间部分的宽厚比，应符合式（5-37）的要求。

6.3.4.2 腹板的宽厚比

对于承受不均匀压应力和剪应力的腹板局部稳定，引入系数应力梯度：

$$\alpha_0 = \frac{\sigma_{\max} - \sigma_{\min}}{\sigma_{\max}}$$

式中 $\sigma_{\max}$ ——腹板计算高度边缘的最大压应力，计算时不考虑构件的稳定系数和截面塑性发展系数；

$\sigma_{\min}$ ——腹板计算高度另一边缘相应的应力，压应力取正值，拉应力取负值。

（1）工字形截面，如图 6-11（a）所示。

工字形截面压弯构件腹板高厚比限值如下：

当 $0 \leqslant \alpha_0 \leqslant 1.6$ 时：

$$\frac{h_0}{t_w} \leqslant (16\alpha_0 + 0.5\lambda + 25)\sqrt{\frac{235}{f_y}} \qquad (6\text{-}12)$$

当 $1.6 < \alpha_0 \leqslant 2$ 时：

$$\frac{h_0}{t_w}(48\alpha_0 + 0.5\lambda - 26.2)\sqrt{\frac{235}{f_y}} \qquad (6\text{-}13)$$

式中　λ——构件在弯矩作用平面内的长细比，当 $\lambda < 30$ 时，取 $\lambda = 30$；当 $\lambda > 100$ 时，取 $\lambda = 100$。

（2）T形截面，如图 6-11（b）和（c）所示。

1）弯矩使腹板自由边受压时，有：

当 $\alpha_0 \leqslant 1.0$ 时：

$$\frac{h_0}{t_1} \leqslant 15\sqrt{\frac{235}{f_y}} \qquad (6\text{-}14)$$

当 $\alpha_0 > 1.0$ 时：

$$\frac{h_0}{t_1} \leqslant 18\sqrt{\frac{235}{f_y}} \qquad (6\text{-}15)$$

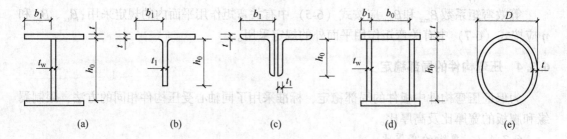

图 6-11　宽厚比限制中的截面尺寸示意图

2）弯矩使腹板自由边受拉，有：

热轧剖分 T 形钢：

$$\frac{h_0}{t_1} \leqslant (15 + 0.2\lambda)\sqrt{\frac{235}{f_y}} \qquad (6\text{-}16)$$

两板焊接的 T 形截面：

$$\frac{h_0}{t_1} \leqslant (13 + 0.17\lambda)\sqrt{\frac{235}{f_y}} \qquad (6\text{-}17)$$

（3）箱形截面，如图 6-11（d）所示。

考虑两腹板受力可能不一致，而翼缘对腹板的约束因常为单侧角焊缝也不如工字形截面，因而箱形截面的宽厚比限值取为工字形截面腹板的 4/5，当此值小于 $40\sqrt{235/f_y}$，取 $40\sqrt{235/f_y}$。

（4）圆管截面，如图6-11（e）所示。

一般圆管截面构件的弯矩不大，故其直径与厚度之比的限值与轴心受压构件的规定相同，即：

$$\frac{D}{t} \leqslant 100 \cdot \frac{235}{f_y} \tag{6-18}$$

6.4 压弯构件（框架柱）的计算长度

单根受压构件的计算长度可根据构件端部的约束条件按弹性稳定理论确定。对于端部约束条件比较简单的单根压弯构件，利用计算长度系数 μ 附录5可直接得到计算长度。但对于框架柱，框架平面内的计算长度需通过对框架的整体稳定分析得到，框架平面外的计算长度则需根据支承点的布置情况确定。

框架柱在框架平面内的可能失稳形式分为有侧移和无侧移两种。有侧移失稳的框架，其临界力比无侧移失稳的框架低得多。因此，当一般框架柱不设置支撑架、剪力墙等能防止侧移的有效支撑体系时，均应按有侧移失稳时的临界力确定其承载能力。

框架柱的计算长度 H_0 仍采用计算长度系数 μ 乘以几何长度 H 的方式表示：

$$H_0 = \mu H \tag{6-19}$$

6.4.1 单层等截面框架柱在框架平面内的计算长度

单层框架柱的计算长度通常根据弹性稳定理论进行分析，先做如下近似假定：

（1）框架只承受作用于节点的竖向荷载，忽略横梁荷载和水平荷载产生的端弯矩的影响，此假定只能用于确定计算长度，在计算柱的截面尺寸时必须同时考虑弯矩和轴心力。

（2）整个框架同时丧失稳定，即所有框架柱同时达到临界荷载。

（3）失稳时横梁两端转角相等。

对单层单跨框架，当无侧移时，即顶部有支撑时，柱与基础为刚接的框架柱失稳形式如图6-12（b）所示。横梁两端的转角 θ 大小相等，方向相反。横梁对柱的约束作用取决于横梁的线刚度 I_1/l 与柱的线刚度 I/H 的比值 K_1，即

$$K_1 = \frac{I_1/l}{I/H} \tag{6-20}$$

对有侧移的框架，其失稳形式如图6-12（a）所示，假定横梁两端的转角 θ 大小相等，但方向相反。其计算长度系数也取决于 K_1。

对于单层多跨框架，其失稳形式如图6-13所示，此时 K_1 值为与柱相邻的两根横梁的线刚度之和 $I_1/l_1 + I_2/l_2$ 与柱线刚度 I/H 之比

$$K_1 = \frac{I_1/l_1 + I_2/l_2}{I/H} \tag{6-21}$$

从附表5-2可以看出，有侧移的无支撑框架失稳时，框架柱的计算长度系数 μ 都大于1.0；无侧移的有支撑框架柱，柱子的计算长度系数 μ 都小于1.0。

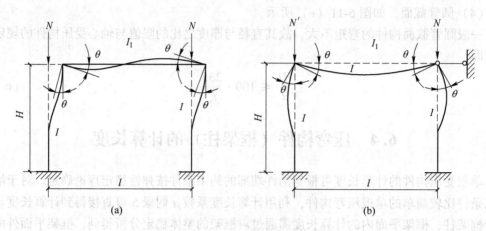

图 6-12　单层单跨框架柱的失稳形式
（a）有侧移框；（b）无侧移框

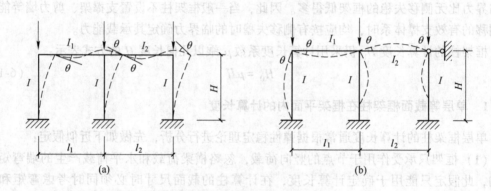

图 6-13　单层多跨框架柱失稳形式
（a）有侧移框；（b）无侧移框

6.4.2　多层等截面框架柱在框架平面内的计算长度

确定计算长度时的假定与单层框架基本相同，而且还假定失稳时相交于同一节点的横梁对柱提供约束弯矩，并按上下柱刚度之和的比值 K_1 和 K_2 分配给柱。此处，K_1 为相交于柱上端节点的横梁线刚度之和与柱线刚度之和的比值；K_2 为相交于柱下端节点的线刚度之和与柱线刚度之和的比值。以图 6-14 中的框架结构为例说明。

$$K_1 = \frac{I_{b1}/l_1 + I_{b2}/l_2}{I''/H_3 + I'/H_2}, \quad K_2 = \frac{I_{b3}/l_1 + I_{b4}/l_2}{I''/H_2 + I'/H_1}$$

多层框架的计算长度系数见附录 5。

6.4.3　框架柱在框架平面外的计算长度

框架柱在框架平面外的计算长度一般由支撑构件的布置情况确定。支撑体系提供柱在平面外的支承点，柱在平面外的计算长度即取决于支承点间的距离。这些支承点应能阻止柱沿厂房的纵向发生侧移，如单层厂房框架柱，柱下段的支承点常常是基础的表面和吊车

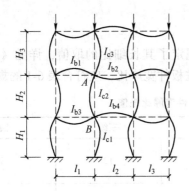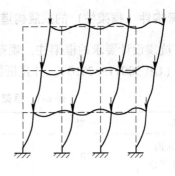

图 6-14 多层框架的失稳形式

梁的下翼缘处，柱上段的支承点是吊车梁上翼缘的制动梁和屋架下弦纵向水平支承或者托架的弦杆。

【例 6-2】 图 6-15 为一有侧移双层框架，图中圆圈内数字为横梁或柱子的线刚度。试求出各柱在框架平面内的计算长度系数 μ 值。

【解】 根据附表 5-2，得各柱的计算长度系数如下：

柱 C1、C3：

$$K_1 = \frac{6}{2} = 3, \quad K_2 = \frac{10}{2+4} = 1.67, \quad 得 \mu = 1.16$$

柱 C2：

$$K_1 = \frac{6+6}{4} = 3, \quad K_2 = \frac{10+10}{4+8} = 1.67, \quad 得 \mu = 1.16$$

柱 C4、C6：

$$K_1 = \frac{10}{2+4} = 1.67, \quad K_2 = 10, \quad 得 \mu = 1.13$$

柱 C5：

$$K_1 = \frac{10+10}{4+8} = 1.67, \quad K_2 = 0, \quad 得 \mu = 2.22$$

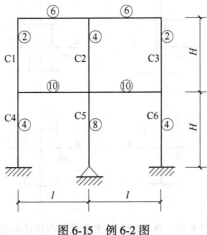

图 6-15 例 6-2 图

6.4.4 压弯构件（框架柱）的抗震构造措施

对于有抗震设计要求的框架柱，规范明确规定了其长细比的取值，详见《建筑抗震设计规范》（GB 50011—2010）。并且框架梁、柱板件宽厚比，应符合表 6-1 的规定。

表 6-1 框架梁、柱板件宽厚比限值

	板件名称	一级	二级	三级	四级
柱	工字形截面翼缘外伸部分	10	11	12	13
	工字形截面腹板	43	45	48	52
	箱形截面壁板	33	36	38	40
梁	工字形截面和箱形截面翼缘外伸部分	9	9	10	11
	箱形截面翼缘在两腹板之间部分	30	30	32	36
	工字形截面和箱形截面腹板	$72\text{-}120N_{\mathrm{b}}/(Af) \leqslant 60$	$72\text{-}100N_{\mathrm{b}}/(Af) \leqslant 65$	$80\text{-}110N_{\mathrm{b}}/(Af) \leqslant 70$	$85\text{-}120N_{\mathrm{b}}/(Af) \leqslant 75$

注：1. 表列数值适用于 Q235 钢，采用其他牌号钢材时，应乘以 $\sqrt{235/f_{\mathrm{y}}}$；

     2. $N_{\mathrm{b}}/(Af)$ 为梁轴压比。

6.5 实腹式压弯构件的设计

6.5.1 截面形式

对于压弯构件，当承受的弯矩较小时其截面形式与一般的轴心受压构件相同。当弯矩较大时，宜采用在弯矩作用平面内截面高度较大的双轴对称截面或单轴对称截面（图 6-16），图中的双箭头为用矢量表示的绕 x 轴的弯矩 M_x（右手法则）。

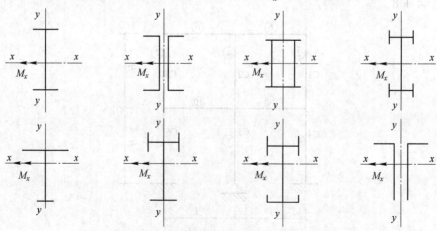

图 6-16 弯矩较大的实腹式压弯构件截面

6.5.2 截面选择及验算

设计时需首先选定截面的形式，再根据构件所承受的轴力 N、弯矩 M 和构件的计算长度 l_{0x}、l_{0y} 初步确定截面的尺寸，然后进行强度、整体稳定、局部稳定和刚度的验算。验算不合适时，适当调整截面尺寸，再重新验算，直到满意为止。

实腹式压弯构件的截面验算包括下列各项：

（1）强度验算。强度应接式（6-1）、式（6-2）验算，当截面无削弱且 N、M_x 的取值与整体稳定验算的取值相同而等效弯矩系数为 1.0 时，不必进行强度验算。

（2）整体稳定验算。弯矩作用平面内整体稳定按式（6-5）验算，对单轴对称截面还应按式（6-6）进行补充计算；弯矩作用平面外的整体稳定按式（6-8）计算。

（3）局部稳定验算。实腹式压弯构件的局部稳定计算公式应满足 6.3.4 节的要求。

（4）刚度验算。压弯构件的长细比不超过表 4-2 中规定的容许长细比限值。

6.5.3 构造要求

压弯构件的翼缘宽厚比必须满足局部稳定的要求，否则翼缘发生屈曲必然导致构件整体失稳。但当腹板屈曲时，由于存在屈曲后强度，构件不会立即失稳只会使其承载力降低。当腹板的高厚比不满足 6.3.4 节中的要求时，腹板中间部分由于失稳而退出工作，计算时腹板截面面积仅考虑两侧宽度各为 $20t_w\sqrt{235/f_y}$ 的部分（计算构件的稳定系数时仍用全截面）。也可在腹板中部设置纵向加劲肋，此时腹板的受压较大翼缘与纵向加劲肋之间的高厚比应满足 6.3.4 节的要求。

当腹板的 $h_0/t_w > 80$ 时，为防止腹板在施工和运输中发生变形，应设置间距不大于 $3h_0$ 的横向加劲肋。另外，设有纵向加劲肋的同时也应设置横向加劲肋。加劲肋的截面选择与第 5 章受弯构件中加劲肋截面的设计相同。

为保持截面形状不变，提高构件抗扭刚度，防止施工和运输过程中发生变形，实腹式柱在受有较大水平力处和运输单元的端部应设置横隔。构件较长时，应设置中间横隔，横隔的设置方法同轴心受压构件。

在设置构件的侧向支承点时，对于截面高度较小的构件，可仅在腹板（或加劲肋和横隔）中央部位设置支承；对截面高度较大或受力较大的构件，则应在两个翼缘平面内同时设置支承。

【例 6-3】 图 6-17 所示为 Q235 钢焰切边工字形截面柱，两端铰支，中间 1/3 长度处有侧向支承，截面无削弱，承受轴心压力的设计值为 910kN，跨中集中力设计值为 95kN。试验算此构件的承载力。

【解】 （1）截面的几何特性：

$$A = (2 \times 32 \times 1.2 + 6.4 \times 1.0)\ \mathrm{cm^2} = 140.8\ \mathrm{cm^2}$$

$$I_x = \frac{1}{12} \times (32 \times 66.4^3 = 31 \times 64^3)\ \mathrm{cm^4} = 103475\ \mathrm{cm^4}$$

$$I_y = 2 \times \frac{1}{12} \times 1.2 \times 32^3\ \mathrm{cm^4} = 6554\ \mathrm{cm^4}$$

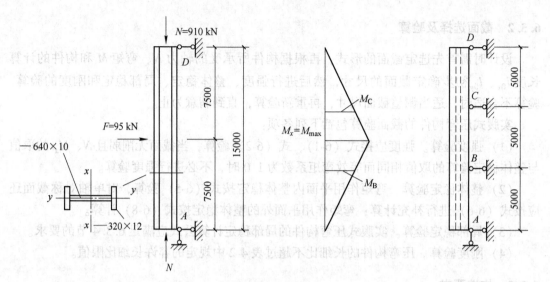

图 6-17   例 6-3 图

$$W_x = \frac{I_x}{y_1} = \frac{103475}{33.2} \text{ cm}^3 = 3117 \text{ cm}^3$$

$$i_x = \sqrt{\frac{I_x}{A}} = \sqrt{\frac{103475}{140.8}} \text{ cm} = 27.11 \text{ cm}, \quad i_y = \sqrt{\frac{I_y}{A}} = \sqrt{\frac{6554}{140.8}} \text{ cm} = 6.82 \text{ cm}$$

（2）验算强度：

$$M_x = \frac{1}{4}Fl = \frac{1}{4} \times 95 \times 15 \text{ kN} \cdot \text{m} = 356.3 \text{ kN} \cdot \text{m}$$

$$\frac{N}{A_n} + \frac{M_x}{\gamma_x W_{nx}} = \left(\frac{910 \times 10^3}{140.8 \times 10^2} + \frac{356.3 \times 10^6}{1.05 \times 3117 \times 10^3}\right) \text{ N/mm}^2$$

$$= 173.5 \text{ N/mm}^2 < f = 215 \text{ N/mm}^2$$

（3）验算弯矩作用平面内的稳定：

$$\lambda_x = \frac{l_x}{i_x} = \frac{1500}{27.11} = 55.3 < [\lambda] = 150$$

查附表 4-1（a 类截面）$\varphi_x = 0.833 - \dfrac{0.833 - 0.807}{60 - 55} \times (55.3 - 55) = 0.831$

$$N'_{Ex} = \frac{\pi^2 EA}{1.1\lambda_x^2} = \frac{\pi^2 \times 20600 \times 140.8 \times 10^2}{1.1 \times 55.3^2} \text{ kN} = 8510 \text{ kN}$$

$$\beta_{mx} = 1.0$$

$$\frac{N}{\varphi_x A} + \frac{\beta_{mx} M_x}{\gamma_x W_{1x}\left(1 - 0.8\dfrac{N}{N'_{Ex}}\right)}$$

$$= \left[\frac{910 \times 10^3}{0.831 \times 140.8 \times 10^2} + \frac{1.0 \times 356.3 \times 10^6}{1.05 \times 3117 \times 10^3 \times \left(1 - 0.8 \times \dfrac{850}{8510}\right)}\right] \text{ N/mm}^2$$

$$= 196.1 \ \text{N/mm}^2 < f = 215 \ \text{N/mm}^2$$

（4）验算弯矩作用平面外的稳定：

$$\lambda_y = \frac{l_{0y}}{i_y} = \frac{500}{6.82} = 73.3 \ < \ [\lambda] = 150$$

查附表 4-2（b 类截面）$\varphi_y = 0.751 - \dfrac{0.751 - 0.720}{75 - 70} \times (73.3 - 70) = 0.731$

则

$$\varphi_b = 1.07 - \frac{\lambda_y^2}{44000} = 1.07 - \frac{73.3^2}{44000} = 0.948$$

所计算构件段为 BC 段，有端弯矩和横向荷载作用，但使构件产生同向曲率，故取 $\beta_{\text{tx}} = 1.0$，$\eta = 1.0$。

$$\frac{N}{\varphi_y A} + \eta \frac{\beta_{\text{tx}} M_x}{\varphi_b W_{1x}} = \left(\frac{910 \times 10^3}{0.731 \times 140.8 \times 10^2} + \frac{1.0 \times 1.0 \times 356.3 \times 10^6}{0.948 \times 3117 \times 10^3} \right) \ \text{N/mm}^2$$

$$= 208 \ \text{N/mm}^2 \ < f = 215 \ \text{N/mm}^2$$

由以上计算可知，此压弯是由弯矩作用平面外的稳定控制设计的。

（5）局部稳定计算：

$$\sigma_{\max} = \frac{N}{A} + \frac{M_x}{I_x} \frac{h_0}{2} = \left(\frac{910 \times 10^3}{140.8 \times 10^2} + \frac{356.3 \times 10^6}{103475 \times 10^4} \right) \times 320 \ \text{N/mm}^2 = 174.8 \ \text{N/mm}^2$$

$$\sigma_{\min} = \frac{N}{A} - \frac{M_x}{I_x} \frac{h_0}{2} = \left(\frac{910 \times 10^3}{140.8 \times 10^2} - \frac{356.3 \times 10^6}{103475 \times 10^4} \right) \times 320 \ \text{N/mm}^2 = 45.6 \ \text{N/mm}^2 \ (\text{拉应力})$$

$$\alpha_0 = \frac{\sigma_{\max} - \sigma_{\min}}{\sigma_{\max}} = \frac{174.8 + 45.6}{174.8} = 1.26 \ < 1.6$$

腹板：

$$\frac{h_0}{t_w} = \frac{640}{10} = 64 \ < (16\alpha_0 + 0.5\lambda_x + 25) \sqrt{\frac{235}{f_y}} = 16 \times 1.26 + 0.5 \times 55.3 + 25 = 72.81$$

翼缘：

$$\frac{b}{t} = \frac{160 - 5}{12} = 12.9 \ < 15 \sqrt{\frac{235}{f_y}} = 15$$

6.6 格构式压弯构件的设计

对于截面高度较大的压弯构件，采用格构式可以节省材料，所以格构式压弯构件一般用于厂房的框架柱和高大的独立支柱。由于截面的高度较大且受较大的外剪力作用，故构件常常用缀条连接，缀板连接的格构式压弯构件很少采用。

常用的格构式压弯构件截面如图 6-18 所示。当柱中弯矩不大或正负弯矩的绝对值相差不大时，可用对称的截面形式，如图 6-18（a）、（b）、（d）所示；如果正负弯矩的绝对值相差较大时，常采用不对称截面，如图 6-18（c）所示，并将较大分肢放在受压较大的一侧。

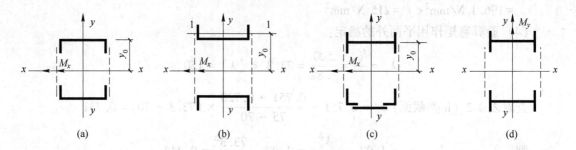

图 6-18　格构式压弯构件常用截面

6.6.1　弯矩绕虚轴作用的格构式压弯构件

对于格构式压弯构件，当弯矩绕虚轴作用时，如图 6-18（a）～（c）所示，应进行下列计算。

（1）弯矩作用平面内的整体稳定性计算。弯矩绕虚轴作用的格构式压弯构件，由于截面中部空心，不能考虑塑性的深入发展，故弯矩作用平面内的整体稳定计算适宜采用边缘屈服准则。在根据此准则导出的相关式（6-3）中，引入等效弯矩系数 β_{mx}，并考虑抗力分项系数后，得：

$$\frac{N}{\varphi_x A} + \frac{\beta_{mx} M_x}{W_{1x}\left(1 - \varphi_x \dfrac{N}{N'_{Ex}}\right)} \leqslant f \tag{6-22}$$

$$W_{1x} = I_x / y_0$$

式中　I_x——对 x 轴（虚轴）的毛截面惯性矩；

y_0——由 x 轴到压力较大分肢轴线的距离或者到压力较大分肢腹板边缘的距离，二者取较大值。

φ_x 和 N'_{Ex} 均由对虚轴（x 轴）的换算长细比 λ_{0x} 确定。

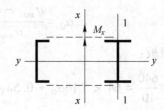

（2）分肢的稳定计算。弯矩绕虚轴作用的压弯构件，在弯矩作用平面外的整体稳定性一般由分肢的稳定计算来保证，故不必再计算整个构件在平面外的整体稳定性。

如图 6-19 所示，将整个构件视为一平行弦桁架，将构件的两个分肢看作桁架体系的弦杆，两分肢的轴心力应按下列公式计算：

分肢 1：

$$N_1 = N \frac{y_2}{a} + \frac{M_x}{a} \tag{6-23}$$

分肢 2：

$$N_2 = N - N_1 \tag{6-24}$$

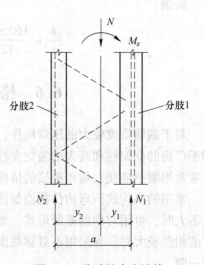

图 6-19　分肢的内力计算

缀条式压弯构件的分肢按轴心压杆计算。分肢的计算长度，在缀材平面内（图 6-19 中的 1—1 轴）取缀条体系的节间长度；在缀条平面外，取整个构件两侧向支承点间的距离。

进行缀板式压弯构件的分肢计算时，除轴心力 N_1（或 N_2）外，还应考虑由剪力作用引起的局部弯矩，按实腹式压弯构件验算单肢的稳定性。

（3）缀材的计算。计算压弯构件的缀材时，应取构件实际剪力和按式 $V = \dfrac{Af}{85}\sqrt{\dfrac{f_y}{235}}$ 计算所得剪力两者中的较大值。其计算方法与格构式轴心受压构件相同。

6.6.2 弯矩绕实轴作用的格构式压弯构件

当弯矩作用在与缀材面相垂直的主平面内时，构件绕实轴产生弯曲失稳，它的受力性能与实腹式压弯构件完全相同，如图 6-18（d）所示。因此，弯矩绕实轴作用的格构式压弯构件，弯矩作用平面内和平面外的整体稳定计算均与实腹式构件相同，在计算弯矩作用平面外的整体稳定时，长细比应取换算长细比，整体稳定系数取 $\varphi_b = 1.0$。

缀材（缀板或缀条）所受剪力按轴心受压构件计算。

6.6.3 双向受弯的格构式压弯构件

弯矩作用在两个主平面内的双肢格构式压弯构件（图 6-20），其稳定性按下列规定计算：

（1）整体稳定计算。标准采用与边缘屈服准则导出的弯矩绕虚轴作用的格构式压弯构件平面内整体稳定计算式（6-22）相衔接的直线式进行计算：

$$\frac{N}{\varphi_x A} + \frac{\beta_{mx} M_x}{W_{1x}\left(1 - \varphi_x \dfrac{N}{N'_{Ex}}\right)} + \frac{\beta_{ty} M_y}{W_{ty}} \leqslant f \tag{6-25}$$

式中，φ_x 和 N'_{Ex} 由换算长细比确定。W_{ty} 为在 M_y 作用下，对较大受压纤维的毛截面模量。

（2）分肢的稳定计算。分肢按实腹式压弯构件计算，将分肢作为桁架弦杆计算其在轴力和弯矩共同作用下产生的内力，如图 6-20 所示。

分肢 1：

$$N_1 = N \frac{y_2}{a} + \frac{M_x}{a} \tag{6-26}$$

$$M_{y1} = \frac{I_1/y_1}{I_1/y_1 + I_2/y_2} M_y \tag{6-27}$$

分肢 2：

$$N_2 = N - N_1 \tag{6-28}$$

$$M_{y2} = M_y - M_{y1} \tag{6-29}$$

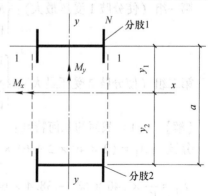

图 6-20 双向受弯格构柱

式中 I_1，I_2——分肢 1 与分肢 2 对 y 轴的惯性矩；

y_1，y_2——M_y 作用的主轴平面至分肢 1 和分肢 2 轴线的距离。

上式适用于当 M_y 作用在构件的主平面时的情形，当 M_y 不是作用在构件的主轴平面而是作用在一个分肢的轴线平面（图 6-20 中分肢 1 的 1—1 轴线平面）时，则 M_y 视为全部由该分肢承受。

6.6.4 格构柱的横隔及分肢的局部稳定

对于格构柱，不论截面大小，均应设置横隔，横隔的设置方法与轴心受压格构柱相同。格构柱分肢的局部稳定同实腹式柱。

【例 6-4】 图 6-21 为一单层厂房框架柱的下柱，在框架平面内（属有侧移框架柱）的计算长度 $l_{0x} = 21.7$ m，在框架平面外的计算长度（作为两端铰接）$l_{0y} = 12.21$ m，钢材为 Q235 钢。试验算此柱在下列组合内力（设计值）作用下的承载力。

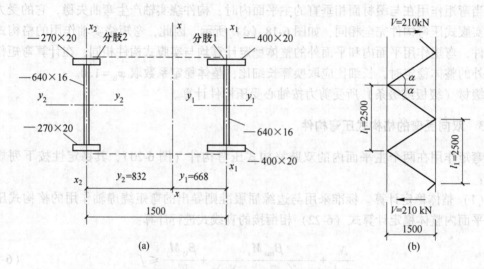

图 6-21 单层厂房框柱架的下柱

$$
\text{第一组（使分肢 1 受压最大）：}
\begin{cases}
M_x = 3340 \text{ kN} \cdot \text{m} \\
N = 4500 \text{ kN} \\
V = 210 \text{ kN}
\end{cases}
$$

$$
\text{第二组（使分肢 2 受压最大）：}
\begin{cases}
M_x = 2700 \text{ kN} \cdot \text{m} \\
N = 4400 \text{ kN} \\
V = 210 \text{ kN}
\end{cases}
$$

【解】 （1）截面的几何特性：

分肢 1：$A_1 = (2 \times 40 \times 2 + 64 \times 1.6)$ cm² = 262.4 cm²

$$
I_{y1} = \frac{1}{12} \times (40 \times 68^3 - 38.4 \times 64^3) \text{ cm}^4 = 209245 \text{ cm}^4, \quad i_{y1} = \sqrt{\frac{I_{y1}}{A_1}} = 28.24 \text{ cm}
$$

$$
I_{x1} = 2 \times \frac{1}{12} \times 2 \times 40^3 \text{ cm}^4 = 21333 \text{ cm}^4, \quad i_{x1} = \sqrt{\frac{I_{x1}}{A_1}} = 9.02 \text{ cm}
$$

分肢 2：$A_2 = (2 \times 27 \times 2 + 64 \times 1.6)$ cm² = 210.4 cm²

$$I_{y2} = \frac{1}{12} \times (27 \times 68^3 - 25.4 \times 64^3) \ \mathrm{cm^4} = 152600 \ \mathrm{cm^4}, \ i_{y2} = 26.93 \ \mathrm{cm}$$

$$I_{x2} = 2 \times \frac{1}{12} \times 2 \times 27^3 \ \mathrm{cm^4} = 6561 \ \mathrm{cm^4}, \ i_{x2} = 5.58 \ \mathrm{cm}$$

整个截面：$A = (262.4 + 210.4) \ \mathrm{cm^2} = 472.8 \ \mathrm{cm^2}$

$$y_1 = \frac{210.4}{472.8} \times 150 \ \mathrm{cm} = 66.8 \ \mathrm{cm}, \ y_2 = (150 - 66.8) \ \mathrm{cm} = 83.2 \ \mathrm{cm}$$

$$I_x = (21333 + 262.4 \times 66.8^2 + 6561 + 210.4 \times 83.2^2) \ \mathrm{cm^4} = 2655225 \ \mathrm{cm^4}$$

$$i_x = \sqrt{\frac{2655225}{472.8}} \ \mathrm{cm} = 74.9 \ \mathrm{cm}$$

（2）斜缀条截面选择。如图 6-21（b）所示，有：

计算剪力：$V = \dfrac{Af}{85}\sqrt{\dfrac{f_y}{235}} = \dfrac{472.8 \times 10^2 \times 215}{85} \ \mathrm{N} = 120 \times 10^3 \ \mathrm{N}$

小于实际剪力 $V = 210 \ \mathrm{kN}$

缀条内力及长度：$\tan\alpha = \dfrac{125}{150} = 0.833, \ \alpha = 39.8°$

$$N_t = \frac{210}{2\cos 39.8°} \ \mathrm{kN} = 136.7 \ \mathrm{kN}, \ l = \frac{150}{\cos 39.8°} \ \mathrm{cm} = 195 \ \mathrm{cm}$$

选用单角钢 ∟ 100×8，$A_1 = 15.6 \ \mathrm{cm^2}$，$i_{min} = 1.98 \ \mathrm{cm}$。

$\lambda = \dfrac{195 \times 0.9}{1.98} = 88.6 < [\lambda] = 150$，查附表 4-2（b 类截面）得 $\varphi = 0.631$。

单角钢单面连接的设计强度折减系数为：

$$\eta = 0.6 + 0.0015\lambda = 0.733$$

验算缀条稳定：

$$\frac{N_t}{\varphi A_1} = \frac{136.7 \times 10^3}{0.631 \times 15.6 \times 10^2} \ \mathrm{N/mm^2} = 139 \ \mathrm{N/mm^2} < 0.733 \times 215 \ \mathrm{N/mm^2} = 158 \ \mathrm{N/mm^2}$$

（3）验算弯矩作用平面内的稳定：

$$\lambda_x = \frac{l_{0x}}{i_x} = \frac{2170}{74.9} = 29$$

换算长细比：$\lambda_{0x} = \sqrt{\lambda_x^2 + 27\dfrac{A}{A_1}} = \sqrt{29^2 + 27 \times \dfrac{472.8}{2 \times 15.6}} = 35.4 < [\lambda] = 150$

查附表 4-2（b 类截面），$\varphi_x = 0.916$

$$N'_{Ex} = \frac{\pi^2 EA}{1.1\lambda_{0x}^2} = \frac{\pi^2 \times 206 \times 10^3 \times 472.8 \times 10^2}{1.1 \times 35.4^2} \ \mathrm{N} = 697640 \times 10^3 \ \mathrm{N}$$

对有侧移框架柱，$\beta_{mx} = 1.0$。

1）第一组内力，使分肢 1 受压最大。

$$W_{1x} = \frac{I_x}{y_1} = \frac{2655225}{66.8} \ \mathrm{cm^3} = 39749 \ \mathrm{cm^3}$$

$$\frac{N}{\varphi_x A} + \frac{\beta_{mx} M_x}{W_{1x}\left(1 - \varphi_x \dfrac{N}{N'_{Ex}}\right)}$$

$$= \left[\frac{4500 \times 10^3}{0.916 \times 472.8 \times 10^2} + \frac{1.0 \times 3340 \times 10^6}{39749 \times 10^3 \times \left(1 - 0.916 \times \dfrac{4500}{697640}\right)}\right] \text{N/mm}^2$$

$$= 193.1 \text{ N/mm}^2 < f = 205 \text{ N/mm}^2$$

2）第二组内力，使分肢 2 受压最大。

$$W_{2x} = \frac{I_x}{y_2} = \frac{2655225}{83.2} \text{ cm}^3 = 31914 \text{ cm}^3$$

$$\frac{N}{\varphi_x A} + \frac{\beta_{mx} M_x}{W_{2x}\left(1 - \varphi_x \dfrac{N}{N'_{Ex}}\right)}$$

$$= \left[\frac{4400 \times 10^3}{0.916 \times 472.8 \times 10^2} + \frac{1.0 \times 2700 \times 10^6}{31914 \times 10^3 \times \left(1 - 0.916 \times \dfrac{4400}{697640}\right)}\right] \text{N/mm}^2$$

$$= 193.1 \text{ N/mm}^2 < f = 205 \text{ N/mm}^2$$

（4）验算分肢 1 的稳定（用第一组内力）：

最大压力：$N_1 = \left(\dfrac{0.832}{1.5} \times 4500 + \dfrac{3340}{1.5}\right) \text{kN} = 4722 \text{ kN}$

$$\lambda_{x1} = \frac{l_1}{i_{x1}} = \frac{250}{9.02} = 27.7 < [\lambda] = 150, \quad \lambda_{y1} = \frac{l_{0y}}{i_{y1}} = \frac{1221}{28.24} = 43.2 < [\lambda] = 150$$

查附表 4-2（b 类截面），$\varphi_{min} = 0.886$。

$$\frac{N_1}{\varphi_{min} A_1} = \frac{4722 \times 10^3}{0.886 \times 262.4 \times 10^2} \text{ N/mm}^2 = 203.1 \text{ N/mm}^2 < 205 \text{ N/mm}^2$$

（5）验算分肢 2 的稳定（用第二组内力）：

最大压力：$N_2 = \left(\dfrac{0.688}{1.5} \times 4400 + \dfrac{2700}{1.5}\right) \text{kN} = 3759 \text{ kN}$

$$\lambda_{x2} = \frac{250}{5.58} = 44.8 < [\lambda] = 150, \quad \lambda_{y2} = \frac{1221}{26.93} = 45.3 < [\lambda] = 150$$

查附表 4-2（b 类截面），$\varphi_{min} = 0.877$。

$$\frac{N_2}{\varphi_{min} A_2} = \frac{3759 \times 10^3}{0.877 \times 210.4 \times 10^2} \text{ N/mm}^2 = 204 \text{ N/mm}^2 < 205 \text{ N/mm}^2$$

（6）分肢局部稳定验算：

只需验算分肢 1 的局部稳定。此分肢属轴心受压构件，应按 6.5 节的规定进行验算。

因 $\lambda_{x1} = 27.7$，$\lambda_{y1} = 43.2$，得 $\lambda_{max} = 43.2$。

翼缘：$\dfrac{b}{t} = \dfrac{200}{20} = 10 < (10 + 0.1\lambda_{max})\sqrt{235/f_y} = 10 + 0.1 \times 43.2 = 14.32$

$$腹板：\frac{h_0}{t_w} = \frac{640}{16} = 40 < (25 + 0.5\lambda_{max})\sqrt{235/f_y} = 46.6$$

以上验算结果表明柱截面满足设计要求。

6.7 框架柱的柱头和柱脚及抗震措施

6.7.1 柱头

在框架结构中，梁与柱的连接节点一般用刚接，少数情况下用铰接，铰接时柱弯矩由横向荷载或偏心压力产生。梁端采用刚接可以减小梁跨中的弯矩，但制作、施工较复杂。

梁与柱的刚性连接不仅要求连接节点能可靠地传递剪力，而且要求能有效地传递弯矩。图 6-22 是横梁与柱刚性连接的构造图。图 6-22（a）所示的构造通过上下两块水平板将弯矩传给柱子，梁端剪力则通过支托传递。图 6-22（b）是通过翼缘连接焊缝将弯矩全部传给柱子，而剪力则全部由腹板焊缝传递。为使翼缘连接焊缝能在平焊位置施焊，要在柱侧焊上衬板，同时在梁腹板端部预先留出槽口，上槽口是为了让出衬板的位置，下槽口是为了满足施焊的要求。图 6-22（c）为梁采用高强度螺栓连于预先焊在柱上的牛腿形成的刚性连接，梁端的弯矩和剪力是通过牛腿的焊缝传递给柱子，而高强度螺栓传递梁与牛腿连接处的弯矩和剪力。

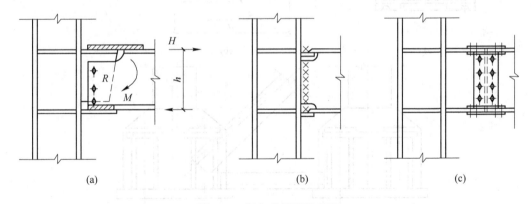

图 6-22　梁与柱的刚性连接

在梁上翼缘的连接范围内，柱的翼缘可能在水平拉力的作用下向外弯曲致使连接焊缝受力不均；在梁下翼缘附近，柱腹板有可能因水平压力的作用而局部失稳。因此，一般需在对应于梁的上、下翼缘处设置柱的水平加劲肋或横隔。

6.7.2 柱脚

框架柱（受压受弯柱）的柱脚可做成铰接或刚接。铰接柱脚只传递轴心压力和剪力，其计算和构造与轴心受压柱的柱脚相同，只不过所受的剪力较大，往往需采取抗剪的构造措施（如加抗剪键）。框架柱的刚接柱脚除传递轴心压力和剪力外，还要传递弯矩。

图 6-23 是常用的几种刚接柱脚，当作用于柱脚的压力和弯矩都比较小，且在底板与其基础间只产生压应力时，采用如图 6-23（a）所示构造方案；当弯矩较大而要求较高的

连接刚性时，可采用如图 6-23（b）所示构造方案，此时锚栓用肋板加强的短槽钢将柱脚与基础牢固定住；图 6-23（c）所示为分离式柱脚，它多用于大型格构柱，比整块底板经济，各分肢柱脚相当于独立的轴心受力铰接柱脚，但柱脚底部需做必要的联系，以保证一定的空间刚度。

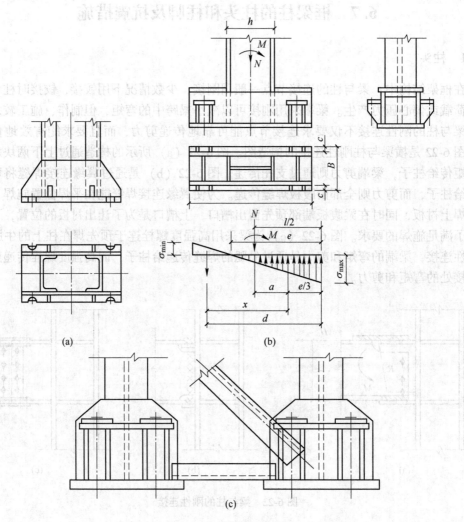

图 6-23 刚接柱脚

6.7.2.1 整体式刚接柱脚

A 底板的计算

以图 6-23 所示柱脚为例，首先根据构造要求确定底板宽度 B，悬臂长度 c 一般取 20~30 mm，然后可根据底板下基础的压应力不超过混凝土抗压强度设计值的要求决定底板长度 L。

$$\sigma_{max} = \frac{N}{BL} + \frac{6M}{BL^2} \leqslant f_{cc} \qquad (6-30)$$

式中 M，N——柱脚所承受的最不利弯矩和轴心压力，取使基础一侧产生最大压应力的内力组合；

f_{cc}——混凝土的承压强度设计值。

底板另一侧的压力为：

$$\sigma_{min} = \frac{N}{BL} - \frac{6M}{BL^2} \tag{6-31}$$

由此，底板下的压应力分布图形便可确定，如图 6-23（b）所示，底板的厚度即由此压应力产生的弯矩计算。计算方法与轴心受压柱脚相同。对于偏心受压柱脚，由于底板压应力分布不均，分布压应力可偏安全地取为底板各区格下的最大压应力。需注意，此种方法只适用于 σ_{min} 为正（即底板全部受压）时的情况，若算得的 σ_{min} 为拉应力，则应采用下面锚栓计算中所算得的基础压应力进行底板的厚度计算。

B 锚栓的计算

锚栓的作用除了固定柱脚的位置外，还应能承受柱脚底部由压力 N 和弯矩 M 组合作用而可能引起的拉力 N_t。当组合内力 N、M（通常取 N 偏小，M 偏大的一组）作用下产生如图 6-23（b）所示底板下应力的分布图形时，可确定出压应力的分布长度 e。现假定拉应力的合力由锚栓承受，根据 $\sum M_d = 0$ 可求得锚栓拉力

$$N_t = \frac{M - Na}{x} \tag{6-32}$$

式中 a——底板压应力合力的作用点到轴心压力的距离，$a = \frac{l}{2} - \frac{e}{3}$；

x——底板压应力合力的作用点到锚栓的距离，$x = d - \frac{e}{3}$；

d——锚栓到底板最大压应力处的距离。

$$e = \frac{\sigma_{max}}{\sigma_{max} + |\sigma_{min}|} l$$

式中 e——压应力的分布长度。

按此锚栓拉力即可计算出一侧锚栓的个数和直径。

C 靴梁、隔板及其连接焊缝的计算

靴梁与柱身的连接焊缝，应按可能产生的最大内力 N_t 计算，并以此焊缝所需要的长度来确定靴梁的高度，此处有：

$$N_1 = \frac{N}{2} + \frac{M}{h} \tag{6-33}$$

靴梁按支于柱边缘的悬伸梁来验算其截面强度。靴梁的悬伸部分与底板间的连接焊缝共有四条，应按整个底板宽度下的最大基础反力来计算。在柱身范围内，靴梁内侧不便施焊，只考虑外侧两条焊缝受力，可按该范围内最大基础反力计算。

隔板的计算同轴心受力柱脚，它所承受的基础反力均偏安全地取该计算段内的最大值。

6.7.2.2 分离式柱脚

每个分离式柱脚按分肢可能产生的最大压力作为承受轴向力的柱脚设计，但锚栓应由计算确定。分离式柱脚的两个独立柱脚所承受的最大压力为：

右肢：

$$N_t = \frac{N_a y_2}{a} + \frac{M_a}{a} \qquad (6\text{-}34)$$

左肢：

$$N_t = \frac{N_b y_1}{a} + \frac{M_b}{a} \qquad (6\text{-}35)$$

式中 N_a，M_a——使右肢受力最不利的柱的组合内力；

$\quad\quad N_b$，M_b——使左肢受力最不利的柱的组合内力；

$\quad\quad y_1$，y_2——分别为右肢及左肢至柱轴线的距离；

$\quad\quad a$——柱截面宽度（两分肢轴线距离）。

每个柱脚的锚栓也按各自的最不利组合内力换算成的最大拉力计算。

6.7.2.3 插入式柱脚

单层厂房柱的刚接柱脚消耗钢材较多，即使采用分离式，柱脚重量也为整个柱重的 10%～15%。为了节约钢材，可以采用插入式柱脚，即将柱端直接插入钢筋混凝土杯形基础的杯口中（如图 6-24 所示）。杯口构造和插入深度可参照钢筋混凝土结构的有关规定。

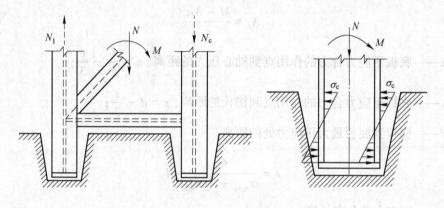

图 6-24 插入式柱脚

插入式基础主要需验算钢柱与二次浇灌层（采用细石混凝土）之间的粘剪力以及杯口的抗冲切强度。

6.7.3 梁与柱连接的抗震构造要求

《建筑抗震设计规范》（GB 50011—2010）中对梁与柱连接的抗震构造要求：

（1）梁与柱的连接宜采用柱贯通型。

（2）柱在两个互相垂直的方向都与梁刚接时宜采用箱形截面，并在梁翼缘连接处设置隔板；隔板采用电渣焊时，柱壁板厚度不宜小于 16 mm，小于 16 mm 时可改用工字形柱或采用贯通式隔板。当柱仅在一个方向与梁刚接时，宜采用工字形截面，并将柱腹板置于刚接框架平面内。

（3）工字形柱（绕强轴）和箱形柱与梁刚接时（图 6-25），应符合下列要求：

1）翼缘与柱翼缘间应采用全熔透坡口焊缝；一、二级时，应检验焊缝的 V 形切口冲击韧性，其夏比冲击韧性在-20 ℃时不低于 27 J。

2）柱在梁翼缘对应位置应设置横向加劲肋（隔板），加劲肋（隔板）厚度不应小于梁翼缘厚度，强度与梁翼缘相同。

3）梁腹板宜采用摩擦型高强度螺栓与柱连接板连接（经工艺试验合格能确保现场焊接质量时，可用气体保护焊进行焊接）；腹板角部应设置焊接孔，孔形应使其端部与梁翼缘和柱翼缘间的全熔透坡口焊缝完全隔开。

4）腹板连接板与柱的焊接，当板厚不大于 16 mm 时应采用双面角焊缝，焊缝有效厚度应满足等强度要求，且不小于 5 mm；板厚大于 16 mm 时采用 K 形坡口对接焊缝。该焊缝宜采用气体保护焊，且板端应绕焊。

5）一级和二级时，宜采用能将塑性铰自梁端外移的端部扩大形连接、梁端加盖板或骨形连接。

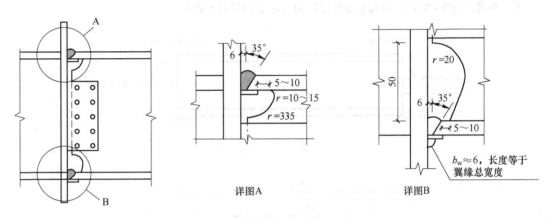

图 6-25　框架梁与柱的现场连接

（4）框架梁采用悬臂梁段与柱刚性连接时（图 6-26），悬臂梁段与柱应采用全焊接连接，此时上下翼缘焊接孔的形式宜相同；梁的现场拼接可采用翼缘焊接腹板螺栓连接或全部螺栓连接。

（5）箱形柱在与梁翼缘对应位置设置的隔板，应采用全熔透对接焊缝与壁板相连。工字形柱的横向加劲肋与柱翼缘，应采用全熔透对接焊缝连接，与腹板可采用角焊缝连接。

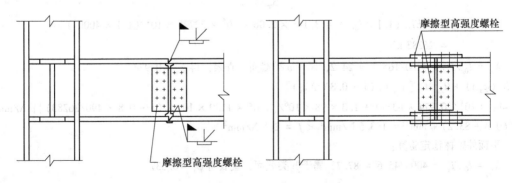

图 6-26　框架柱与梁悬臂段的连接

（6）梁与柱刚性连接时，柱在梁翼缘上下各 500 mm 的范围内，柱翼缘与柱腹板间或箱形柱壁板间的连接焊缝应采用全熔透坡口焊缝。

（7）框架柱的接头距框架梁上方的距离，可取 1.3 m 和柱净高一半二者的较小值。上下柱的对接接头应采用全熔透焊缝，柱拼接接头上下各 100 mm 范围内，工字形柱翼缘与腹板间及箱形柱角部壁板间的焊缝，应采用全熔透焊缝。

（8）钢结构的刚接柱脚宜采用埋入式，也可采用外包式。

习 题

6-1 如图 6-27 所示，有一两端铰接长度为 4 m 的偏心受压柱子，用 Q235 钢的 HN400×200×8×13 做成，压力的设计值为 490 kN，两端偏心距均为 20 cm。试验算其承载力。

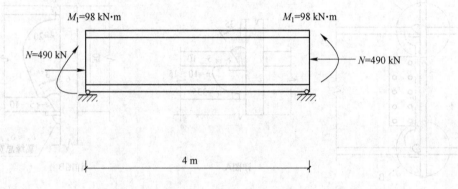

图 6-27　题 6-1 图

解：查型钢表得：$A = 83.37$ cm^2，$I_x = 22775$ cm^4，$i_x = 16.53$ cm，$i_y = 4.56$ cm，$W_x = 1139$ cm^3。

$$M = 490 \times 0.2 \text{ kN} \cdot \text{m} = 98 \text{ kN} \cdot \text{m}$$

强度验算：

$$\frac{N}{A_n} + \frac{M_x}{\gamma_x W_{nx}} = \frac{490 \times 10^3}{8337} \text{ kN/mm}^2 + \frac{98 \times 10^6}{1.05 \times 1139 \times 10^3} \text{ kN/mm}^2$$

$$= (58.8 + 81.9) \text{ kN/mm}^2 = 140.7 \text{ N/mm}^2 \leqslant f = 215 \text{ N/mm}^2$$

平面内整体稳定验算：

$$\beta_{mx} = 1$$

$$N'_{Ex} = \pi^2 E I_x / (1.1 \times l_{0x}{}^2) = 3.14^2 \times 2.06 \times 10^5 \times 22775 \times 10^4 / (1.1 \times 4000^2) \text{ kN}$$

$$= 26283 \text{ kN}$$

$\lambda_x = l_{0x}/i_x = 4000/165.3 = 24.2$，属于 a 类截面，查表，得 $\varphi_x = 0.974$

$$N/(\varphi_x A) + \beta_{mx} M_x / [\gamma_{1x} W_{1x} (1 - 0.8 N/N'_{Ex})]$$

$$= \{490 \times 10^3/(0.974 \times 8337) + 1.0 \times 98 \times 10^6/[1.05 \times 1139 \times 10^3 \times (1 - 0.8 \times 490/26283)]\} \text{ N/mm}^2$$

$$= (60.3 + 83.2) \text{ N/mm}^2 = 143.5 \text{ N/mm}^2 < f = 215 \text{ N/mm}^2$$

平面外整体稳定验算：

$\lambda_y = l_{0y}/i_y = 4000/45.6 = 87.7$，属于 b 类截面，查表得 $\varphi_y = 0.637$

$$\varphi_b = 1.07 - \lambda_y{}^2/44000 = 1.07 - 87.7^2/44000 = 0.895 < 1.0$$

$$\beta_{tx} = 1.0$$

$N/(\varphi_y A) + \beta_{tx} M_x/(\varphi_b W_{1x})$

$= [490 \times 10^3/(0.637 \times 8337) + 1.0 \times 98 \times 10^6/(0.895 \times 1139 \times 10^3)] \text{ N/mm}^2$

$= (92.3 + 96.1) \text{ N/mm}^2 = 188.4 \text{ N/mm}^2 < f = 215 \text{ N/mm}^2$

该构件强度、平面内整体稳定、平面外的整体稳定均满足要求。

参 考 文 献

[1] 中华人民共和国住房和城乡建设部. GB 50017—2017 钢结构设计标准 [S]. 北京：中国建筑工业出版社，2017.

[2] 中华人民共和国住房和城乡建设部. GB 50011—2010 建筑抗震设计规范 [S]. 北京：中国建筑工业出版社，2017.

7 Tekla Structures 应用

【本章重点】 拿到设计蓝图，先把图纸吃透，脑子里有整体轮廓，对各部分材料、节点，有规律的部位有印象，划分建模顺序，学习 Tekla 的各项操作步骤，了解并掌握常用的快捷键以提高办公效率。

【本章难点】 非常规轴线的画法，通过图纸正确在各个视图平面画出正确的结构，看懂图纸并修改结构的重叠部分，生成图纸以及材料表，了解使用过程中异常问题的解决方法。

【大纲要求】 能够完整绘制出简单的钢结构模型，学习常用快捷键，解决在使用过程中常见的异常问题，学习 Tekla 调图方法，解决创建 Excel 报表文字乱码的问题。

【能力要求】 能够根据给出的设计图纸正确绘制出结构模型，建好模型后进行自检。

【序言】 Tekla 软件的主要目的是帮助建筑行业中的专业人士进行建筑信息建模和结构分析，以提高项目的设计、施工和管理效率。该软件提供了各种功能和工具，包括建模、绘图、碰撞检测、数量估算、材料管理、工程分析等，以便用户能够创建准确的三维模型，并进行高级的结构分析和可视化。要使用 Tekla 软件，需要同学们具备一定的技术和建模知识，通关学习 Tekla 软件来让同学掌握一定的三维建模能力和结构分析能力。

7.1 Tekla Structures 软件简介

Tekla Structures 是由芬兰 Tekla 公司出品的钢结构详图设计软件，此软件是国际流行通用的一款装配式钢结构 BIM 软件，专为深化设计人员和预制生产商而设计的软件。Tekla Structures 的功能包括 3D 实体结构模型、3D 钢结构细部设计和深化图纸。

通过建立 3D 模型生成概念设计、生产制造、安装和施工管理等 BIM 信息，避免构件碰撞和施工误差返工导致的高成本，最大限度地提高工程项目的效率和生产力 。该软件在一些大型钢构工程中应用比较广泛，如 2010 年上海世博会芬兰馆，2016 年深圳市当代艺术与城市规划馆等大型项目。此外，还有一些钢构项目，如体育场馆 、变电站等都应用了 Tekla 技术。这些建筑都有共同的特点，就是工期紧，单体多，若只凭借二维的 CAD 图纸无法有效地对复杂节点进行表达。Tekla 技术的诞生则很好地解决了此类问题，因为该软件本身节点库中自带系统节点，可以用来建模，满足常规节点需求。当节点库中无合适系统节点时，可以自行做参数化节点这样可以加快出图，满足工期要求。另外 Tekla 软件具有许多个快捷键，并且键位通俗易懂，对于初学者来说具有上手快、操作便捷等特点，也大大减少了建模时间，进一步缩短了工期。Tekla 软件还可以多人建同一个模型，面对大型工程或者紧急工程时，可以多人同时使用以节省时间。

软件中建立的 3D 模型包含了钢结构设计、制造、安装的全部资讯需求，所有的图面与报告完全整合在模型中产生一致的输出文件，与以前的设计文件使用的系统相较，

Tekla Structures 可以获得更高的效率与更好的结果，让设计者可以在更短的时间内做出更正确的设计。Tekla Structures 有效地控制整个结构设计的流程，设计资讯的管理透过共享的 3D 界面得到提升。

　　Tekla Structures 完整深化设计是一种无所不包的配置，囊括了每个细部设计专业所用的模块。用户可以创建钢结构三维模型，然后生成制造和安装阶段使用的输出数据。

7.2　简易工业厂房项目实例

7.2.1　基本建模参数

7.2.1.1　新建项目

　　启动 Tekla Structures 软件，打开软件登录界面，如图 7-1 所示，将配置改为"钢结构深化"。

图 7-1　登录界面

　　进入界面，新建一个模型，如图 7-2 所示。单击第一个"创建一个新模型"图标，创建模型。

　　进入图 7-3 所示的界面，图 7-3 的图形即为要创建模型的整体轮廓。

7.2.1.2　轴线的创建

　　双击图 7-3 中黑色的轴线，此时右侧弹出"轴线"属性对话框，按照如图 7-4 所示的数据输入，单击【修改】，同时注意观察三维坐标的方向。鼠标左键单击背景空白处，这时会看到背景被一个长方体的框子所包围，如图 7-5 所示，再单击鼠标右键，出现如图 7-6 所示的菜单，选择【适合工作区域到整个模型】。

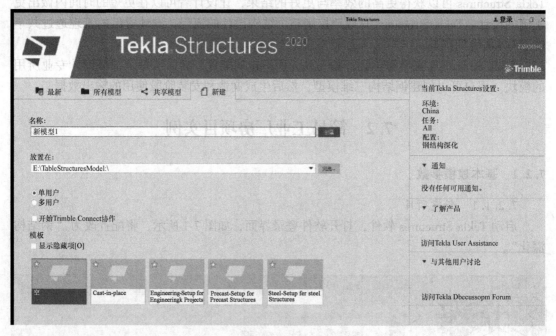

图 7-2   创建模型

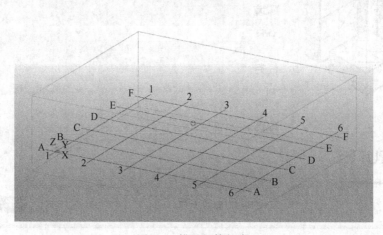

图 7-3   模型整体轮廓

观察界面，所有轴线被一个线盒子所包裹着，最终效果如图 7-7 所示。

7.2.2   创建柱子和梁

7.2.2.1   创建柱子并调整属性

在软件的工具栏中，双击创建柱的图标 ，打开后按照图 7-8 所示输入数据，依次点击【修改】、【应用】、【确认】。

在如图 7-9 所示的位置创建柱子，鼠标单击轴线交点 A-1 和 E-1，完成柱子的创建。

7.2.2.2   创建梁并调整属性

双击梁图标 ，添加梁。打开后按照图 7-10 输入数据，设置好梁属性后，单击

【修改】、【应用】、【确认】。

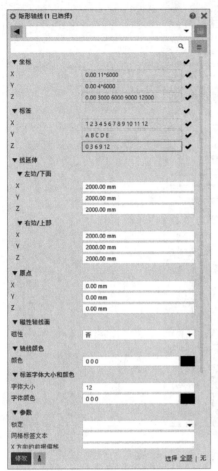

图 7-4　轴线数据

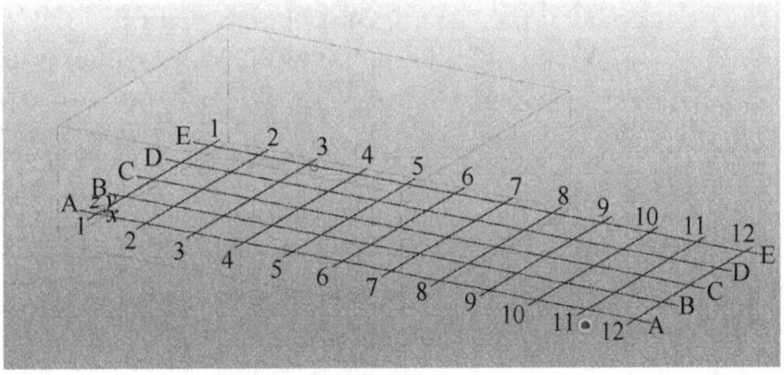

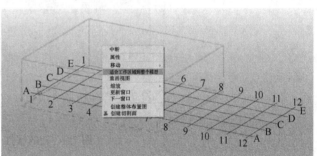

图 7-5　输入数据后的模型

图 7-6　菜单命令

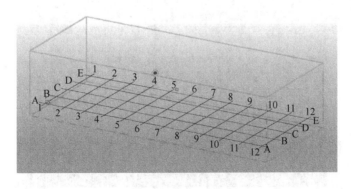

图 7-7　最终效果

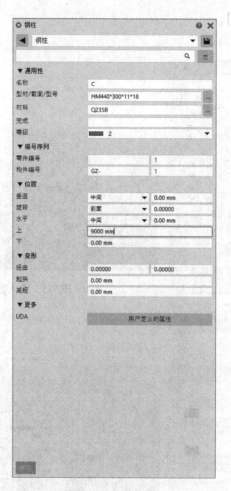

图 7-8 柱的属性

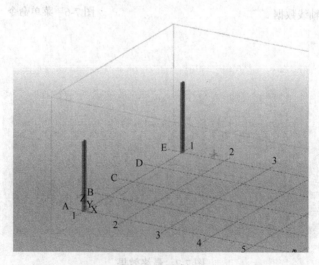

图 7-9 创建柱

在如图 7-11 所示的位置创建梁，利用梁命令时，要用鼠标左键点取创建好的两个柱子顶部端点，完成图 7-11 中相应位置梁的绘制。

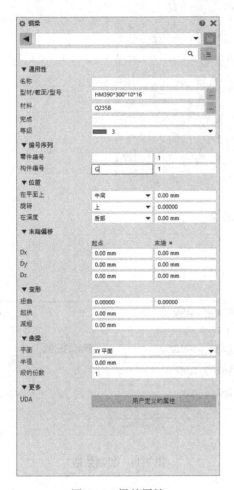

图 7-10　梁的属性

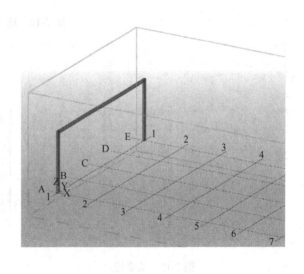

图 7-11　梁效果图

7.2.2.3　线性的复制

按住鼠标左键，从左到右，选取图 7-12 的柱和梁。当所选择的柱子和梁【高亮】时，单击鼠标右键，如图 7-13 所示。

单击【选择性复制】、【线性的...】，填入如图 7-14 所示的数据，根据复制需求，设置好复制份数及相应间距，利用鼠标左键单击【复制】、【确认】。

线性的复制工作完成，效果如图 7-15 所示。单击【Esc】键，中断命令。

单击【Ctrl+P】键，进行 3D 和 2D 视图切换，2D 效果图如图 7-16 所示。

7.2.3　细部处理

7.2.3.1　柱脚组件细部节点

在软件的编辑栏中，打开组件，选择应用程序与组件命令，如图 7-17 所示。

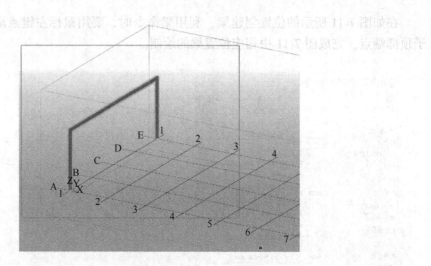

图 7-12   选取柱梁

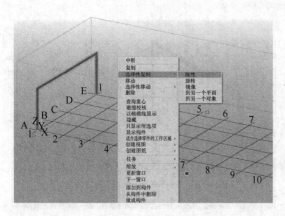

图 7-13   命令板

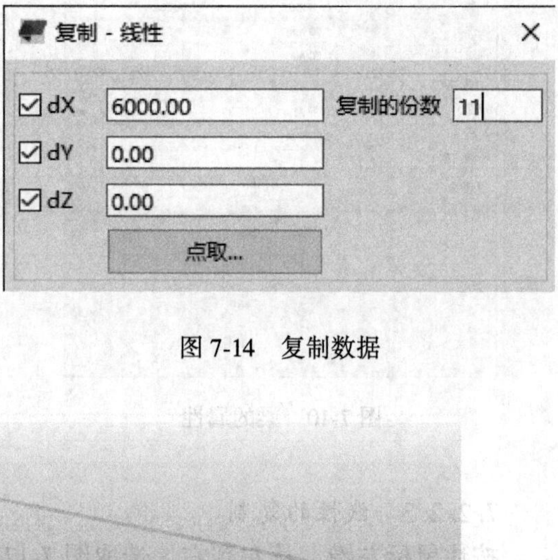

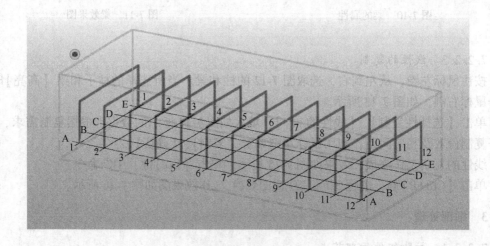

图 7-14   复制数据

图 7-15   3D 效果图

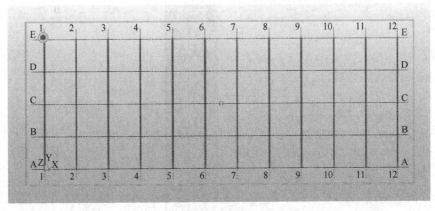

图 7-16　2D 效果图

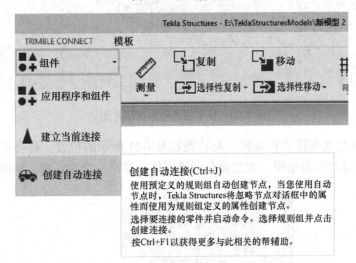

图 7-17　点击命令

　　打开如图 7-18 所示的组件菜单，在右侧搜索栏中输入 1014；查找到的加劲肋底板如图 7-19 所示。选择模型中轴线交点 A-1 处的柱子，再单击第一个柱子的底部中点，在选择的时候注意看左下角的汉语提示。最终的柱子加劲肋底板如图 7-20 所示。

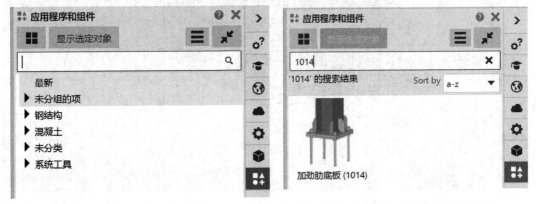

图 7-18　应用程序与组件命令　　　　　　　图 7-19　加劲肋底板图

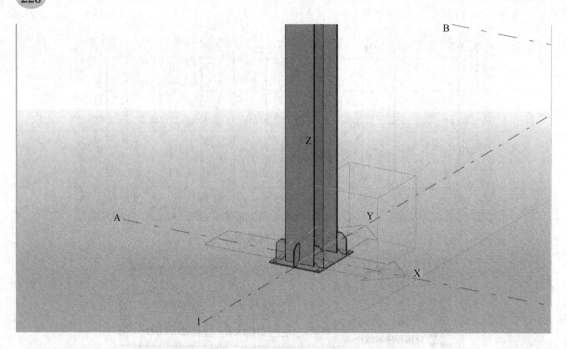

图 7-20　柱子加劲肋底板示意图

单击【Ctrl+R】对视图进行旋转，旋转到如图 7-21 所示的位置。将会看到一个黄色的锥形体，这表示螺栓孔有错误。双击黄色的锥形体，弹出一个对话框，如图 7-22 所示。

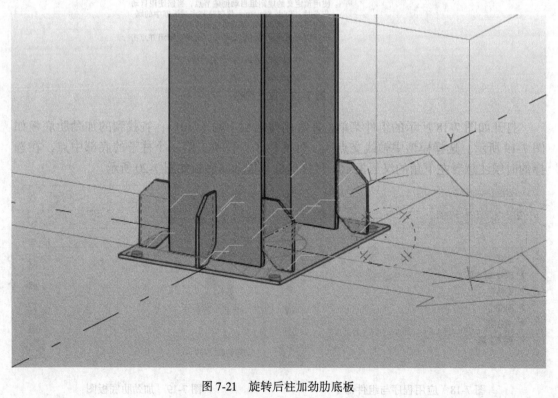

图 7-21　旋转后柱加劲肋底板

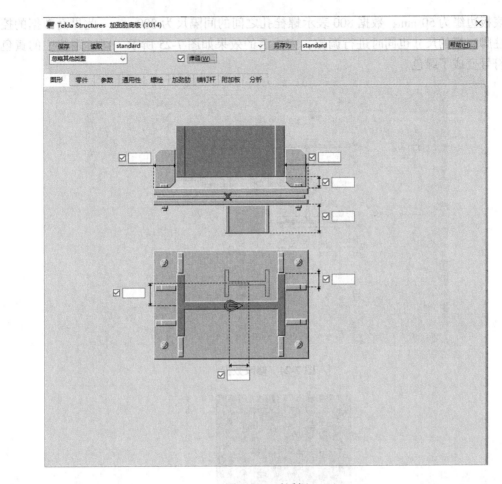

图 7-22　对话框

选择【螺栓】选项，按图 7-23 所示填写，并按图 7-24 进行数据设置，单击【修改】、【应用】、【确认】。注意在作图时，要认真检查尺寸数据。图 7-24 中，数据 50 表示螺栓

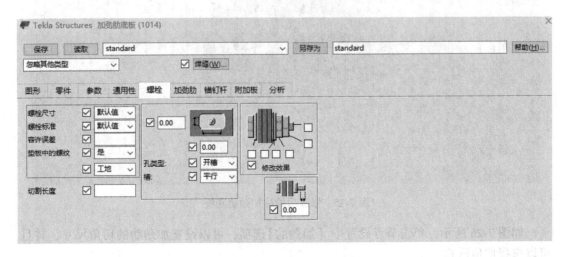

图 7-23　输入数据

距离底板边缘为 50 mm，数据 800 表示螺栓孔之间的间隔尺为 800 mm。此界面数据的控制对柱脚底板的尺寸也同时进行调控，完成后的效果如图 7-25 所示。同时系统中的黄色节点符号变成了绿色。

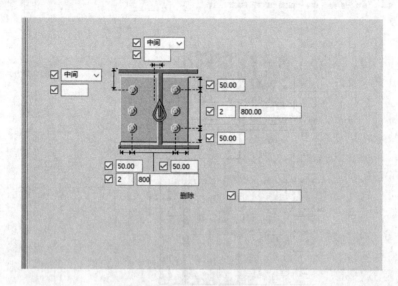

图 7-24　修改数据

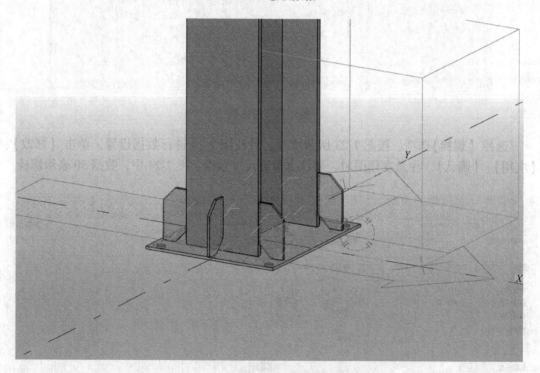

图 7-25　修改后的柱加劲肋底板

　　如图 7-26 所示，单击节点设置中【加劲肋】选项，可以设置加劲肋的切角尺寸，并且可以选择切角形式。

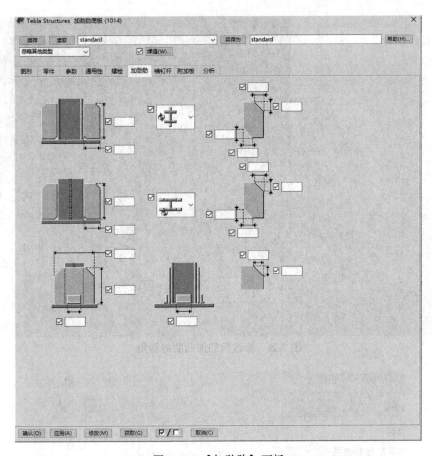

图 7-26 【加劲肋】面板

按图 7-27 的数据进行填写，单击修改后在模型中可以看到图 7-28 所示的图形，非常明显地和其他的加劲板有了变化。当然也可以根据实际情况进行修改。

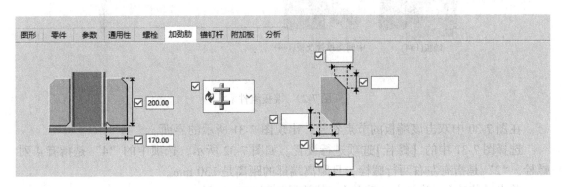

图 7-27 填写数据

7.2.3.2 梁柱组件细部节点

在编辑栏的组件菜单中，查找 144，出现端板组件如图 7-29 所示。选择模型图中第一个轴线上的梁，将它插入梁柱之间细部节点，先选择模型中 1 轴与 E 轴交点处的柱子，再单击相应位置的梁。

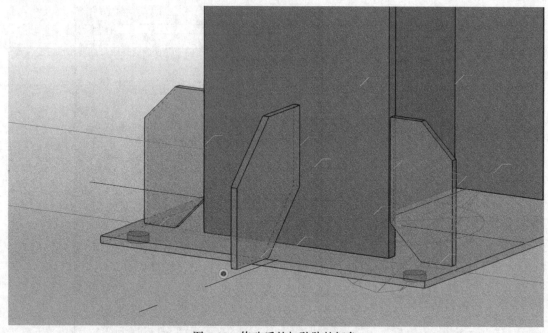

图 7-28   修改后的加劲肋的切角

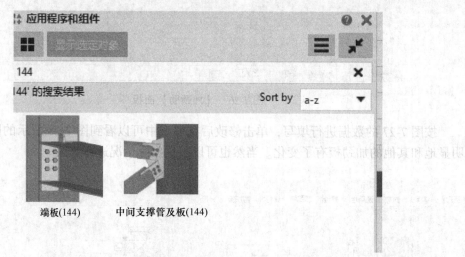

图 7-29   端板组件

在图 7-30 中双击该端板的节点符号，出现图 7-31 所示的界面。

选择图 7-31 中的【螺栓】选项进行设置。如图 7-32 所示，选项中的"4"是指有 4 列螺栓，"2"是指有左右两行螺栓，且距离端部的距离是 130 mm。

单击【修改】，并单击【确认】，其效果如图 7-33 所示。

依照上述步骤，端板就修改完成，用户也可以根据自己的需要修改不同的样式。

7.2.4   板

7.2.4.1   创建板并调整属性

按住【Shift】并单击工具栏中【生成混凝土板】命令，如图 7-34 所示。

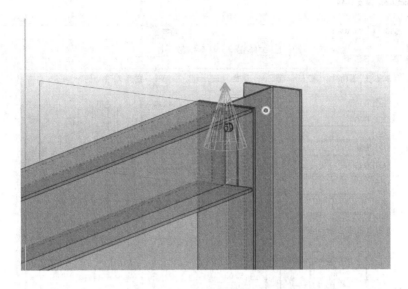

图 7-30 细部节点

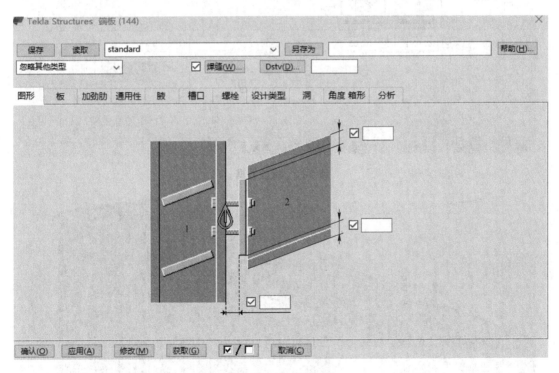

图 7-31 节点面板图

按图 7-35 进行数据修改，单击【修改】、【应用】、【确认】。

下一步，按【Ctrl+2】，使整个构件透明，如图 7-36 所示。

这时，单击捕捉开关图标，然后开始添加板，整个板添加完的效果如图 7-37 所示。

再次单击【Ctrl+4】，使其显示为渲染模式如图 7-38 所示。

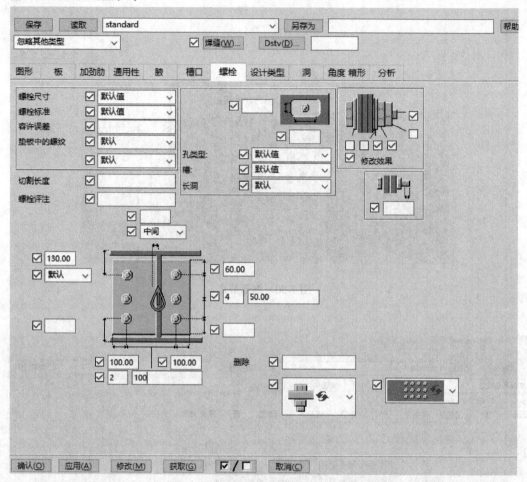

图 7-32 螺栓数据

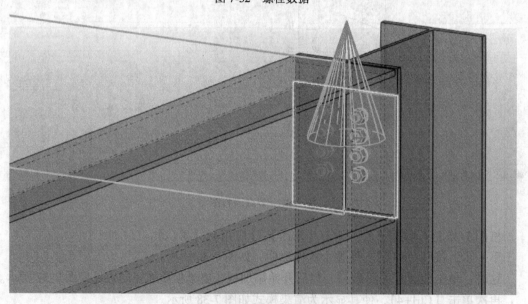

图 7-33 细部节点示意图

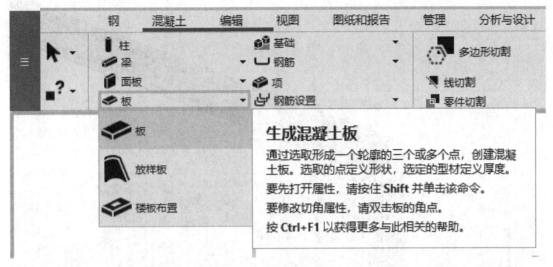

图 7-34 【生成混凝土板】命令

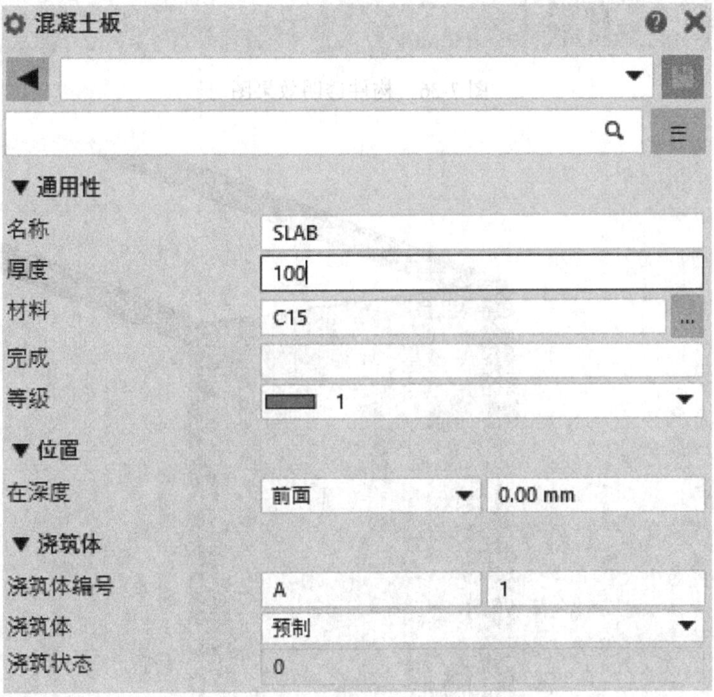

图 7-35 板数据图

7.2.4.2 板的复制

再次用鼠标左键单击 1 轴与 2 轴之间的板，使其高亮如图 7-39 所示，然后单击右键出现如图 7-40 所示的菜单。单击【复制】，选择的 A 轴与 1 轴交点位置作为参照点。

然后单击 A 轴与 2 轴交点、A 轴与 3 轴交点进行复制，如图 7-41 所示。

图中只做出一部分板，其余部分，请读者自行完成。

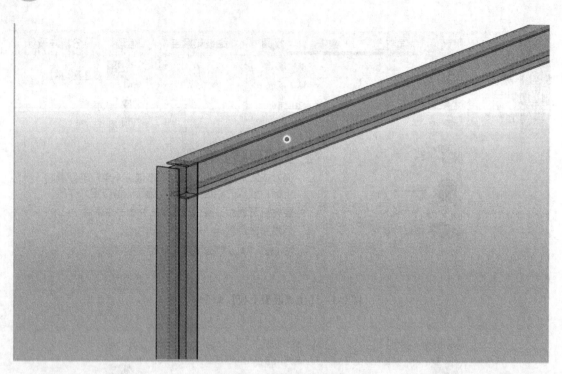

图 7-36　构件透明效果图

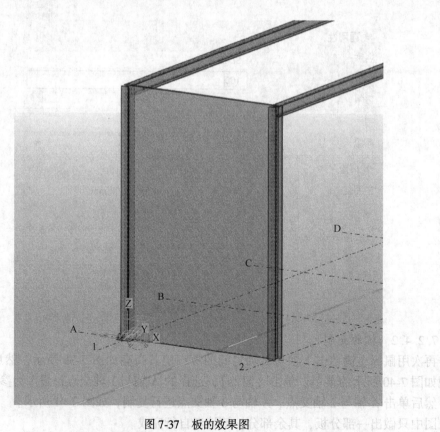

图 7-37　板的效果图

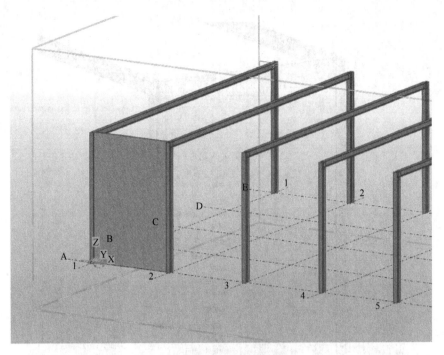

图 7-38　渲染模式效果图

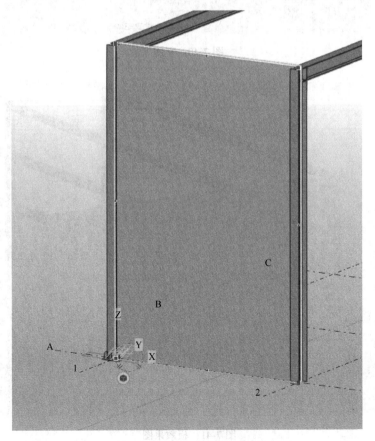

图 7-39　点击板

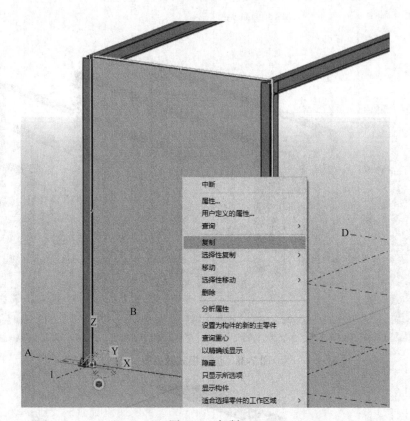

图 7-40　复制

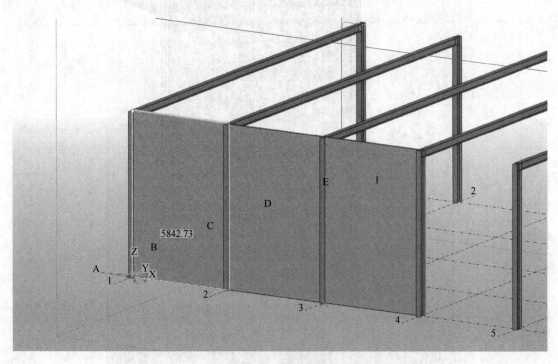

图 7-41　板效果图

7.2.5 创建檩条

7.2.5.1 创建等分的辅助点

在视图工具栏中，单击新视图的基本识图命令，如图 7-42 所示，弹出对话框如图 7-43 所示，创建 9 m 标高位置的基本视图，效果如图 7-44 所示。单击【Ctrl+P】切换到二维视图，如图 7-45 所示。

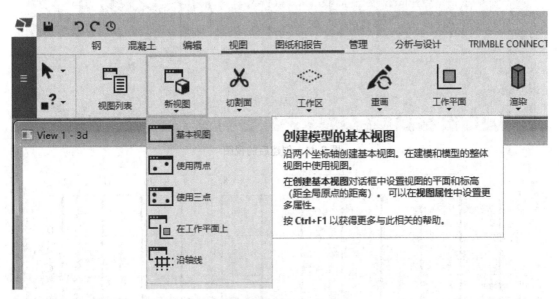

图 7-42　单击基本视图命令

图 7-43　输入数据

这时开始下一步，在编辑栏中单击点命令，选择在线上增加点（如果在编辑栏中没有看到点命令，请按住【Ctrl】，然后按住滚轮），如图 7-46 所示。在弹出的对话框中填入"点的数量"为"4"，如图 7-47 所示。

在图 7-44 中，先单击 E 轴与 1 轴交点，再单击 D 轴与 1 轴交点，创建出 E 轴和 D 轴之间的 4 个等分点，效果如图 7-48 所示。

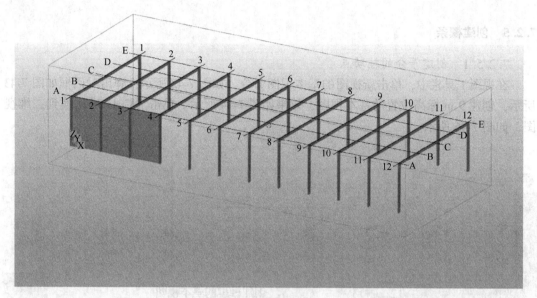

图 7-44　创建后的视图

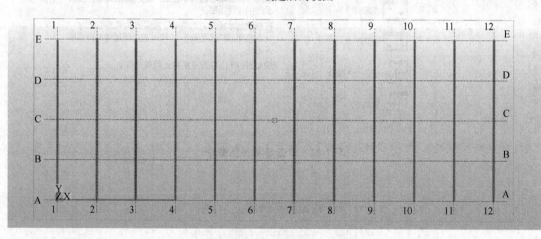

图 7-45　二维视图

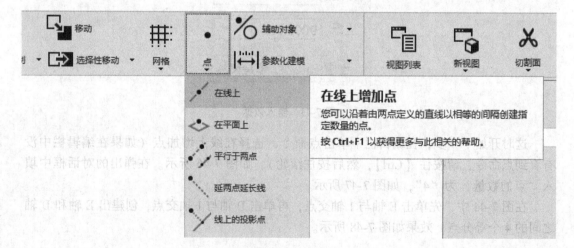

图 7-46　点命令

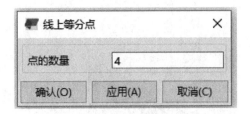

图 7-47 输入数量

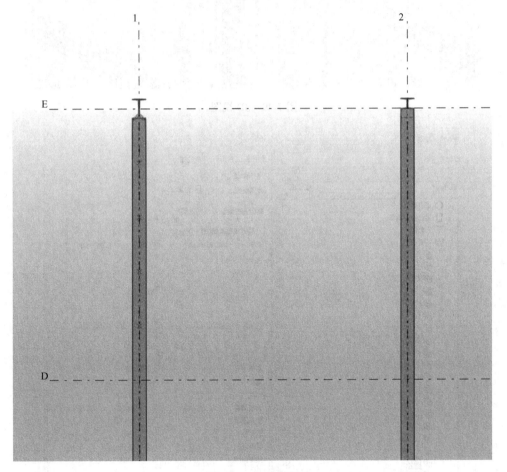

图 7-48 点效果图

7.2.5.2 创建檩条

按【Ctrl+P】，将图 7-45 切换为 3D 视图，如图 7-49 所示，这时，选取创建梁选项，按照图 7-50 选择 C20 作为檩条，并设置属性中数据。

设置好属性数据后，单击【应用】、【确认】，梁的属性如图 7-51 所示，再单击【修改】、【应用】、【确认】。

在 3D 视图中绘制檩条，效果如图 7-52 所示。

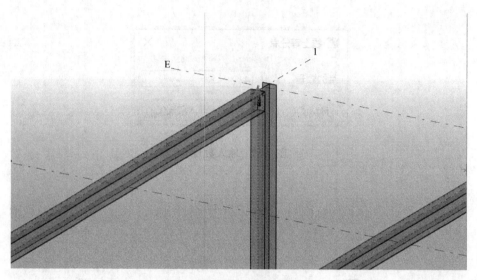

图 7-49　3D 视图

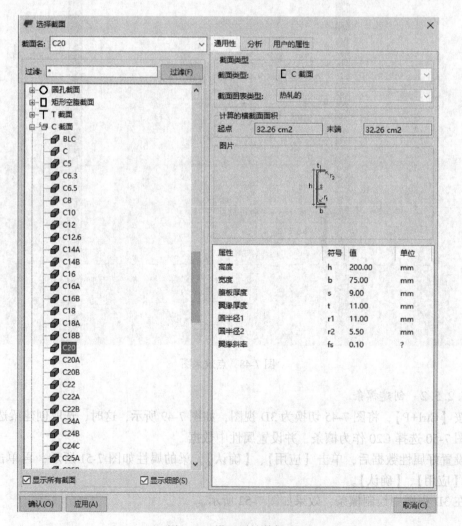

图 7-50　设置属性数据

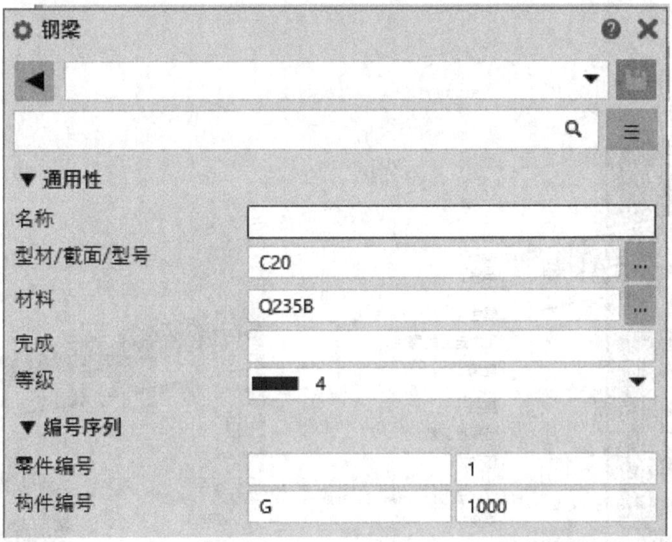

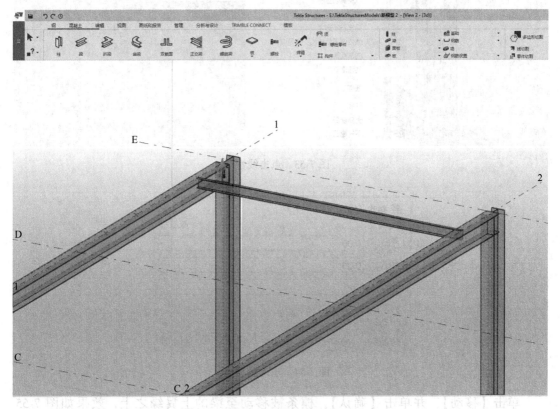

图 7-51 输入数据

图 7-52 绘制檩条

7.2.5.3 檩条的复制

选中图 7-52 中的一根檩条，使其高亮，单击鼠标右键，如图 7-53 所示，选择【选择性移动】、【线性...】，弹出如图 7-54 所示的对话框，在选项卡中填入数据。

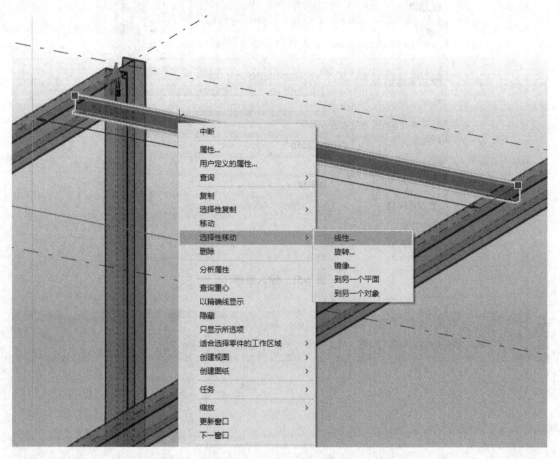

图 7-53   点击线性

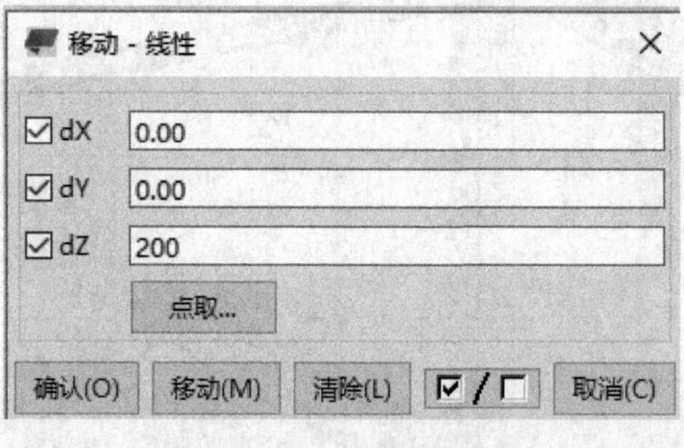

图 7-54   输入数据

单击【移动】，并单击【确认】，檩条被移动至梁的上翼缘之上，效果如图 7-55 所示。

再次选中檩条，单击鼠标右键，单击【复制】，如图 7-56 所示，直接点取图 7-49 创建的点，最终效果如图 7-57 所示。

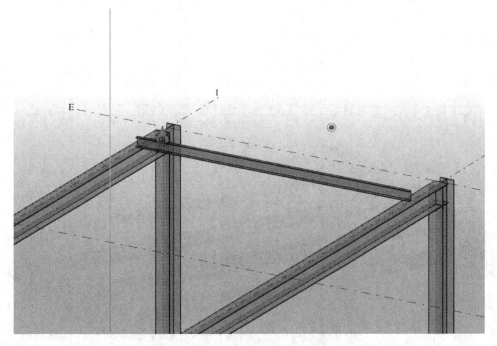

图 7-55 绘制檩条

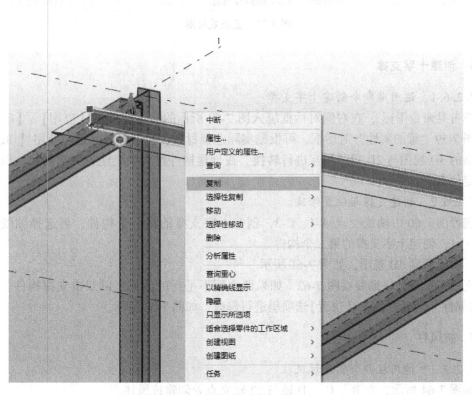

图 7-56 复制

图 7-57　檩条效果图

7.2.6　创建十字支撑

7.2.6.1　运用梁命令创建十字支撑

单击梁命令图标，在右侧对话框填入图 7-58 所示的数据。单击【应用】、【确认】，出现图 7-59 "梁的属性" 对话框，可根据实际选择材质，控制等级颜色。使用【Ctrl+P】把模型的 3D 视图与 2D 视图相互进行转换。在创建构件过程中要注意灵活转换，以便于捕捉定位点。

7.2.6.2　创建支撑与位置修改

选择图 7-60 中轴线交点 A-1、C-3，创建十字支撑的第一个构件，再选择轴线交点 A-3、C-1，创建十字支撑的第二个构件。

再次换回到 3D 视图，如图 7-61 所示。

把视图拉近，仔细观察图 7-62，如果两个面不平行的话，可以双击支撑构件，打开 "梁的属性" 对话框，在【位置】选项里进行修改，如图 7-63 所示。

7.2.7　抗风柱

7.2.7.1　运用柱命令创建抗风柱

如图 7-64 所示，在 B 、C 、D 轴与 12 轴交点处创建抗风柱。

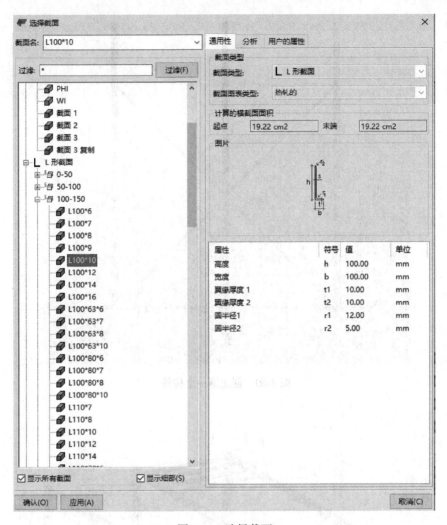

图 7-58 选择截面

图 7-59 修改数据

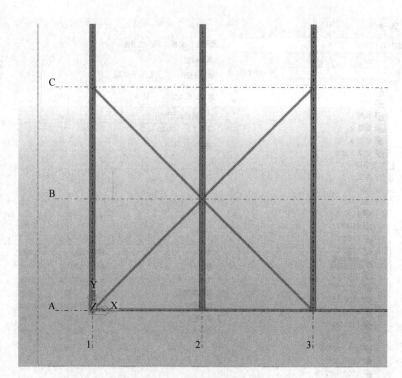

图 7-60　创建第一个构件

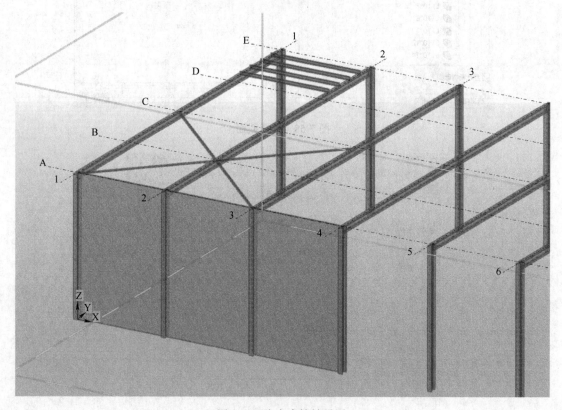

图 7-61　十字支撑效果图

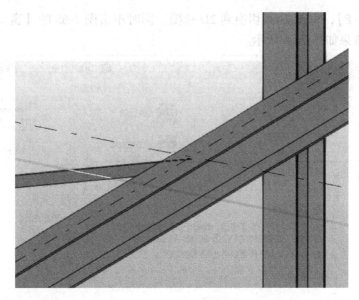

图 7-62　不平行的面

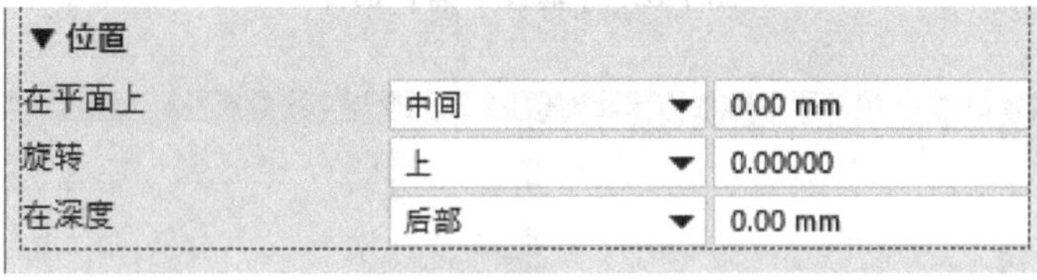

▼ 位置
在平面上
中间
0.00 mm
旋转
上
0.00000
在深度
后部
0.00 mm

图 7-63　梁属性对话框

7
8
9
10
11
12
E
D
C
B
A
10
11
12

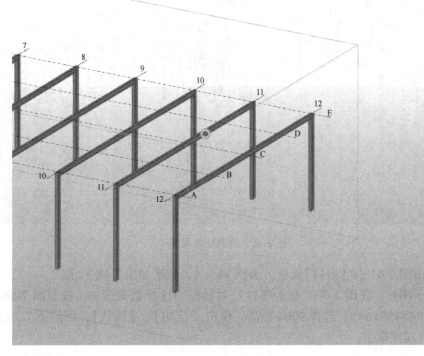

图 7-64　创建抗风柱

单击【Ctrl+P】，将图 7-64 切换到 2D 视图，同时单击图 7-65 的【窗口】选项，选择【垂直平铺】，效果如图 7-66 所示。

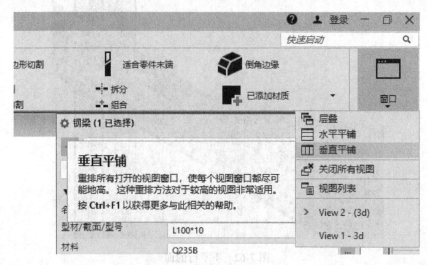

图 7-65 【垂直平铺】命令

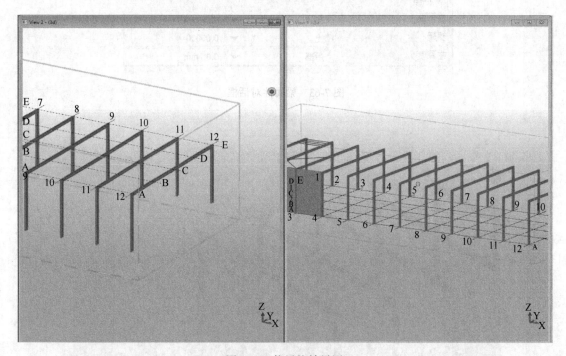

图 7-66 抗风柱效果图

再次单击图 7-67 中【窗口】选项，选择 View 1，效果如图 7-68 所示。

双击柱子图标，在图 7-69 "柱的属性" 对话框中选择截面型材，按照图 7-68，选择截面为 HM194×150×6×9，选择 9000 标高，单击【应用】、【确认】，回到图 7-70 所示的 "柱的属性" 对话框中。

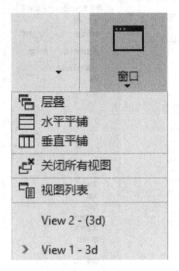

图 7-67 选择 View 1

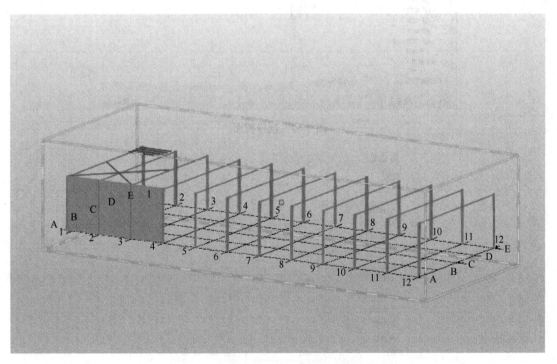

图 7-68 效果图

选择 0 m 标高处 12 轴与 B、C、D 轴的交点，如图 7-71 所示，完成抗风柱的创建。

7.2.7.2 创建模型视图

单击图 7-72 中视图工具栏的【新视图】，选择【沿轴线】、【沿着轴线创建视图】，弹出图 7-73 所示的对话框，单击【创建】、【确认】。

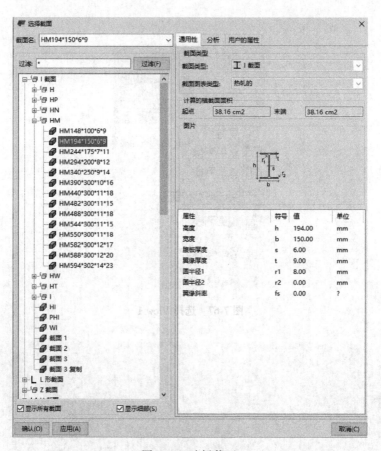

图 7-69　选择截面

图 7-70　修改数据

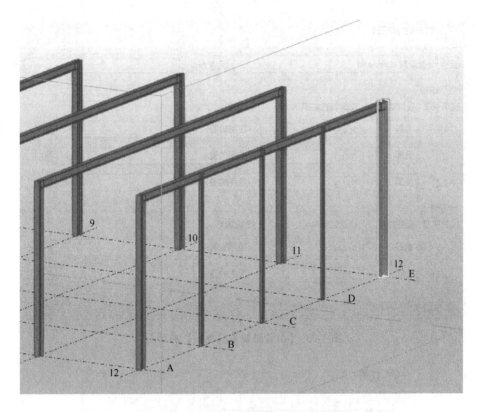

图 7-71 抗风柱效果图

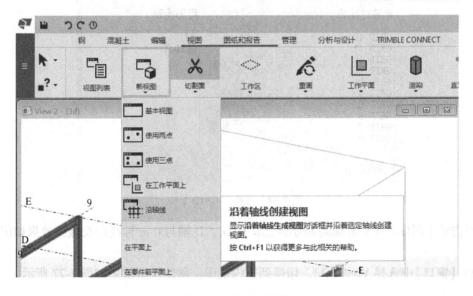

图 7-72 点击新视图

此时弹出图 7-74 所示的"视图"对话框，选择"GRID 1"，并双击鼠标左键，在"可见视图"中出现"GRID 1"。单击【确认】，切换到如图 7-75 所示的 2D 视图。

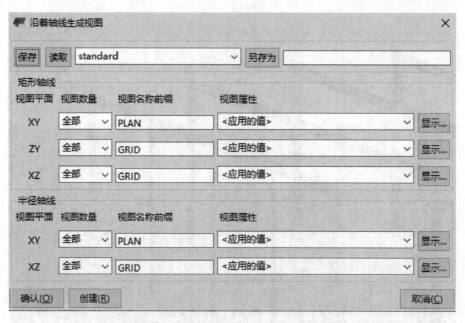

图 7-73　【沿着轴线生成视图】对话框

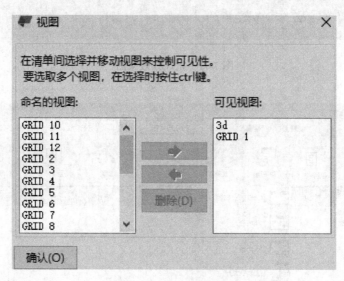

图 7-74　选择 "GRID 1"

单击柱子图标，在 0 m 标高处分别点取 B、C、D 轴与 0 m 标高的交点。效果如图 7-76 所示。

在【窗口】中选择 View 1-3d，切换到三维视图，创建模型效果如图 7-77 所示。

7.2.8　创建图纸

7.2.8.1　两点创建视图
单击视图工具栏中【使用两点创建视图】图标，如图 7-78 所示。

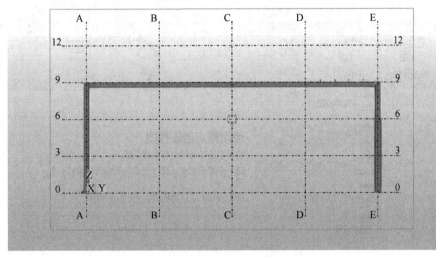

图 7-75 2D 视图

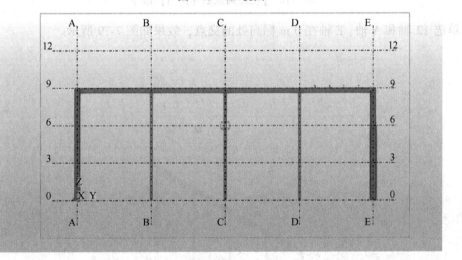

图 7-76 取点

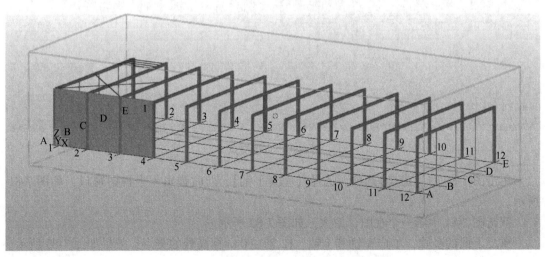

图 7-77 3D 视图

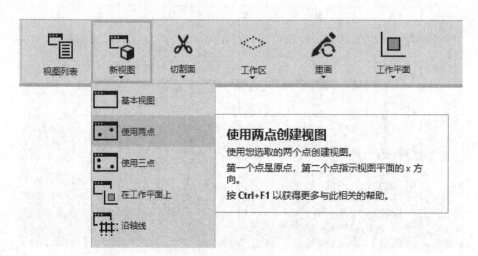

图 7-78　【使用两点创建视图】命令

单选 12 轴和 A 轴、E 轴在 0 m 标高处的交点，效果如图 7-79 所示。

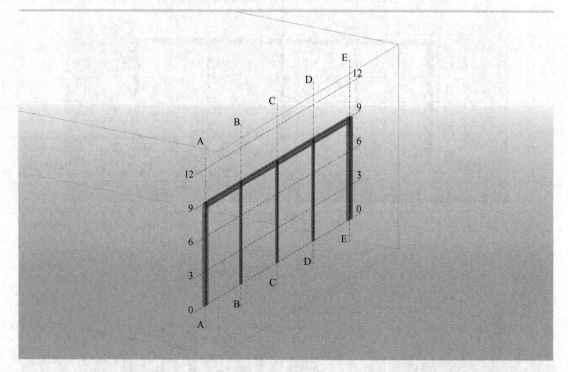

图 7-79　点选交点

单击图 7-80 的【窗口】选项，选择【垂直平铺】，此时弹出 4 个视图窗口，如图 7-81 所示。

双击图 7-81 中第一个视图，放大，如图 7-82 所示。

重复上面的步骤，单选 A 轴和 1 轴、12 轴在 0 m 标高处的交点，效果如图 7-83 所示。

图7-80 【垂直平铺】命令

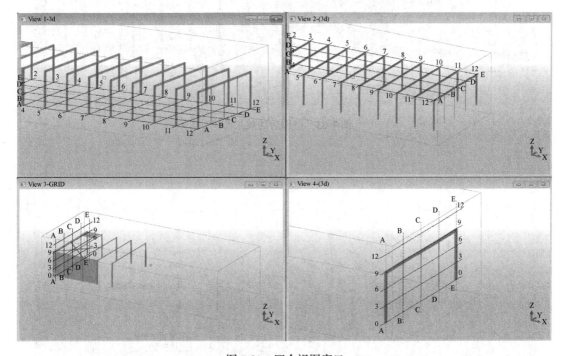

图7-81 四个视图窗口

7.2.8.2 创建整体布置图

在空白位置单击右键选择【创建整体布置图】项，如图7-84所示。

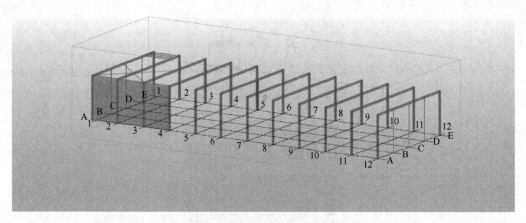

图 7-82　放大第一个视图

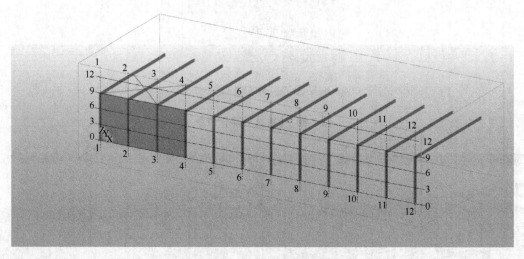

图 7-83　点选后的效果图

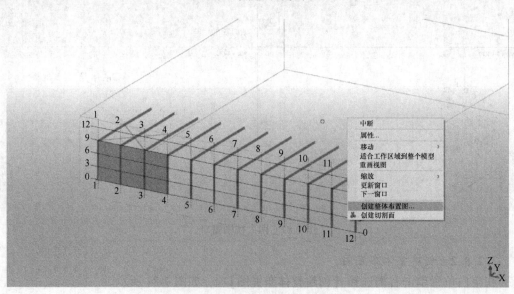

图 7-84　选择【创建整体布置图】命令

在图 7-85 中选择 View_02、View_04，单击【创建】，在"打开图纸"选项前打上"√"，单击【创建】，效果如图 7-86 所示。可输出整体布置图为 CAD 格式。

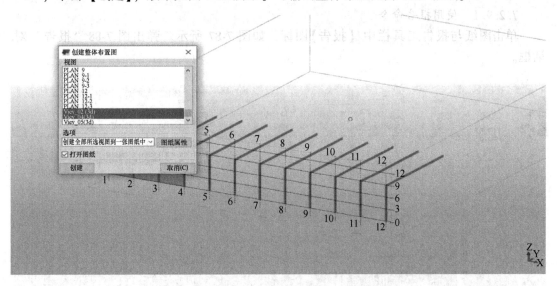

图 7-85　选择 View_02、View_04

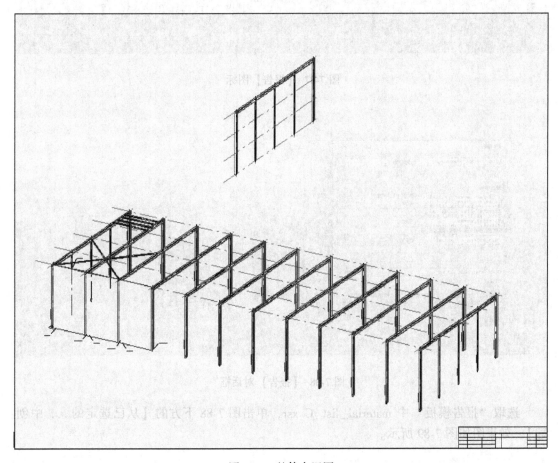

图 7-86　整体布置图

本图 7-85 中选择 View_02、View_04, 单击【创建】, 右击【打开】打开视图。单击"7", 单击【创建】, 效果如图 7-86 所示。可将此整体布置图另为 CAD……

7.2.9 生成材料表

7.2.9.1 使用报告命令

单击图纸与报告工具栏中【报告】图标, 如图 7-87 所示。弹出图 7-88 "报告"对话框。

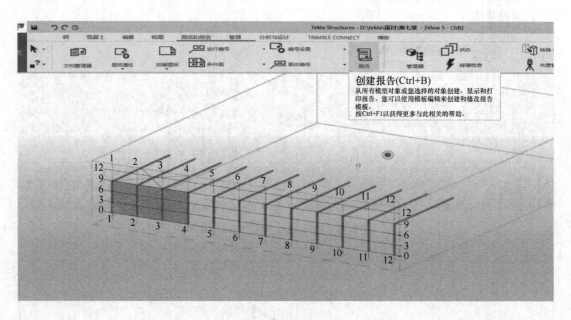

图 7-87 【报告】图标

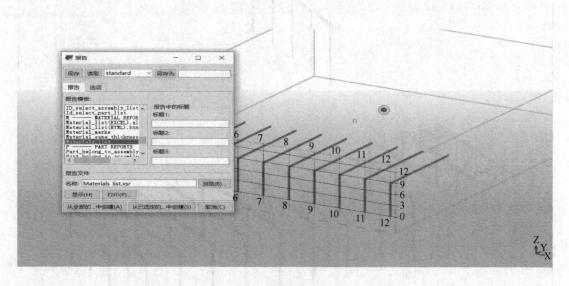

图 7-88 【报告】对话框

选取"报告模板"中 material_list_C.xsr, 单击图 7-88 下方的【从已选定的 ... 中创建】, 效果图如图 7-89 所示。

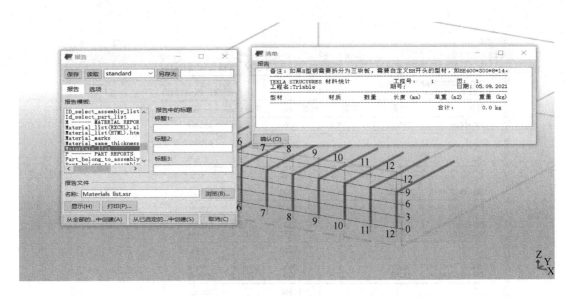

图 7-89　单击【从已选定的 . . . 中创建】

7.2.9.2　生成全部材料表

图 7-89 中的表很简单，这是因为没有选中模型中的工程构件。重新框选图 7-90 中的全部工程构件，在图 7-88 中重新单击【从已选定的 . . . 中创建】，重新生成材料表。此时出现清单如图 7-91 所示。第二种方法是在图 7-92 中，直接单击【从全部的 . . . 中创建】，此时默认可视的三维模型全部工程构件列出清单报告。

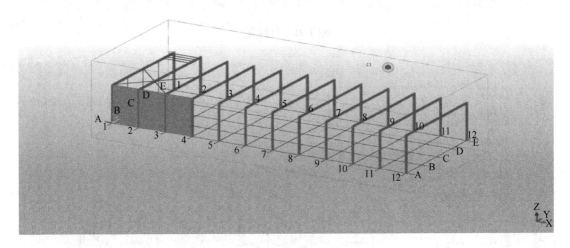

图 7-90　框选全部构件

生成材料表可以将报告生成 Excel 表格，这样便于更仔细地观察与统计报告中内容。在图 7-93 中选取"报告模板"中 material_list（excel），单击下方【从全部的 . . . 中创建】，再从桌面的此电脑中找到 Tekla 所在的文件夹，如图 7-94 所示，再选中所建立的项目，找到一个 Reports 文件夹，如图 7-95 所示。最后单击里面的 Excel 文件，最终效果如图 7-96 所示。

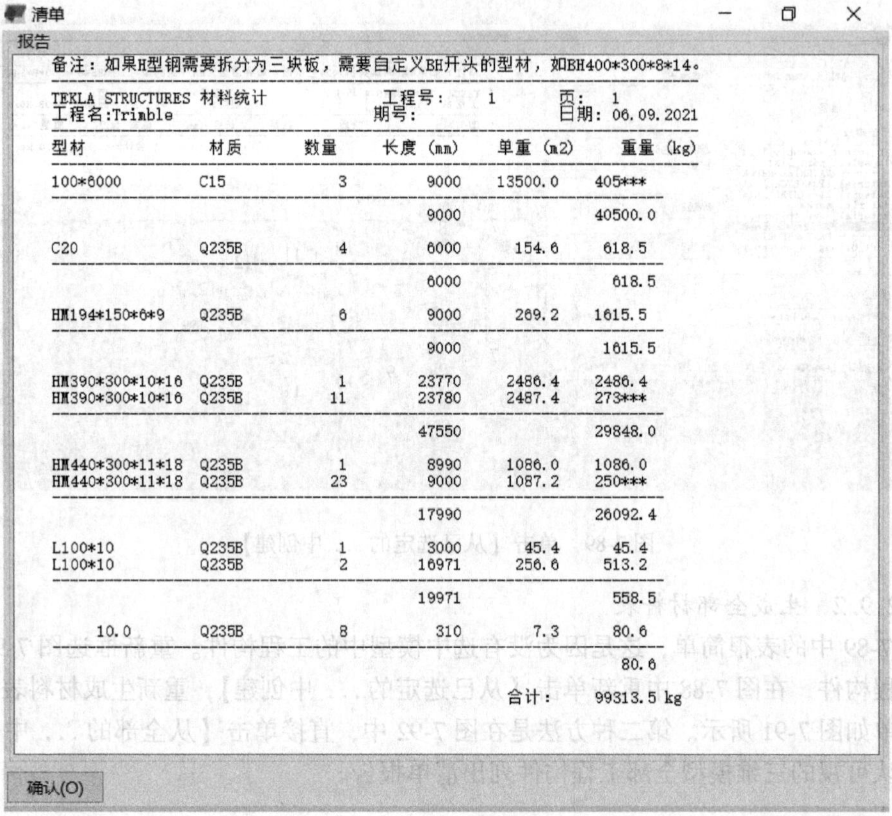

清单　　　　　　　　　　　　　　　　　　　　　　　—　□　×

报告

备注：如果H型钢需要拆分为三块板，需要自定义BH开头的型材，如BH400*300*8*14。

TEKLA STRUCTURES 材料统计 工程名:Trimble		工程号： 期号：	1	页： 日期 : 06.09.2021	1
型材	材质	数量	长度（mm）	单重（m2）	重量（kg）
100*6000	C15	3	9000	13500.0	405***
			9000		40500.0
C20	Q235B	4	6000	154.6	618.5
			6000		618.5
HM194*150*6*9	Q235B	6	9000	269.2	1615.5
			9000		1615.5
HM390*300*10*16	Q235B	1	23770	2486.4	2486.4
HM390*300*10*16	Q235B	11	23780	2487.4	273***
			47550		29848.0
HM440*300*11*18	Q235B	1	8990	1086.0	1086.0
HM440*300*11*18	Q235B	23	9000	1087.2	250***
			17990		26092.4
L100*10	Q235B	1	3000	45.4	45.4
L100*10	Q235B	2	16971	256.6	513.2
			19971		558.5
10.0	Q235B	8	310	7.3	80.6
					80.6
				合计 :	99313.5 kg

确认(O)

图 7-91　材料表

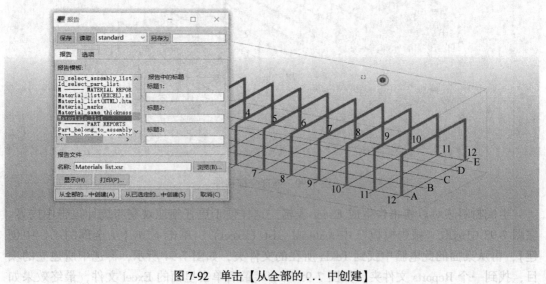

图 7-92　单击【从全部的 … 中创建】

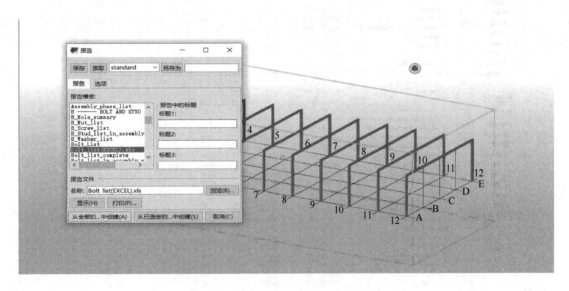

图 7-93　选择 material_list（excel）命令

图 7-94　找到文件夹

进一步灵活利用项目中介绍的命令绘制模型，把模型修改完善成图 7-97 的样式。

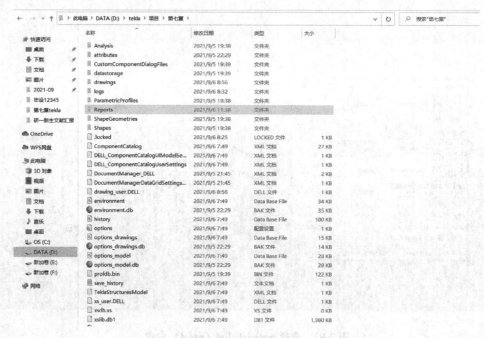

图 7-95　Reports 文件

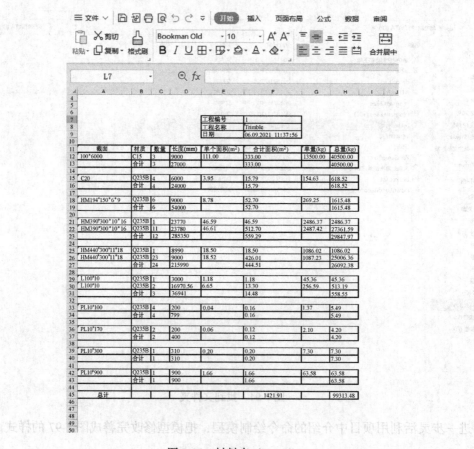

图 7-96　材料表（Excel）

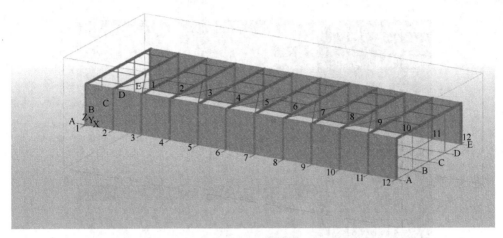

图 7-97　最终效果图

7.3　Tekla Structures 软件应用技巧

7.3.1　快捷键介绍

Tekla 软件的优点不仅仅在于可以对模型的精确建立，其更大的优点在于可以自己设置快捷键，这大大提高了工作效率与工程进度，下图是关于一些常用快捷键的设置方法。

先单击软件左上方的【文件】选项，如图 7-98 所示，再单击【设置】选项，如图 7-99 所示，会出现如图 7-100 所示的界面，单击其中的【快捷键】选项。

图 7-98　单击文件选项　　　　　　　　　　图 7-99　单击设置

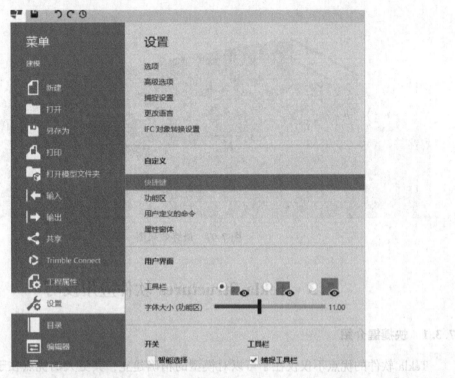

图 7-100　单击快捷键

弹出对话框如图 7-101 所示。

图 7-101　弹出的对话框

在组列表中，选择要修改的快捷方式组。会显示一个命令和快捷方式列表，若要搜索特定命令或键盘快捷键，在过滤框中输入某些文本。在列表中选择一个命令，单击请输入快捷方式键。在键盘上，输入您要用作快捷键的键组合。选中冲突框，来查看该键盘快捷键是否分配给另一组命令。最后单机分配，保存键盘快捷键。

Tekla Structures 软件的一些快捷方式的快速输入法如表 7-1 所示，钢结构详图设计工作中最常用的快捷键总结如表 7-2 所示。

表 7-1 软件操作的快捷方式

序号	英文名称	中文名称	快捷键
1	MoveTranslate	移动-平移	G
2	CopyTranslate	复制-移动	C
3	MoveRotate	移动-旋转	R
4	MoveMirror	移动-镜像	V
5	CopyRotate	复制-旋转	Shift+R
6	CopyMirror	复制-镜像	Shift+V
7	CopyWith3Points	三点复制	Shift+C
8	MoveWith3Points	三点移动	Shift+G
9	SplitMember	拆分零件	N
10	LineCut	沿线切割	J
11	PolygonCut	多边形切割	K
12	PartCut	零件切割	L
13	ContourPlate	多边形板	P
14	PolyBeam	创建折梁	Z
15	Welding	焊接	9
16	EditBoltParts	编辑螺栓部件	B
17	ExtensionPoint	创建延伸点	E
18	ParallelPoints	创建平行点	F
19	ConstructionLine	辅助线	Q
20	ConstructionCircle	辅助圆	U
21	MeasureX	X 向测量	X
22	MeasureY	Y 向测量	Y
23	MeasureFree	自由测量	W
24	AngleMeasure	角度测量	A
25	BoltMeasure	螺栓测量	Shift+B
26	PartBasicViews	零件多个基本视图	M
27	InquireAssembly	查询构件	1
28	WorkplaneToViewplane	视图工作平面	2
29	WorkplaneByPoints	三点工作平面	3
30	SetViewReprWireframe	线框视图	4

序号	英文名称	中文名称	快捷键
31	HideSelectedObjects	隐藏选定对象	5
32	DrawingList	图纸列表	6
33	PickWorkArea	点选工作区	7
34	FitWorkAreaByPartsSelectedViews	适合零件视图	8
35	gr_ Xdimension	X 向标注	X
36	gr_ Ydimension	Y 向标注	Y
37	gr_ FreeDimension	自由标注	W
38	gr_ RadiusDimension	标注半径	R
39	gr_ AngleDimension	角度标注	A
40	gr_ AddDimPoint	增加尺寸点	J
41	gr_ RemoveDimPoint	删除尺寸点	K
42	gr_ ParallelDimension	平行标注	N
43	gr_ PerpendicularDimension	垂直标注	M
44	gr_ CombineDimensions	组合尺寸线	Z
45	gr_ CreateMarksSelected	创建选定零件标记	0
46	gr_ CutSymbol	创建剖面符号	P
47	gr_ CutView	创建剖面	E
48	gr_ WeldSymbol	创建焊接符号	i
49	gr_ FitSelectedDrawingViews	适合选定视图	L
50	gr_ MoveObjects	移动对象	G
51	gr_ NoteWithLeader	引出注释	V
52	gr_ Line	画线	Q
53	ExactLines	精确线	Alt-w
54	ExplodeJoint	炸开节点	Shift-x
55	HideObject	隐藏选定对象	Alt-q
56	InquireObject	查询目标对象	Alt-1
57	PartBasicView	零件基本视图	Alt-v
58	ViewOnFrontPlane	创建到前视图	Shift-q
59	ViewOnTopPlane	创建到顶视图	Shift-d
60	ViewToWorkplane	创建工作平面视图	Shift-f

表 7-2　常用快捷键总结

序号	命　令	快捷键
1	帮助	F1
2	打开	Ctrl+O
3	保存	Ctrl+S
4	删除	Del
5	属性	Alt+Enter
6	撤销	Ctrl+Z
7	重做	Ctrl+Y
8	中断	Esc
9	重复前一个命令	Enter
10	平移	P
11	右移	X
12	左移	Z
13	下移	Y
14	上移	W
15	使用鼠标旋转	Ctrl+R
16	使用键盘旋转	Ctrl/Shift+箭头键
17	禁用视图旋转	F8
18	设置视图旋转点	V
19	自动旋转	Shift+R/T
20	3D/平面	Ctrl+P
21	打开组件目录	Ctrl+F
22	巡视（透视视图）	Shift+F
23	原始尺寸缩放	Home
24	前一比例缩放	End
25	放大	PgUp
26	缩小	PgDn
27	光标定心	Insert
28	更新窗口	Ctrl+U
29	快照	F9、F10、F11、F12、
30	Smart Select	S
31	拖放	D

序号	命　　令	快捷键
32	中间按键平移	Shift+M
33	复制	Ctrl+C
34	移动	Ctrl+M
35	正交	O
36	相对捕捉	R
37	相对坐标输入	@、R
38	绝对坐标输入	S、A
39	下一位置	Tab
40	上一位置	Shift+Tab
41	选择过滤	Ctrl+G
42	添加到选择区域	Shift
43	锁定选择区域	Ctrl
44	锁定 X、Y、Z 坐标	X、Y 或 Z
45	选择所有选择开关	F2
46	选择零件选择开关	F3
47	选择全部	Ctrl+A
48	选择构件	Alt+对象
49	捕捉到参考线/点	F4
50	捕捉到几何线/点	F5
51	捕捉最近点	F6
52	捕捉到任何位置	F7
53	高级选项	Ctrl+E
54	查询目标	Shift+I
55	自由测量	F
56	新建模型	Ctrl+N
57	打开视图列表	Ctrl+I
58	创建切面图	Shift+X
59	翻转高亮	H
60	隐藏对象	Shift+H
61	取消上一次多边形定位	退格键
62	结束多边形输入	空格键

续表 7-2

序号	命　令	快捷键
63	创建自动链接	Ctrl+J
64	状态管理器	Ctrl+H
65	碰撞校核	Shift+C
66	自动生成图纸	Ctrl+W
67	图纸列表	Ctrl+L
68	复制图纸	Ctrl+D
69	打印图纸	Shift+P
70	创建报表	Ctrl+B

7.3.2　Tekla 使用过程中异常问题解决方法

（1）Tekla 注册表异常可能导致的异常问题：

1）Tekla 无法正常启动或无法打开模型；

2）编辑用户单元时，编辑节点的工具栏无法显示；

3）Tekla 经常异常关闭；

4）Tekla 运行特别卡；

5）双击节点，无法弹出节点窗口；

6）其他异常问题。

（2）解决方法：Tekla 使用过程中出现异常问题时，用户经常选择重新安装软件，其实重新安装软件并不能解决这些问题，除非用户重装电脑系统，这样工作量比较大。实际处理 Tekla 百分之九十以上的问题，都可以通过删除 Tekla 的注册表或更新注册表来解决，重装系统之所以能解决这些问题，也是因为重装系统可以彻底清除现有异常注册表的原因，而重装 Tekla 并不能清除或更新注册表。

操作步骤：WIN+R→输入 regedit→单击确认→HKEY_CURRENT_USER→SOFTWARE→Tekla→选中后右键弹出快捷菜单→选择删除→重启 Tekla 软件问题即可解决，无法重装软件和系统。具体操作步骤如图 7-102~图 7-104 所示。

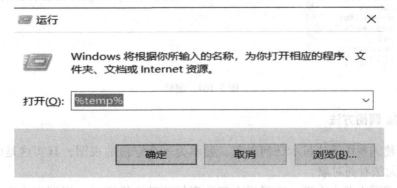

图 7-102　打开相应程序

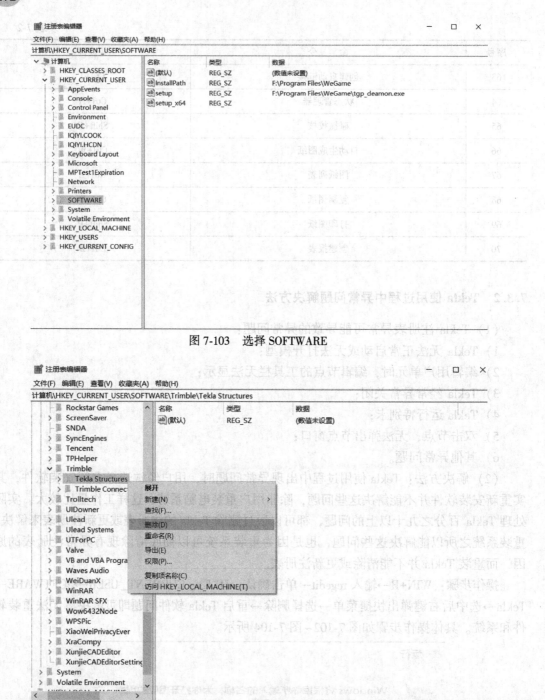

图 7-103　选择 SOFTWARE

图 7-104　删除

7.3.3　Tekla 调图方法

（1）新建的视图无法显示任何对象，显示为一个空白的视图，其实这是由于工作区域太大导致无法看到对象。

（2）在视图上单击右键，选择适合工作区域到整个模型后，视图变为空白视图，这是由于视图工作区域太大。

（3）解决方法：工具栏中下拉菜单→校核和修正模型→找到遗漏部件→在弹出的清单报表中选中所有行→右键选择删除，重复以上步骤直到选择适合工作区域到整个模型后正常显示视图。

7.3.4 创建 Excel 报表文字乱码解决方法

在使用 Tekla 软件来创建 Excel 格式报表时,有时会出现乱码的情况(如图 7-105 所示)。

"'¼§±å°Ã	ÊíÂ¿	"'¼§Åû°Æ	½ØÂæGì²Ã	"'¼§²¤¶¶Ê	µ¥ÖØ(Kg)	"²ÖØ(Kg)	±×¢
LT-1	1	BEAM	CC220-1.8-20-75	6495.00	36.97	36.97	
LT-2	1	BEAM	CC220-1.8-20-75	5990.00	34.09	34.09	
LT-3	1	BEAM	CC220-1.8-20-75	4990.00	28.40	28.40	
LT-4	1	BEAM	CC220-1.8-20-75	5995.00	34.12	34.12	
LT-5	1	BEAM	CC220-1.8-20-75	6495.00	36.97	36.97	
LT-6	1	BEAM	CC220-1.8-20-75	5990.00	34.09	34.09	
LT-7	1	BEAM	CC220-1.8-20-75	4990.00	28.40	28.40	
LT-8	1	BEAM	CC220-1.8-20-75	5995.00	34.12	34.12	
LT-9	3	BEAM	CC220-1.8-20-75	6495.00	36.97	110.90	
LT-10	3	BEAM	CC220-1.8-20-75	5990.00	34.09	102.28	
LT-11	3	BEAM	CC220-1.8-20-75	4990.00	28.40	85.20	
LT-12	3	BEAM	CC220-1.8-20-75	5995.00	34.12	102.36	
LT-13	2	BEAM	CC220-1.8-20-75	6495.00	36.97	73.93	
LT-14	2	BEAM	CC220-1.8-20-75	5990.00	34.09	68.18	
LT-15	2	BEAM	CC220-1.8-20-75	4990.00	28.40	56.80	
LT-16	2	BEAM	CC220-1.8-20-75	5995.00	34.12	68.24	
LT-17	1	BEAM	CC220-1.8-20-75	6495.00	36.97	36.97	
LT-18	1	BEAM	CC220-1.8-20-75	5990.00	34.09	34.09	
LT-19	1	BEAM	CC220-1.8-20-75	4990.00	28.40	28.40	
LT-20	1	BEAM	CC220-1.8-20-75	5995.00	34.12	34.12	
"'¼Æ	32	£¨û£©"'¼§				1068.65	

图 7-105　出现乱码

解决方法：选中乱码显示的 Excel 文档，单击鼠标右键，选择打开方式，用记事本打开（如图 7-106 所示）。

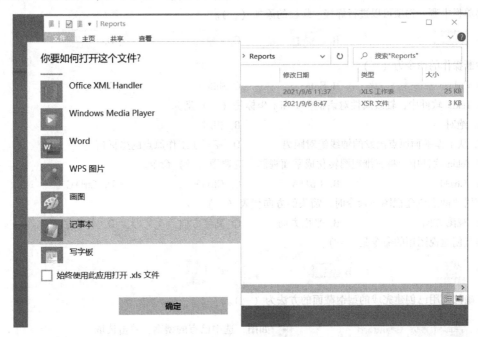

图 7-106　选择记事本

单击文件→另存为，编码下拉选择 UTF-8，单击保存并关闭文档，再次用 Excel 文档打开即可（如图 7-107 所示）。

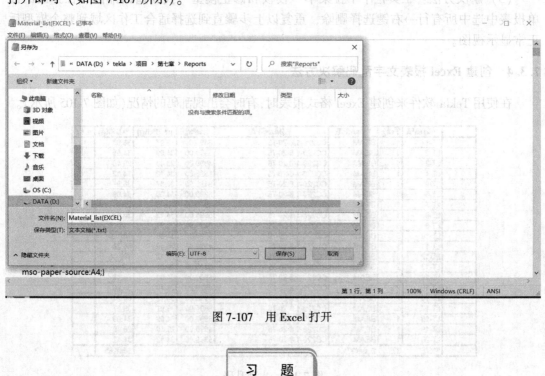

图 7-107　用 Excel 打开

习　题

7-1 软件登录成功之后，下列哪一项为正确的操作（　　）。

　　A. 进行模型柱子建模　　　B. 新建模型文件　　C. 进行模型轴网创建　　D. 以上均不对

7-2 菜单栏中哪一选项可以进行焊接、螺栓的添加（　　）。

　　A. 细部　　　　　　　B. 视图　　　　　　　C. 分析　　　　　　　D. 窗口

7-3 中断操作的命令为（　　）。

　　A. Ctrl　　　　　　　B. Enter　　　　　　　C. Shift　　　　　　　D. Esc

7-4 在 Tekla 软件中，轴线属性对话框中 x 和 y 坐标是（　　）坐标。

　　A. 绝对　　　　　　　　　　　　　　　B. 相对

　　C. 从工作平面原点出发的轴线绝对距离　　D. 相对于工作原点的坐标值

7-5 在 Tekla 软件中，将三维视图转化成平面视图，应调用（　　）命令。

　　A. Ctrl+E　　　　　　B. Ctrl+A　　　　　　C. Ctrl+P　　　　　　D. Ctrl+C

7-6 使用"两点创建视图"命令时，箭头的方向代表（　　）。

　　A. 视图方向　　　　　B. 平面方向　　　　　C. 高度方向　　　　　D. 水平方向

7-7 两点创建视图用的命令是（　　）。

　　A.　　　　　　　　B.　　　　　　　　C.　　　　　　　　D.

7-8 正确的调用已创建完成的型钢截面的方法为（　　）。

　　A. 保存 读取 standard　　如图，选中已有的型钢，单击读取

B. 直接复制已有的构件

C. 需重新进行该型钢截面的设置

D. 无直接调用的方法

7-9 在 Tekla 软件中，轴线属性对话框中，数据用（　）隔开。

　　A. 空格符号　　　　　　　B. /　　　　　　　　C. @　　　　　　　D. ;

7-10 螺栓示意图如 所示，若选择纵向为 Y 向，则正确的参数输入为（　）。

　　A. 100，200，100　　　B. 100、200、100　　C. 100/200/100　　D. 100 200 100

参考答案：CADCC ABAAD

附　录

附录 1　钢材和连接强度设计值

钢材、焊缝、螺栓连接、铆钉连接的强度设计值如附表 1-1～附表 1-4 所示，结构构件或连接设计强度的折减系数如附表 1-5 所示。

附表 1-1　钢材的强度设计值　　　　　　　　　　　　　（N/mm²）

钢　材		抗拉、抗压和抗弯 f	抗剪 f_v	端面承压（刨平顶紧）f_{ce}
牌　号	厚度或直径 /mm			
Q235 钢	≤16	215	125	325
	>16～40	205	120	
	>40～60	200	115	
	>60～100	190	110	
Q345 钢	≤16	310	180	400
	>16～35	295	170	
	>35～50	265	155	
	>50～100	250	145	
Q390 钢	≤16	350	205	415
	>16～35	335	190	
	>35～50	315	180	
	>50～100	295	170	
Q420 钢	≤16	380	220	440
	>16～35	360	210	
	>35～50	340	195	
	>50～100	325	185	

注：表中厚度系指计算点的钢材厚度，对轴心受拉和轴心受压构件系指截面中较厚件的厚度。

附表 1-2　焊缝的强度设计值　　　　　　　　　　（N/mm²）

焊接方法和焊条型号	构件钢材		对接焊缝				角焊缝
	牌号	厚度或直径/mm	抗压 f_c^w	焊缝质量为下列等级时，抗拉 f_t^w		抗剪 f_v^w	抗拉、抗压和抗剪 f_f^w
				一级、二级	三级		
自动焊、半自动焊和 E43 型焊条的手工焊	Q235 钢	≤16	215	215	185	125	160
		>16~40	205	205	175	120	
		>40~60	200	200	170	115	
		>60~100	190	190	160	110	
自动焊、半自动焊和 E50	Q345 钢	≤16	310	310	265	180	200
		>16~35	295	295	250	170	
		>35~50	265	265	225	155	
		>50~100	250	250	210	145	
自动焊、半自动焊和 E55 型焊条的手工焊	Q390 钢	≤16	350	350	300	205	220
		>16~35	335	335	285	190	
		>35~50	315	315	270	180	
		>50~100	295	295	250	170	
	Q420 钢	≤16	380	380	320	220	220
		>16~35	360	360	305	210	
		>35~50	340	340	290	195	
		>50~100	325	325	275	185	

注：1. 自动焊和半自动焊所采用的焊丝和焊剂，应保证其熔敷金属的力学性能不低于现行国家标准《埋弧焊用碳钢焊丝和焊剂》（GB/T 5293）和《低合金钢弧焊用焊剂》（GB/T 12470）中相关的规定。

2. 焊缝质量等级应符合现行国家标准《钢结构工程施工质量验收规范》（GB 50205）的规定。其中厚度小于 8 mm 钢材的对接焊缝，不应采用超声波探伤确定焊缝质量等级。

3. 对接焊缝在受压区的抗弯强度设计值取 f_c^w。在受拉区的抗弯强度设计值取 f_t^w。

4. 表中厚度系指计算点的钢材厚度，对轴心受拉和轴心受压构件系指截面中较厚板件的厚度。

附表 1-3　螺栓连接的强度设计值　　　　　　　　　　（N/mm²）

螺栓的性能等级、锚栓和构件钢材的牌号		C 级螺栓			A 级、B 级螺栓			锚栓	承压型连接高强度螺栓		
		抗拉 f_t^b	抗剪 f_v^b	承压 f_c^b	抗拉 f_t^b	抗剪 f_v^b	承压 f_c^b	抗拉 f_t^a	抗拉 f_t^b	抗剪 f_v^b	承压 f_c^b
普通螺栓	4.6 级、4.8 级	170	140	—	—	—	—	—	—	—	—
	5.6 级	—	—	—	210	190	—	—	—	—	—
	8.8 级	—	—	—	400	320	—	—	—	—	—
锚栓	Q235 钢	—	—	—	—	—	—	140	—	—	—
	Q345 钢	—	—	—	—	—	—	180	—	—	—

螺栓的性能等级、锚栓和构件钢材的牌号		C 级螺栓			A 级、B 级螺栓			锚栓	承压型连接高强度螺栓		
		抗拉 f_t^b	抗剪 f_v^b	承压 f_c^b	抗拉 f_t^b	抗剪 f_v^b	承压 f_c^b	抗拉 f_t^a	抗拉 f_t^b	抗剪 f_v^b	承压 f_c^b
承压型连接高强度螺栓	8.8 级	—	—	—	—	—	—	—	400	250	—
	10.9 级	—	—	—	—	—	—	—	500	310	—
构件	Q235 钢			305							470
	Q345 钢			385							590
	Q390 钢			400							615
	Q420 钢			425							655

注：1. A 级螺栓用于 $d \leqslant 24$ mm 和 $l \leqslant 10d$ 或 $l \leqslant 150$ mm（按较小值）的螺栓；B 级螺栓用于 $d > 24$ mm 或 $l > 10d$ 或 $l > 150$ mm（按较小值）螺栓。d 为公称直径，l 为螺杆公称长度。

2. A 级、B 级螺栓孔的精度和孔壁表面粗糙度，C 级螺栓孔的允许偏差和孔壁表面粗糙度，均应符合现行国家标准《钢结构工程施工质量验收规范》（GB 50205）的要求。

附表 1-4　铆钉连接的强度设计值
（N/mm²）

铆钉钢号和构件钢材牌号		抗拉（钉头拉脱）f_t^r	抗剪 f_v^r		承压 f_c^r	
			Ⅰ类孔	Ⅱ类孔	Ⅰ类孔	Ⅱ类孔
铆钉	BL2 或 BL3	120	185	155	—	—
构件	Q235 钢	—			450	365
	Q345 钢	—		565	460	
	Q390 钢	—		590	480	

注：1. 属于下列情况者为Ⅰ类孔：

(1) 在装配好的构件下按设计孔径钻成的孔；

(2) 在单个零件和构件上按设计孔径分别用钻模钻成的孔；

(3) 在单个零件上先钻成或冲成较小的孔径，然后在装配好的构件上再扩钻到设计孔径的孔。

2. 在单个零件上一次冲成或不用钻模钻成设计孔径的孔属于Ⅱ类孔。

附表 1-5　结构构件或连接设计强度的折减系数

项次	情　况	折 减 系 数
1	单面连接的单角钢 (1) 按轴心受力计算强度和连接； (2) 按轴心受压力计算稳定性。 等边角钢 短边相连的不等边角钢 长边相连的不等边角钢	0.85 $0.6 + 0.0015\lambda$，但不大于 1.0 $0.5 + 0.0025\lambda$，但不大于 1.0 0.70
2	跨度 ≥60 m 桁架的受压弦杆和端部受压腹杆	0.95
3	无垫板的单面施焊对接焊缝	0.85
4	施工条件较差的高空安装焊缝和铆钉连接	0.90
5	沉头和半沉头铆钉连接	0.80

注：1. λ 为长细比，对中间无联系的单角钢压杆，应按最小回转单角钢压杆，应按最小半径计算：当 $\lambda < 20$ 时，取 $\lambda = 20$。

2. 当几种情况同时存在时，其折减系数应连乘。

附录 2　受弯构件的挠度容许值

受弯构件挠度容许值如附表 2-1 所示。

附表 2-1　受弯构件挠度容许值

项次	构　件　类　别	挠度容许值	
		$[v_T]$	$[v_Q]$
1	吊车梁和吊车桁架（按自重和起重量最大的一台吊车计算挠度） （1）手动吊车和单梁吊车（含悬挂吊车）； （2）轻级工作制桥式吊车； （3）中级工作制桥式吊车； （4）重级工作制桥式吊车	$l/500$ $l/800$ $l/1000$ $l/1200$	—
2	手动或电动葫芦的轨道梁	$l/400$	—
3	有重轨（重量等于或大于 38 kg/m）轨道的工作平台梁 有轻轨（重量等于或大于 24 kg/m）轨道的工作平台梁	$l/600$ $l/400$	—
4	楼（屋）盖梁或桁架、工作平台梁（第 3 项除外）和平台板 （1）主梁或桁架（包括设有悬挂起重设备的梁和桁架） （2）抹灰顶棚的次梁 （3）除（1）、（2）款外的其他梁（包括楼梯梁） （4）屋盖檩条 　支承无积灰的瓦楞铁和石棉瓦等屋面者 　支承压型金属板、有积灰的瓦楞铁和石棉瓦等屋面者 　支承其他屋面材料者	$l/400$ $l/250$ $l/250$ $l/150$ $l/200$ $l/200$ $l/150$	$l/500$ $l/350$ $l/300$ — — — —
5	墙架构件（风荷载不考虑阵风系数） （1）支柱 （2）抗风桁架（作为连续支柱的支承时） （3）砌体墙的横梁（水平方向） （4）支承压型金属板、瓦楞铁和石棉瓦墙面的横梁（水平方向） （5）带有玻璃窗的横梁（竖直和水平方向）	— — — — $l/200$	$l/400$ $l/1000$ $l/300$ $l/200$ $l/200$

注：1. l 为受弯构件的跨度（悬臂梁和伸臂梁为悬伸长度的 2 倍）。

　　2. $[v_T]$ 为永久和可变荷载标准值产生的挠度（如有起拱应减去拱度）的容许值；$[v_Q]$ 为可变载标准值产生的挠度的容许值。

附录 3　梁的整体稳定系数

H 形钢和等截面工字形简支梁的系数 β_b 如附表 3-1 所示，焊接工字形和轧制 H 形钢截面如附图 3-1 所示。

附表 3-1　H 形钢和等截面工字形简支梁的系数 β_b

项次	侧向支承	荷　载	$\xi \leqslant 2.0$	$\xi > 2.0$
1	跨中无侧向支承	均布荷载作用在上翼缘	$0.69+0.13\xi$	0.95
2		均布荷载作用在上翼缘	$1.73-0.20\xi$	1.33
3		集中荷载作用在上翼缘	$0.73+0.18\xi$	1.09
4		集中荷载作用在下翼缘	$2.23-0.28\xi$	1.67

项次	侧向支承	荷　载	$\xi \leqslant 2.0$	$\xi > 2.0$
5	跨度中点有一个侧向支承点	均布荷载作用在上翼缘	1.15	
6		均布荷载作用在下翼缘	1.40	
7		集中荷载作用在截面高度上任意位置	1.75	
8	跨中有不少于两个等距离侧向支承点	任意荷载作用在上翼缘	$1.20\beta_b$	
9		任意荷载作用在下翼缘	1.40	
10	梁端有弯矩，但跨中无荷载作用		1.75	

注：1. ξ 为参数，$\xi = \dfrac{l_1 t_1}{b_1 h}$，其中 b_1 为受压翼缘的宽度，对跨中无侧向支承点的梁，l_1 为其跨度；对跨中有侧向支承点的梁，l_1 为受压翼缘侧向支承点间的距离（梁的支座处视为有侧向支承）。

2. M_1、M_2 为梁的端弯矩，使梁产生同向曲率时 M_1 和 M_2 取同号，产生反向曲率时取异号，$|M_1| \geqslant |M_2|$。

3. 表中项次 3、4 和 7 的集中荷载是指一个或少数几个集中荷载位于跨中央附近的情况，对其他情况的集中荷载，应按表中项次 1、2、5、6 内的数值采用。

4. 表中项次 8、9 的 β_b，当集中荷载作用有侧向支承点处时，取 $\beta_b = 1.20$。

5. 荷载作用在上翼缘系指荷载作用点在翼缘表面，方向指向截面形心；荷载作用在下翼缘系指荷载作用点在翼缘表面，方向背向截面形心。

6. 对 $\alpha_b > 0.8$ 的加强受压翼缘工字形截面，下列情况的 β_b 值应乘以相应的系数：

项次 1：当 $\xi \leqslant 1.0$ 时，乘以 0.95；

项次 3：当 $\xi \leqslant 0.5$ 时，乘以 0.90；当 $0.5 < \xi \leqslant 1.0$ 时，乘以 0.95。

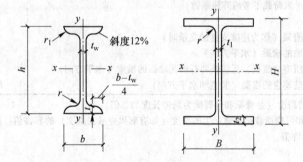

附图 3-1　焊接工字形和轧制 H 形钢截面

轧制普通工字钢简支梁的稳定系数 φ_b 如附表 3-2 所示。

附表 3-2　轧制普通工字钢简支梁的稳定系数 φ_b

项次	荷载情况		工字钢型号	自由长度 l_1/m								
				2	3	4	5	6	7	8	9	10
1	跨中无侧向支承点的梁	集中荷载作用于上翼缘	10~20	2.00	1.30	0.99	0.80	0.68	0.58	0.53	0.48	0.43
			22~32	2.40	1.48	1.09	0.86	0.72	0.62	0.54	0.49	0.45
			36~63	2.80	2.80	1.07	0.83	0.68	0.56	0.50	0.45	0.40

项次	荷载情况		工字钢型号	自由长度 l_1/m								
				2	3	4	5	6	7	8	9	10
2	跨中无侧向支承点的梁	集中荷载作用于下翼缘	10~20	3.10	1.95	1.34	1.01	0.82	0.69	0.63	0.57	0.52
			22~40	5.50	2.80	1.84	1.37	1.07	0.86	0.73	0.64	0.56
			45~63	7.30	3.60	3.20	1.62	1.20	0.96	0.80	0.69	0.60
3		均布荷载作用于上翼缘	10~20	1.07	1.12	0.84	0.68	0.57	0.50	0.45	0.41	0.37
			22~40	2.10	1.30	0.93	0.73	0.60	0.51	0.45	0.40	0.36
			45~63	2.60	1.45	0.97	0.73	0.59	0.50	0.44	0.38	0.35
4		均布荷载作用于下翼缘	10~20	2.50	1.55	1.08	0.83	0.68	0.56	0.52	0.47	0.42
			22~40	4.00	2.20	1.45	1.10	0.85	0.70	0.60	0.52	0.46
			45~63	5.60	2.80	1.80	1.25	0.95	0.78	0.65	0.55	0.49
5	跨中有侧向支承点的梁（荷载作用点在截面高度上的任意位置）		10~20	2.20	1.39	1.01	0.79	0.66	0.57	0.52	0.47	0.42
			22~40	3.00	1.80	1.24	0.96	0.76	0.65	0.65	0.49	0.43
			45~63	4.00	2.20	1.38	1.01	0.80	0.66	0.66	0.49	0.43

注：1. 同附表 3-1 的注 3、5。

2. 表中的 φ_b 适用于 Q235 钢，对其他钢号，表中数值应乘以 $235/f_y$。

双轴对称工字形等截面（含 H 形钢）悬臂梁的系数 β_b 如附表 3-3 所示。

附表 3-3　双轴对称工字形等截面（含 H 形钢）悬臂梁的系数 β_b

项次	荷载形式		$0.60 \leqslant \xi \leqslant 1.24$	$0.60 \leqslant \xi \leqslant 1.24$	$0.60 \leqslant \xi \leqslant 1.24$
1	自由端一个集中荷载作用在上翼缘		$0.21+0.67\xi$	$0.72+0.26\xi$	$1.17+0.03\xi$
2	自由端一个集中荷载作用在下翼缘		$2.94-0.65\xi$	$2.64-0.40\xi$	$2.15-0.15\xi$
3	均布荷载作用在上翼缘		$0.62+0.82\xi$	$1.25+0.31\xi$	$1.66+0.10\xi$

注：1. 本表是按支承端为固定的情况确定的，当用于由邻跨延伸出来的伸臂梁时，应在构造上采取措施加强支承处的抗扭能力。

2. 表中 ξ 见附表 3-1 注 1。

附录 4　轴心受压构件的稳定系数

a、b、c、d 类截面轴心受压构件的稳定系数如附表 4-1~附表 4-4 所示。

附表 4-1　a 类截面轴心受压构件的稳定系数 φ

$\lambda\sqrt{\dfrac{f_y}{235}}$	0	1	2	3	4	5	6	7	8	9
0	1.000	1.000	1.000	1.000	0.999	0.999	0.998	0.998	0.997	0.996
10	0.995	0.994	0.993	0.992	0.991	0.989	0.998	0.986	0.985	0.983
20	0.981	0.979	0.977	0.976	0.974	0.972	0.970	0.968	0.966	0.964

$\lambda\sqrt{\dfrac{f_y}{235}}$	0	1	2	3	4	5	6	7	8	9
30	0.963	0.961	0.959	0.957	0.955	0.952	0.950	0.948	0.946	0.944
40	0.941	0.939	0.937	0.934	0.932	0.929	0.927	0.924	0.921	0.919
50	0.916	0.913	0.910	0.907	0.904	0.900	0.897	0.894	0.890	0.886
60	0.883	0.879	0.875	0.871	0.867	0.863	0.858	0.854	0.849	0.844
70	0.839	0.834	0.829	0.824	0.818	0.813	0.807	0.801	0.795	0.789
80	0.783	0.776	0.770	0.763	0.757	0.750	0.743	0.736	0.728	0.721
90	0.714	0.706	0.699	0.691	0.684	0.676	0.668	0.661	0.653	0.645
100	0.638	0.630	0.622	0.615	0.607	0.600	0.592	0.585	0.577	0.570
110	0.563	0.555	0.548	0.541	0.534	0.527	0.520	0.514	0.507	0.500
120	0.494	0.488	0.481	0.475	0.469	0.463	0.457	0.451	0.445	0.440
130	0.434	0.429	0.423	0.418	0.412	0.407	0.402	0.397	0.392	0.387
140	0.383	0.378	0.373	0.369	0.364	0.360	0.356	0.351	0.347	0.343
150	0.339	0.335	0.331	0.327	0.323	0.320	0.314	0.312	0.309	0.305
160	0.302	0.298	0.295	0.292	0.289	0.285	0.282	0.279	0.276	0.273
170	0.270	0.267	0.264	0.262	0.259	0.256	0.253	0.251	0.248	0.246
180	0.243	0.241	0.238	0.236	0.233	0.231	0.229	0.226	0.224	0.222
190	0.220	0.218	0.215	0.213	0.211	0.209	0.207	0.205	0.203	0.201
200	0.119	0.198	0.196	0.194	0.192	0.190	0.189	0.187	0.185	0.183
210	0.182	0.180	0.179	0.177	0.175	0.174	0.172	0.171	0.169	0.168
220	0.166	0.165	0.164	0.162	0.161	0.159	0.158	0.157	0.155	0.154
230	0.153	0.152	0.150	0.149	0.148	0.147	0.146	0.144	0.143	0.142
240	0.141	0.140	0.139	0.138	0.136	0.135	0.134	0.133	0.132	0.131
250	0.130	—	—	—	—	—	—	—	—	—

附表 4-2　b 类截面轴心受压构件的稳定系数 φ

$\lambda\sqrt{\dfrac{f_y}{235}}$	0	1	2	3	4	5	6	7	8	9
0	1.000	1.000	1.000	0.999	0.999	0.998	0.997	0.996	0.995	0.994
10	0.992	0.991	0.989	0.987	0.985	0.983	0.981	0.978	0.976	0.973
20	0.970	0.967	0.963	0.960	0.957	0.953	0.950	0.946	0.943	0.939
30	0.936	0.932	0.929	0.925	0.922	0.918	0.914	0.910	0.906	0.903
40	0.899	0.895	0.891	0.887	0.882	0.878	0.874	0.870	0.865	0.861
50	0.856	0.852	0.847	0.842	0.838	0.833	0.828	0.823	0.818	0.813
60	0.807	0.802	0.797	0.791	0.786	0.780	0.774	0.769	0.763	0.757
70	0.751	0.745	0.739	0.732	0.726	0.720	0.714	0.707	0.701	0.694
80	0.688	0.681	0.675	0.668	0.661	0.655	0.648	0.641	0.635	0.628

$\lambda\sqrt{\dfrac{f_y}{235}}$	0	1	2	3	4	5	6	7	8	9
90	0.621	0.614	0.608	0.601	0.594	0.588	0.581	0.575	0.568	0.561
100	0.555	0.549	0.542	0.536	0.529	0.523	0.517	0.511	0.505	0.499
110	0.493	0.487	0.481	0.475	0.470	0.464	0.458	0.453	0.447	0.442
120	0.437	0.432	0.426	0.421	0.416	0.411	0.406	0.402	0.397	0.392
130	0.387	0.383	0.378	0.374	0.370	0.365	0.361	0.357	0.353	0.349
140	0.345	0.341	0.337	0.333	0.329	0.326	0.322	0.318	0.315	0.311
150	0.308	0.304	0.301	0.298	0.295	0.291	0.288	0.285	0.282	0.279
160	0.276	0.273	0.270	0.267	0.265	0.262	0.259	0.256	0.254	0.251
170	0.249	0.246	0.244	0.241	0.239	0.236	0.234	0.232	0.229	0.227
180	0.225	0.223	0.220	0.218	0.216	0.214	0.212	0.210	0.208	0.206
190	0.204	0.202	0.200	0.198	0.179	0.195	0.193	0.191	0.190	0.188
200	0.186	0.184	0.183	0.181	0.180	0.178	0.176	0.175	0.173	0.172
210	0.170	0.169	0.167	0.166	0.165	0.163	0.162	0.160	0.159	0.158
220	0.156	0.155	0.154	0.153	0.151	0.150	0.149	0.148	0.146	0.145
230	0.144	0.143	0.142	0.141	0.140	0.138	0.137	0.136	0.135	0.134
240	0.133	0.132	0.131	0.130	0.129	0.128	0.127	0.126	0.125	0.124
250	0.123	—	—	—	—	—	—	—	—	—

附表 4-3　c 类截面轴心受压构件的稳定系数 φ

$\lambda\sqrt{\dfrac{f_y}{235}}$	0	1	2	3	4	5	6	7	8	9
0	1.000	1.000	1.000	0.999	0.999	0.998	0.997	0.996	0.995	0.993
10	0.992	0.990	0.988	0.986	0.983	0.981	0.978	0.976	0.973	0.970
20	0.966	0.959	0.953	0.947	0.940	0.934	0.928	0.921	0.915	0.909
30	0.902	0.896	0.890	0.884	0.877	0.871	0.865	0.858	0.852	0.846
40	0.839	0.833	0.826	0.820	0.814	0.807	0.801	0.794	0.788	0.781
50	0.775	0.768	0.762	0.755	0.748	0.742	0.735	0.729	0.722	0.715
60	0.709	0.702	0.695	0.689	0.682	0.676	0.669	0.662	0.656	0.649
70	0.643	0.636	0.629	0.623	0.618	0.610	0.604	0.597	0.591	0.584
80	0.578	0.572	0.566	0.559	0.553	0.547	0.541	0.535	0.529	0.523
90	0.517	0.511	0.505	0.500	0.494	0.488	0.483	0.477	0.472	0.467
100	0.463	0.458	0.454	0.449	0.445	0.441	0.436	0.432	0.428	0.423
110	0.419	0.415	0.411	0.407	0.403	0.339	0.395	0.391	0.387	0.383
120	0.379	0.375	0.371	0.367	0.364	0.360	0.356	0.353	0.349	0.346

$\lambda\sqrt{\dfrac{f_y}{235}}$	0	1	2	3	4	5	6	7	8	9
130	0.342	0.339	0.335	0.332	0.328	0.325	0.322	0.319	0.315	0.312
140	0.309	0.306	0.303	0.300	0.297	0.294	0.291	0.288	0.285	0.282
150	0.280	0.277	0.274	0.271	0.269	0.266	0.264	0.261	0.258	0.256
160	0.254	0.251	0.249	0.246	0.224	0.242	0.239	0.237	0.235	0.233
170	0.230	0.228	0.226	0.224	0.222	0.220	0.218	0.216	0.214	0.212
180	0.210	0.208	0.206	0.205	0.203	0.201	0.199	0.197	0.196	0.194
190	0.192	0.190	0.189	0.187	0.186	0.184	0.182	0.181	0.179	0.178
200	0.176	0.175	0.173	0.172	0.700	0.169	0.168	0.166	0.165	0.163
210	0.162	0.161	0.159	0.158	0.157	0.156	0.154	0.154	0.152	0.151
220	0.150	0.148	0.147	0.146	0.145	0.144	0.143	0.143	0.140	0.139
230	0.138	0.137	0.136	0.135	0.134	0.133	0.132	0.132	0.130	0.129
240	0.128	0.127	0.126	0.125	0.124	0.124	0.123	0.123	0.121	0.120
250	0.119	—	—	—	—	—	—	—	—	—

附表4-4　d 类截面轴心受压构件的稳定系数 φ

$\lambda\sqrt{\dfrac{f_y}{235}}$	0	1	2	3	4	5	6	7	8	9
0	1.000	1.000	0.999	0.999	0.998	0.996	0.994	0.992	0.990	0.987
10	0.984	0.981	0.978	0.974	0.969	0.965	0.960	0.995	0.949	0.944
20	0.937	0.927	0.918	0.909	0.900	0.891	0.883	0.847	0.865	0.857
30	0.848	0.840	0.831	0.823	0.815	0.807	0.799	0.790	0.782	0.774
40	0.766	0.759	0.751	0.743	0.735	0.728	0.720	0.712	0.705	0.697
50	0.690	0.683	0.675	0.668	0.661	0.654	0.646	0.639	0.632	0.625
60	0.618	0.612	0.605	0.598	0.591	0.585	0.578	0.572	0.565	0.559
70	0.552	0.546	0.540	0.543	0.528	0.522	0.516	0.510	0.504	0.498
80	0.493	0.487	0.481	0.476	0.470	0.465	0.460	0.454	0.449	0.444
90	0.439	0.434	0.429	0.424	0.419	0.414	0.410	0.405	0.401	0.397
100	0.394	0.390	0.387	0.383	0.380	0.376	0.373	0.370	0.366	0.363
110	0.359	0.356	0.353	0.350	0.346	0.343	0.340	0.337	0.334	0.331
120	0.328	0.325	0.322	0.319	0.316	0.313	0.310	0.307	0.304	0.301
130	0.299	0.296	0.293	0.290	0.288	0.285	0.282	0.280	0.277	0.275
140	0.272	0.270	0.267	0.265	0.262	0.260	0.258	0.255	0.253	0.251
150	0.248	0.246	0.244	0.242	0.240	0.237	0.235	0.233	0.231	0.229

$\lambda\sqrt{\dfrac{f_y}{235}}$	0	1	2	3	4	5	6	7	8	9
160	0.227	0.225	0.223	0.221	0.219	0.217	0.215	0.213	0.212	0.210
170	0.208	0.206	0.204	0.203	0.201	0.199	0.197	0.196	0.194	0.192
180	0.191	0.189	0.188	0.186	0.184	0.183	0.181	0.180	0.178	0.177
190	0.176	0.174	0.173	0.171	0.170	0.168	0.167	0.166	0.164	0.163

注：1. 附表 4-1 中的 φ 值系按下列公式算得：

当 $\lambda_n = \dfrac{\lambda}{\pi}\sqrt{f_y/E} \leqslant 0.215$ 时：$\varphi = 1 - \alpha_1\lambda_n^2$

当 $\lambda_n > 0.215$ 时：$\varphi = \dfrac{1}{2\lambda_n^2}\left[(\alpha_2 + \alpha_3\lambda_n + \lambda_n^2) - \sqrt{(\alpha_2 + \alpha_3\lambda_n + \lambda_n^2)^2 - 4\lambda_n^2}\right]$

式中，α_1、α_2、α_3 为系数，根据附表 4-1 的截面分类，按附表 4-5 采用。

2. 当构件的 $\lambda\sqrt{f_y/235}$ 值超出附表 4-1~附表 4-5 的范围时，则 φ 值按注 1 所列的公式计算。

附表 4-5 系数 α_1、α_2、α_3

截面类别		α_1	α_2	α_3
a 类		0.41	0.986	0.152
b 类		0.65	0.965	0.300
c 类	$\lambda_n \leqslant 1.05$	0.73	0.906	0.595
	$\lambda_n > 1.05$		1.216	0.302
d 类	$\lambda_n \leqslant 1.05$	1.35	0.868	0.915
	$\lambda_n > 1.05$		1.375	0.432

附录 5 柱的计算长度系数

柱的计算长度系数如附表 5-1、附表 5-2 所示。

附表 5-1 无侧移框架柱的计算长度系数 μ

K_1K_2	0	0.05	0.1	0.2	0.3	0.4	0.5	1	2	3	4	5	≥10
0	1.000	0.999	0.981	0.964	0.949	0.935	0.922	0.875	0.820	0.791	0.773	0.760	0.732
0.05	0.990	0.981	0.871	0.955	0.940	0.926	0.914	0.867	0.814	0.784	0.766	0.754	0.726
0.1	0.981	0.971	0.962	0.946	0.931	0.918	0.906	0.860	0.807	0.778	0.760	0.748	0.721
0.2	0.964	0.955	0.946	0.930	0.916	0.903	0.891	0.846	0.795	0.767	0.749	0.737	0.711
0.3	0.949	0.940	0.931	0.916	0.902	0.889	0.878	0.834	0.784	0.756	0.739	0.728	0.701
0.4	0.935	0.926	0.918	0.903	0.889	0.877	0.866	0.823	0.774	0.747	0.730	0.719	0.693
0.5	0.922	0.914	0.906	0.891	0.878	0.866	0.855	0.813	0.765	0.738	0.721	0.710	0.685
1	0.875	0.867	0.860	0.846	0.834	0.823	0.813	0.774	0.729	0.704	0.688	0.677	0.654
2	0.820	0.814	0.807	0.795	0.784	0.774	0.765	0.729	0.686	0.663	0.648	0.638	0.615

K_1K_2	0	0.05	0.1	0.2	0.3	0.4	0.5	1	2	3	4	5	≥10
3	0.791	0.784	0.778	0.767	0.756	0.747	0.738	0.704	0.663	0.640	0.625	0.616	0.593
4	0.773	0.766	0.760	0.749	0.739	0.730	0.721	0.688	0.648	0.625	0.611	0.601	0.580
5	0.760	0.754	0.748	0.737	0.728	0.719	0.710	0.677	0.638	0.616	0.601	0.592	0.570
≥10	0.732	0.726	0.721	0.711	0.701	0.693	0.685	0.654	0.615	0.593	0.580	0.570	0.549

注：1. 表中的计算长度系数值系按下式算得：

$$\left[\left(\frac{\pi}{\mu}\right)^2 + 2(K_1 + K_2) - 4K_1K_2\right]\frac{\pi}{\mu} \cdot \sin\frac{\pi}{\mu} - 2\left[(K_1 + K_2)\left(\frac{\pi}{\mu}\right)^2 + 4K_1K_2\right]\cos\frac{\pi}{\mu} + 8K_1K_2 = 0$$

式中，K_1、K_2 分别相交于柱上端、柱下端的横梁线刚度之和与柱线刚度之和的比值。当梁远端为铰接时，应将横梁线刚度乘以 1.5；当横梁远端为嵌固时，则将横梁线刚度乘以 2。

2. 当横梁与柱铰接时，取横梁线刚度为零。

3. 对底层框架柱：当柱与基础铰接时，取 $K_2 = 0$（对平板支座可取 $K_2 = 0.1$）；当柱与基础刚接时，取 $K_2 = 10$。

4. 当与柱刚性连接的横梁所受轴心压力 N_b 较大时，横梁线刚度应乘以折减系数 α_N：

横梁远端与柱刚接和横梁远端铰支时：$\alpha_N = 1 - N_b/N_{Eb}$

横梁远端嵌固时：$\alpha_N = 1 - N_b/(2N_{Eb})$

式中，$N_{Eb} = \pi^2 EI_b/l^2$，I_b 为横梁截面惯性矩，l 为横梁长度。

附表 5-2　有侧移框架柱的计算长度系数 μ

K_1K_2	0	0.05	0.1	0.2	0.3	0.4	0.5	1	2	3	4	5	≥10
0	∞	6.02	4.46	3.42	3.01	2.78	2.64	2.33	2.17	2.11	2.08	2.07	2.03
0.05	6.02	4.16	3.47	2.86	2.58	2.42	2.31	2.07	1.94	1.9	1.87	1.86	1.83
0.1	4.46	3.47	3.01	2.56	2.33	2.20	2.11	1.90	1.79	1.75	1.73	1.72	1.70
0.2	3.42	2.86	2.56	2.23	2.05	1.94	1.87	1.70	1.60	1.57	1.55	1.54	1.52
0.3	3.01	2.58	2.33	2.05	1.90	1.80	1.74	1.58	1.49	1.46	1.45	1.44	1.42
0.4	2.78	2.42	2.20	1.94	1.80	1.71	1.65	1.50	1.42	1.39	1.37	1.37	1.35
0.5	2.64	2.31	2.11	1.87	1.74	1.65	1.59	1.45	1.37	1.34	1.32	1.32	1.30
1	2.33	2.07	1.90	1.70	1.58	1.50	1.45	1.32	1.24	1.21	1.20	1.19	1.17
2	2.17	1.94	1.79	1.60	1.49	1.42	1.37	1.24	1.16	1.14	1.12	1.12	1.10
3	2.11	1.90	1.75	1.57	1.46	1.39	1.34	1.21	1.14	1.11	1.10	1.09	1.07
4	2.08	1.87	1.73	1.55	1.45	1.37	1.32	1.20	1.12	1.10	1.08	1.08	1.06
5	2.07	1.86	1.72	1.54	1.44	1.37	1.32	1.19	1.12	1.09	1.08	1.07	1.05
≥10	2.03	1.83	1.70	1.52	1.42	1.35	1.30	1.17	1.10	1.07	1.06	1.05	1.03

注：1. 表中计算长度系数值系按下式算得：

$$\left[36K_1K_2 - \left(\frac{\pi}{\mu}\right)^2\right]\sin\frac{\pi}{\mu} + 6(K_1 + K_2)\frac{\pi}{\mu} \cdot \cos\frac{\pi}{\mu} = 0$$

式中，K_1、K_2 分别为相交于柱上端、柱下端的横梁线刚度之和与柱线刚度之和的比值。当横梁远端为铰接时，应将横梁线刚度乘以 0.5；当横梁远端为嵌固时，则应乘以 1/3。

2. 当横梁与柱铰接时，取横梁线刚度为零。

3. 对底层框架柱：当柱与基础铰接时，取 $K_2 = 0$（对平板支座可取 $K_2 = 0.1$）；当柱与基础刚接时，取 $K_2 = 10$。

4. 当与柱刚性连接的横梁所受轴心压力 N_b 较大时，横梁线刚度应乘以折减系数 α_N：

横梁远端与柱刚接时：$\alpha_N = 1 - N_b/(4N_{Eb})$

横梁远端铰支时：$\alpha_N = 1 - N_b/N_{Eb}$

横梁远端嵌固时：$\alpha_N = 1 - N_b/(2N_{Eb})$

N_{Eb} 的计算式见附表 5-1 注 4。

附录6 疲劳计算的构件和连接分类

疲劳计算的构件和连接分类如附表6-1所示。

附表6-1 疲劳计算的构件和连接分类

项次	简　图	说　明
1		无连接处的主体金属： （1）轧制型刚； （2）钢板： 1）两边为轧制边或刨边； 2）两侧为自动、半自动切割边（切割质量标准应符合现行国家标准《钢结构工程施工质量验收规范》（GB 50205）
2		横向对接焊缝附近的主体金属： （1）符合现行国家标准《钢结构工程施工质量验收规范》（GB 50205）的一级焊缝； （2）经加工、磨平的一级焊缝
3		不同厚度（或宽度）横向对接焊缝附近的主体金属，焊缝加工成平滑过渡并符合一级焊缝标准
4		纵向对接焊缝附近的主体金属，焊缝符合二级焊缝标准
5		翼缘连接焊缝附近的主体金属： （1）翼缘板与腹板的连接焊缝： 1）自动焊，二级T形对接和角接组合焊缝； 2）自动焊，角焊缝，外观质量标准符合二级； 3）手工焊，角焊缝，外观质量标准符合二级。 （2）双层翼缘板之间的连接焊缝： 1）自动焊，角焊缝，外观质量标准符合二级； 2）手工焊，角焊缝，外观质量符合二级
6		横向加颈肋端部附近的主体金属： （1）肋端不断弧（采用回焊）； （2）肋端断弧

项次	简 图	说 明
7	$\tau \geqslant 60$ mm $\tau \geqslant 60$ mm	梯形节点板用对接焊缝焊于梁翼缘、腹板以及桁、桁加构件处的主体金属，过渡处在焊后铲平、磨光、圆滑过渡，不得有焊接弧、灭弧缺陷
8	l	矩形节点板焊接于构件翼缘或腹板处的主体金属，$l>150$ mm
9		翼缘板中断处的主体金属（板端有正面焊缝）
10		向正面角焊缝过渡处的主体金属
11		两侧面角焊缝连接端部的主体金属
12		三面围焊的角焊缝端部主体金属
13	θ θ θ θ	三面围焊或两侧面角焊缝连接的节点板主体金属（节点板计算宽度按应力扩散解 θ 等于 30° 考虑）

项次	简 图	说 明
14		K形坡口T形对接与角接组合焊缝处的主体金属，两板轴线偏离小于0.15t，焊缝为二级，焊趾角 $\alpha \leqslant 45°$
15		十字接头角焊缝处的主体金属，两板轴线偏离小于0.15
16		按有效截面确定的剪应力幅计算
17		铆钉连接处的主体金属
18		连接螺栓和虚孔处的主体金属
19		高强度螺栓摩擦型连接处的主体金属

注：1. 所有对接焊缝及T形对接和角接组合焊缝均需焊透。所有焊缝的外形尺寸均应符合现行标准《钢结构焊缝外形尺寸》（JB 7949）的规定。

2. 角焊缝应符合《钢结构设计标准》第8.2.7条和第8.2.8条的要求。

3. 项次16中的剪应力值 $\Delta \tau = \tau_{max} - \tau_{min}$，其中 τ_{min} 与 τ_{max} 同方向时，取正值；与 τ_{max} 反方向时，取负值。

4. 第17、18项中的应力应以净截面面积计算，第19项以毛截面面积计算。

附录 7 型 钢 表

普通工字钢、H形钢、普通槽钢、等边角钢、不等边角钢的尺寸、截面积等参数如附表 7-1~附表 7-5 所示。

h—高度;
i—回转半径;
b—翼缘宽度;
S—半截面的面积矩;
t_w—腹板厚度;
t—翼缘平均厚度;型号为 10~18;
I—惯性矩型号;长 5~19 mm;
W—截面模量。20~63;

斜度1:6

附表 7-1 普通工字钢

型号	尺 寸					截面积 A/cm^2	质量 $q/\text{kg}\cdot\text{m}^{-1}$	x—x 轴				y—y 轴		
	h/mm	b/mm	t_w/mm	t/mm	R/mm			I_x/cm^4	W_x/cm^3	i_x/cm	$(I_x/S_x)/\text{cm}$	I_y/cm^4	W_y/cm^3	i_y/cm
10	100	68	4.5	7.6	6.5	14.3	11.2	245	49	4.14	8.69	33	9.6	1.51
12.6	126	74	5.0	8.4	7.0	18.1	14.2	488	77	5.19	11.0	47	12.7	1.61
14	140	80	5.5	9.1	7.5	21.5	16.9	712	102	5.75	12.2	64	16.1	1.73
16	160	88	6.0	9.9	8.0	26.1	20.5	1127	141	6.57	13.9	93	21.1	1.89
18	180	94	6.5	10.7	8.5	30.7	24.1	1699	185	7.37	15.4	123	26.2	2.00
20a	200	100	7.0	11.4	9.0	35.5	27.9	2369	237	8.16	17.4	158	31.6	2.11
20b	200	102	9.0	11.4	9.0	39.5	31.1	2502	250	7.95	17.1	169	33.1	2.07
22a	220	110	7.5	12.3	9.5	42.1	33.0	3406	310	8.99	19.2	226	41.1	2.32
22b	220	112	9.5	12.3	9.5	46.5	36.5	3583	326	8.78	18.9	240	42.9	2.27
25a	250	116	8.0	13	10.0	48.5	38.1	5017	401	10.2	21.7	280	48.4	2.40
25b	250	118	10.0	13.0	10.0	53.5	42.0	5278	422	9.93	21.4	297	50.4	2.36

续附表 7-1

型号	尺寸					截面积 A/cm^2	质量 $q/\text{kg}\cdot\text{m}^{-1}$	x—x 轴				y—y 轴		
	h/mm	b/mm	t_w/mm	t/mm	R/mm			I_x/cm^4	W_x/cm^3	i_x/cm	$(I_x/S_x)/\text{cm}$	I_y/cm^4	W_y/cm^3	i_y/cm
28a	280	122	8.5	13.7	10.5	55.4	43.5	7115	508	11.3	24.3	344	56.4	2.49
28b	280	124	10.5	13.7	10.5	61.0	47.9	7481	534	11.1	24.0	364	58.7	2.44
32a	320	130	9.5	15.0	11.5	67.1	52.7	11080	692	12.8	27.7	459	70.6	2.62
32b	320	132	11.5	15.0	11.5	73.5	57.7	11626	727	12.6	27.3	484	73.3	2.57
32c	320	134	13.5	15.0	11.5	79.9	62.7	12173	761	12.3	26.9	510	76.1	2.53
36a	360	136	10.0	15.8	12.0	76.4	60.0	15796	878	14.4	31.0	555	81.6	2.69
36b	360	138	12.0	15.8	12.0	83.6	65.6	16574	921	14.1	30.6	584	84.6	2.64
36c	360	140	14.0	15.8	12.0	90.8	71.3	17351	964	13.8	30.2	614	87.7	2.60
40a	400	142	10.5	16.5	12.5	86.1	67.6	21714	1086	15.9	34.4	660	92.9	2.77
40b	400	144	12.5	16.5	12.5	94.1	73.8	22781	1139	15.6	33.9	693	96.2	2.71
40c	400	146	14.5	16.5	12.5	102	80.1	23847	1192	15.3	33.5	727	99.7	2.67
45a	450	150	11.5	18.0	13.5	102	80.4	32241	1433	17.7	38.5	855	114	2.89
45b	450	152	13.5	18.0	13.5	111	87.4	33759	1500	17.4	38.1	895	118	2.84
45c	450	154	15.5	18.0	13.5	120	94.5	35278	1568	17.1	37.6	935	122	2.79
50a	500	158	12.0	20.0	14.0	119	93.6	46472	1859	19.7	42.9	1122	142	3.07
50b	500	160	14.0	20.0	14.0	129	101	48556	1942	19.4	42.3	1171	146	3.01
50c	500	162	16.0	20.0	14.0	139	109	50639	2026	19.1	41.9	1224	151	2.96
56a	560	166	12.0	21.0	14.5	135	106	65576	2342	22	47.9	1366	165	3.18
56b	560	168	14.5	21.0	14.5	147	115	68503	2447	21.6	47.3	1424	170	3.12
56c	560	170	16.5	21.0	14.5	158	124	71430	2551	21.3	46.8	1485	175	3.07
63a	630	176	13.0	22.0	15.0	155	122	94004	2984	24.7	53.8	1702	194	3.32
63b	630	178	15.0	22.0	15.0	167	131	98171	3117	24.2	53.2	1771	199	3.25
63c	630	180	17.0	22.0	15.0	180	141	102339	3249	23.9	52.6	1842	205	3.20

附表 7-2　H 形钢

H 形钢

h—高度;
i—回转半径;
b₁—翼缘宽度;
tw—腹板厚度;
t—翼缘厚度;
W—截面模量;
S—半截面面积矩;
I—惯性矩。

T 形钢

型号	H 形钢规格 $h×b_1×t_w×t$ /mm×mm×mm×mm	截面积 A/cm²	质量 q/kg·m⁻¹	$x—x$ 轴 I_x/cm⁴	W_x/cm³	i_x/cm	$y—y$ 轴 I_y/cm⁴	W_y/cm³	i_y/cm	重心 C_x/cm	$x_T—x_T$ 轴 I_{xT}/cm⁴	i_{xT}/cm	T 形钢规格 $h_T×b_1×t_w×t$/mm×mm×mm×mm	型号
HW	100×100×6×8	21.09	17.2	383	76.5	4.18	134	26.7	2.47	1.00	16.1	1.21	50×100×6×8	TW
	125×125×6.5×9	30.31	23.8	847	136	5.29	294	47.0	3.11	1.19	35.0	1.52	62.5×125×6.5×9	
	150×150×7×10	40.55	31.9	1660	221	6.39	564	75.1	3.73	1.37	66.4	1.81	75×150×7×10	
	175×175×7.5×11	51.43	40.3	2900	331	7.50	984	112	4.37	1.55	115	2.11	87.5×175×7.5×11	
	200×200×8×12	64.28	50.5	4770	477	8.61	1600	160	4.99	1.73	185	2.40	100×200×8×12	
	#200×204×12×12	72.28	56.7	5030	503	8.35	1700	167	4.85	2.09	256	2.66	#100×204×12×12	
	250×250×9×14	92.18	72.4	10800	867	10.8	3650	292	6.29	2.08	412	2.99	125×250×9×14	
	#250×255×14×14	104.7	82.2	11500	919	10.5	3880	304	6.09	2.58	589	3.36	#125×255×14×14	
	#294×302×12×12	108.3	85.0	17000	1160	12.5	5520	365	7.14	2.83	858	3.98	#147×302×12×12	
	300×300×10×15	120.4	94.5	20500	1370	13.1	6760	450	7.49	2.47	798	3.64	150×300×10×15	
	300×305×15×15	135.4	106	21600	1440	12.6	7100	466	7.24	3.02	1110	4.05	150×305×15×15	
	#344×348×10×16	146.0	115	33300	1940	15.1	11200	646	8.78	2.67	1230	4.11	#172×348×10×16	
	350×350×12×19	173.9	137	40300	2300	15.2	13600	776	8.84	2.86	1520	4.18	175×350×12×19	

续附表 7-2

型号	H形钢规格 $h×b_1×t_w×t$ / mm×mm×mm	截面积 A/cm^2	质量 $q/\text{kg·m}^{-1}$	$x—x$ 轴 I_x/cm^4	W_x/cm^3	i_x/cm	$y—y$ 轴 I_y/cm^4	W_y/cm^3	i_y/cm	重心 C_x/cm	$x_T—x_T$ 轴 I_{xT}/cm^4	i_{xT}/cm	T形钢规格 $h_T×b_1×t_w×t$ / mm×mm×mm	型号
HW	#388×402×15×15	179.2	141	49200	2540	16.6	16300	809	9.52	3.69	2480	5.26	#194×402×15×15	TW
	#394×398×11×18	179.2	141	49200	2540	16.6	16300	809	9.52	3.69	2480	5.26	#197×398×11×18	
	400×400×13×21	179.2	141	49200	2540	16.6	16300	809	9.52	3.69	2480	5.26	200×400×13×21	
	#400×408×21×21	179.2	141	49200	2540	16.6	16300	809	9.52	3.69	2480	5.26	#200×408×21×21	
HM	390×300×10×16	136.7	107	38900	2000	16.9	7210	481	7.26	3.40	1730	5.03	195×300×10×16	HM
	440×300×11×18	157.4	124	56100	2550	18.9	8110	541	7.18	4.05	2680	5.84	220×300×11×18	
	482×300×11×15	146.4	115	60800	2520	20.4	6770	451	6.80	4.90	3420	6.83	241×300×11×15	
	488×300×11×18	164.4	129	71400	2930	20.8	8120	541	7.03	4.65	3620	6.64	244×300×11×18	
	582×300×12×17	174.5	137	103000	3530	24.3	7670	511	6.63	6.39	6360	8.54	291×300×12×17	
	588×300×12×20	192.5	151	118000	4020	24.8	9020	601	6.85	6.08	6710	8.35	294×300×12×20	
	#594×302×14×23	222.4	175	137000	4620	24.9	10600	701	6.90	6.33	7920	8.44	#297×302×14×23	
HN	100×50×5×7	12.16	9.54	192	38.5	3.98	14.9	5.96	1.11	1.27	11.9	1.40	50×50×5×7	TN
	125×60×6×8	17.01	13.3	417	66.8	4.95	29.3	9.75	1.31	1.63	27.5	1.80	62.5×60×68	
	150×75×5×7	18.16	14.3	679	90.6	6.12	49.6	13.2	1.65	1.78	42.7	2.17	75×75×5×7	
	175×90×5×8	23.21	18.2	1220	140	7.26	97.6	21.7	2.05	1.92	70.7	2.47	87.5×90×5×8	
	198×99×4.5×7	23.59	18.5	1610	163	8.27	114	23.0	2.20	2.13	94.0	2.82	99×99×4.5×7	
	200×100×5.5×8	27.57	21.7	1880	188	8.25	134	26.8	2.21	2.27	115	2.88	100×100×5.5×8	
	248×124×5×8	32.89	25.8	3560	287	10.4	255	41.1	2.78	2.62	208	3.56	124×124×5×8	
	250×125×6×9	37.87	29.7	4080	326	10.4	294	47.0	2.79	2.78	249	3.62	125×125×6×9	
	298×149×5.5×8	41.55	32.6	6460	433	12.4	443	59.4	3.26	3.22	395	4.36	149×149×5.5×8	

续附表 7-2

型号	H形钢规格 $h \times b_1 \times t_w \times t_1$/mm×mm×mm×mm	截面积 A/cm²	质量 q/kg·m⁻¹	x—x轴			y—y轴			重心 C_x/cm	x_T—x_T轴		T形钢规格 $h_T \times b_1 \times t_w \times t_1$/mm×mm×mm×mm	型号
				I_x/cm⁴	W_x/cm³	i_x/cm	I_y/cm⁴	W_y/cm³	i_y/cm		I_{xT}/cm⁴	i_{xT}/cm		
HN	300×150×6.5×9	47.53	37.3	7350	490	12.4	508	67.7	3.27	3.38	465	4.42	150×150×6.5×9	TN
	346×174×6×9	53.19	41.8	11200	649	14.5	792	91.0	3.86	3.68	681	5.06	173×174×6×9	
	350×175×7×11	63.66	50.0	13700	782	14.7	985	113	3.93	3.74	816	5.06	175×175×7×11	
	#400×150×8×13	71.12	55.8	18800	942	16.3	734	97.9	3.21	—	—	—	—	
	396×199×7×11	72.16	56.7	20000	1010	16.7	1450	145	4.48	4.17	1190	5.76	198×199×7×11	
	400×200×8×13	84.12	66.0	23700	1190	16.8	1740	174	4.54	4.23	1400	5.76	200×200×8×13	
	#450×150×9×14	83.41	65.5	27100	1200	18.0	793	106	3.08	—	—	—	—	
	446×199×8×12	84.95	66.7	29000	1300	18.5	1580	159	4.31	5.07	1880	6.65	223×199×8×12	
	450×200×9×14	97.41	76.5	33700	1500	18.6	1870	187	4.38	5.13	2160	6.66	225×200×9×14	
	#500×150×10×16	98.23	77.1	38500	1540	19.8	907	121	3.04	—	—	—	—	
	496×199×9×14	101.3	79.5	41900	1690	20.3	1840	185	4.27	5.90	2840	7.49	248×199×9×14	
	500×200×10×16	114.2	89.6	47800	1910	20.5	2140	214	4.33	5.96	3210	7.50	250×200×10×16	
	#506×201×11×19	131.3	103	56500	2230	20.8	2580	257	4.43	5.95	3670	7.48	#253×201×11×19	
	596×199×10×15	121.2	95.1	69300	2330	23.9	1980	199	4.04	7.76	5200	9.27	298×199×10×15	
	600×200×11×17	135.2	106	78200	2610	24.1	2280	228	4.11	7.81	5820	9.28	300×200×11×17	
	#606×201×12×20	153.3	120	91000	3000	24.4	2720	271	4.21	7.76	6580	9.26	#303×201×12×20	
	#692×300×13×20	211.5	166	172000	4980	28.6	9020	602	6.53	—	—	—	—	
	700×300×13×24	235.5	185	201000	5760	29.3	10800	722	6.78	—	—	—	—	

注: 1. "#" 表示的规格为非常用规格。
2. T形钢的截面高度 h_T、截面面积 A_T、质量 q_T、惯性矩 I_{yT} 等于相应 H 形钢的 1/2。
3. HW、HM、HN 分别代表宽翼缘、中翼缘、窄翼缘 H 形钢。
4. TW、TM、TN 分别代表各自 H 形钢剖分的 T 形钢。

附表 7-3 普 通 槽 钢

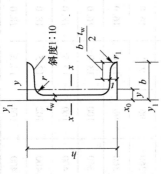

符号同普通工字形钢，但 W_y 为对应于翼缘肢尖的截面模量

长度：型号 5~8，长 5~12 m；
型号 10~18，长 5~19 m；
型号 20~40，长 6~19 m

型号	尺寸					截面积	质量	x—x 轴			y—y 轴				
	h/mm	b/mm	t_w/mm	t/mm	R/mm	A/cm²	q/kg·m⁻¹	I_x/cm⁴	W_x/cm³	i_x/cm	I_y/cm⁴	W_y/cm³	i_y/cm	I_{y1}/cm⁴	z_0/cm
5	50	37	4.5	7.0	7.0	6.92	5.44	26	10.4	1.94	8.3	3.5	1.10	20.9	1.35
6.3	63	40	4.8	7.5	7.5	8.45	6.63	51	16.3	2.46	11.9	4.6	1.19	28.3	1.39
8	80	43	5.0	8.0	8.0	10.24	8.04	101	25.3	3.14	16.6	5.8	1.27	37.4	1.42
10	100	48	5.3	8.5	8.5	12.74	10.00	198	39.7	3.94	25.6	7.8	1.42	54.9	1.52
12.6	126	53	5.5	9.0	9.0	15.69	12.31	389	61.7	4.98	38.0	10.3	1.56	77.8	1.59
14a	140	58	6.0	9.5	9.5	18.51	14.53	564	80.5	5.52	53.2	13.0	1.70	107.2	1.71
14b	140	60	8.0	9.5	9.5	21.31	16.73	609	87.1	5.35	61.2	14.1	1.69	120.6	1.67
16a	160	63	6.5	10.0	10.0	21.95	17.23	866	108.3	6.28	73.4	16.3	1.83	144.1	1.79
16b	160	65	8.5	10.0	10.0	25.15	19.75	935	116.8	6.10	83.4	17.6	1.82	160.8	1.75
18a	180	68	7.0	10.5	10.5	25.69	20.17	1273	141.4	7.04	98.6	20.0	1.96	189.7	1.88
18b	180	70	9.0	10.5	10.5	29.29	22.99	1370	152.2	6.84	111.0	21.5	1.95	210.1	1.84
20a	200	73	7.0	11.0	11.0	28.83	22.63	1780	178.0	7.86	128.0	24.2	2.11	244.0	2.01
20b	200	75	9.0	11.0	11.0	32.83	25.77	1914	191.4	7.64	143.6	25.9	2.09	268.4	1.95

续附表 7-3

型号	尺寸					截面积	质量	x—x 轴			y—y 轴				z_0/cm
	h/mm	b/mm	t_w/mm	t/mm	R/mm	A/cm²	q/kg·m⁻¹	I_x/cm⁴	W_x/cm³	i_x/cm	I_y/cm⁴	W_y/cm³	i_y/cm	I_{y1}/cm⁴	
22a	220	77	7.0	11.5	11.5	31.84	24.99	2394	217.6	8.67	157.8	28.2	2.23	298.2	2.10
22b	220	79	9.0	11.5	11.5	36.24	28.45	2571	233.8	8.42	176.5	30.1	2.21	326.3	2.03
25a	250	78	7.0	12.0	12.0	34.91	27.40	3359	268.7	9.81	175.9	30.73	2.24	324.8	2.07
25b	250	80	9.0	12.0	12.0	39.91	31.33	3619	289.6	9.52	196.4	32.7	2.22	355.1	1.99
25c	250	82	11.0	12.0	12.0	44.91	35.25	3880	310.4	9.30	215.9	34.6	2.19	388.6	1.96
28a	280	82	7.5	12.5	12.5	40.02	31.42	4753	339.5	10.90	217.9	35.7	2.33	393.3	2.09
28b	280	84	9.5	12.5	12.5	45.62	35.81	5118	365.6	10.59	241.5	37.9	2.30	428.5	2.02
28c	280	86	11.5	12.5	12.5	51.22	40.21	5484	391.7	10.35	264.1	40.0	2.27	467.3	1.99
32a	320	88	8.0	14.0	14.0	48.50	38.07	7511	469.4	12.44	304.7	46.4	2.51	547.5	2.24
32b	320	90	10.0	14.0	14.0	54.90	43.10	8057	503.5	12.11	335.6	49.1	2.47	592.9	2.16
32c	320	92	12.0	14.0	14.0	61.30	48.12	8603	537.7	11.85	365.0	51.6	2.44	642.7	2.13
36a	360	96	9.0	16.0	16.0	60.89	47.80	11874	659.7	13.96	455.0	63.6	2.73	818.5	2.44
36b	360	98	11.0	16.0	16.0	68.09	53.45	12652	702.9	13.63	496.7	66.9	2.70	880.5	2.37
36c	360	100	13.0	16.0	16.0	75.29	59.10	13429	746.1	13.36	536.6	70.0	2.67	948.0	2.34
40a	400	100	10.5	18.0	18.0	75.04	58.91	17578	878.9	15.30	592.0	78.8	2.81	1057.9	2.49
40b	400	102	12.5	18.0	18.0	83.04	65.19	18644	932.2	14.98	640.6	82.6	2.78	1135.8	2.44
40c	400	104	14.5	18.0	18.0	91.04	71.47	19711	985.6	14.71	687.8	86.2	2.75	1220.3	2.42

附表 7-4 等边角钢

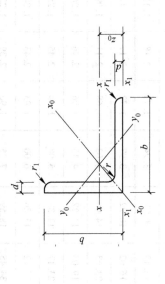

型号	圆角 R/mm	重心距 z_0/mm	截面积 A/cm²	质量 q/kg·m⁻¹	单角钢 惯性矩 I_x/cm⁴	截面模量 W_x^{max}/cm³	W_x^{min}/cm³	回转半径 i_x/cm	i_{x0}/cm	i_{y0}/cm	双角钢 i_{y1}/cm $a=6$ mm	$a=8$ mm	$a=10$ mm	$a=12$ mm	$a=13$ mm
∟20×3	3.5	6.0	1.13	0.89	0.40	0.66	0.29	0.59	0.75	0.39	1.08	1.17	1.25	1.34	1.43
∟20×4	3.5	6.4	1.46	1.15	0.50	0.78	0.36	0.58	0.73	0.38	1.11	1.19	1.28	1.37	1.46
∟25×3	3.5	7.3	1.43	1.12	0.82	1.12	0.46	0.76	0.95	0.49	1.27	1.36	1.44	1.53	1.61
∟25×4	3.5	7.6	1.86	1.46	1.03	1.34	0.59	0.74	0.93	0.48	1.30	1.38	1.47	1.55	1.64
∟30×3	4.5	8.5	1.75	1.37	1.46	1.72	0.68	0.91	1.15	0.59	1.47	1.55	1.63	1.71	1.80
∟30×4	4.5	8.9	2.28	1.79	1.84	2.08	0.87	0.90	1.13	0.58	1.49	1.57	1.65	1.74	1.82
∟36×3	4.5	10.0	2.11	1.66	2.58	2.59	0.99	1.11	1.39	0.71	1.70	1.78	1.86	1.94	2.03
∟36×4	4.5	10.4	2.76	2.16	3.29	3.18	1.28	1.09	1.38	0.70	1.73	1.80	1.89	1.97	2.05
∟36×5	4.5	10.7	3.38	2.65	3.95	3.68	1.56	1.08	1.36	0.70	1.75	1.83	1.91	1.99	2.08
∟40×3	5	10.9	2.36	1.85	3.59	3.28	1.23	1.23	1.55	0.79	1.86	1.94	2.01	2.09	2.18

续附表 7-4

型号	圆角 R/mm	重心矩 z₀/mm	截面积 A/cm²	质量 q/kg·m⁻¹	惯性矩 I_x/cm⁴	截面模量 W_x^max/cm³	W_x^min/cm³	回转半径 i_x/cm	i_x0/cm	i_y0/cm	双角钢 i_y1/cm a=6mm	a=8mm	a=10mm	a=12mm	a=13mm
∟40×4	5	11.3	3.09	2.42	4.60	4.05	1.60	1.22	1.54	0.79	1.88	1.96	2.04	2.12	2.20
∟40×5	5	11.7	3.79	2.98	5.53	4.72	1.96	1.21	1.52	0.78	1.90	1.98	2.06	2.14	2.23
∟45×3	5	12.2	2.66	2.09	5.17	4.25	1.58	1.39	1.76	0.90	2.06	2.14	2.21	2.29	2.37
∟45×4	5	12.6	3.49	2.74	6.65	5.29	2.05	1.38	1.74	0.89	2.08	2.16	2.24	3.32	2.40
∟45×5	5	13.0	4.29	3.37	8.04	6.20	2.51	1.37	1.72	0.88	2.10	2.18	2.26	2.34	2.42
∟45×6	5	13.3	5.08	3.99	9.33	6.99	2.95	1.36	1.71	0.88	2.12	2.20	2.28	2.36	2.44
∟50×3	5.5	13.4	2.97	2.33	7.18	5.36	1.96	1.55	1.96	1.00	2.26	2.33	2.41	2.48	2.56
∟50×4	5.5	13.8	3.90	3.06	9.26	6.70	2.56	1.54	1.94	0.99	2.28	2.36	2.43	2.51	2.59
∟50×5	5.5	14.2	4.80	3.77	11.21	7.90	3.13	1.53	1.92	0.98	2.30	2.38	2.45	2.53	2.61
∟50×6	5.5	14.6	5.69	4.46	13.05	8.95	3.68	1.51	1.91	0.98	2.32	2.40	2.48	2.56	2.64
∟56×3	6	14.8	3.34	2.62	10.19	6.86	2.48	1.75	2.20	1.13	2.50	2.57	2.64	2.72	2.80
∟56×4	6	15.3	4.39	3.45	13.18	8.63	3.24	1.73	2.18	1.11	2.52	2.59	2.67	2.74	2.82
∟56×5	6	15.7	5.42	4.25	16.02	10.22	3.97	1.72	2.17	1.10	2.54	2.61	2.69	2.77	2.85
∟56×8	6	16.8	8.37	6.57	23.63	14.06	6.03	1.68	2.11	1.09	2.60	2.67	2.75	2.83	2.91
∟56×4	7	17.0	4.98	3.91	19.03	11.22	4.13	1.96	2.46	1.26	2.79	2.87	2.94	3.02	3.09
∟56×5	7	17.4	6.14	4.82	23.17	13.33	5.08	1.94	2.45	1.25	2.82	2.89	2.96	3.04	3.12
∟56×5	7	17.8	7.29	5.72	27.12	15.26	6.00	1.93	2.43	1.24	2.83	2.91	2.98	3.06	3.14
∟56×8	7	18.5	9.51	7.47	34.45	18.59	7.75	1.90	2.39	1.23	2.87	2.95	3.03	3.10	3.18

单　角　钢 ／ 双　角　钢

续附表 7-4

型号	圆角 R/mm	重心矩 z₀/mm	截面积 A/cm²	质量 q/kg·m⁻¹	单角钢 惯性矩 I_x/cm⁴	截面模量 W_x^{max}/cm³	W_x^{min}/cm³	回转半径 i_x/cm	i_{x0}/cm	i_{y0}/cm	双角钢 i_{y1}/cm a=6 mm	a=8 mm	a=10 mm	a=12 mm	a=13 mm
∟56×10	7	19.3	11.66	9.15	41.09	21.34	9.39	1.88	2.36	1.22	2.91	2.99	3.07	3.15	3.23
∟70×4	8	18.6	5.57	4.37	26.39	14.16	5.14	2.18	2.74	1.40	3.07	3.14	3.21	3.29	3.36
∟70×5	8	19.1	6.88	5.40	32.21	16.89	6.32	2.16	2.73	1.39	3.09	3.16	3.24	3.31	3.39
∟70×6	8	19.5	8.16	6.41	37.77	19.39	7.48	2.15	2.71	1.38	3.11	3.18	3.26	3.33	3.41
∟70×7	8	19.9	9.42	7.40	43.09	21.68	8.59	2.14	2.69	1.38	3.13	3.20	3.28	3.36	3.43
∟70×8	8	20.3	10.67	8.37	48.17	23.79	9.68	2.13	2.68	1.37	3.15	3.22	3.30	3.38	3.46
∟75×5	9	20.3	7.41	5.82	39.96	19.73	7.30	2.32	2.92	1.50	3.29	3.36	3.43	3.50	3.58
∟75×6	9	20.7	8.80	6.91	46.91	22.69	8.63	2.31	2.91	1.49	3.31	3.38	3.45	3.53	3.60
∟75×7	9	21.2	10.16	7.98	53.57	25.42	9.93	2.30	2.89	1.48	3.33	3.40	3.47	3.55	3.63
∟75×8	9	21.5	11.5	9.03	59.96	27.93	11.20	2.28	2.87	1.47	3.35	3.42	3.50	3.57	3.65
∟75×10	9	22.2	14.13	11.09	71.98	32.40	13.64	2.26	2.84	1.46	3.38	3.46	3.54	3.61	3.69
∟80×5	9	21.5	7.91	6.21	48.79	22.70	8.34	2.48	3.13	1.60	3.49	3.56	3.63	3.71	3.78
∟80×6	9	21.9	9.40	7.38	57.35	26.16	9.87	2.47	3.11	1.59	3.51	3.58	3.65	3.73	3.80
∟80×7	9	22.3	10.86	8.53	65.58	29.38	11.37	2.46	3.10	1.58	3.53	3.60	3.67	3.75	3.83
∟80×8	9	22.7	12.30	9.66	73.50	32.36	12.83	2.44	3.08	1.57	3.55	3.62	3.70	3.77	3.85
∟80×10	9	23.5	15.13	11.87	88.43	37.68	15.64	2.42	3.04	1.56	3.58	3.66	3.74	3.81	3.89
∟90×6	10	24.4	10.64	8.35	82.77	33.99	12.61	2.79	3.51	1.80	3.91	3.98	4.05	4.12	4.20
∟90×7	10	24.8	12.30	9.66	94.83	38.28	14.54	2.78	3.50	1.78	3.93	4.00	4.07	4.14	4.22

续附表 7-4

型号	圆角 R/mm	重心矩 z_0/mm	截面积 A/cm²	质量 q/kg·m⁻¹	单角钢 惯性矩 I_x/cm⁴	截面模量 W_x^{max}/cm³	W_x^{min}/cm³	回转半径 i_x/cm	i_{x0}/cm	i_{y0}/cm	双角钢 i_{y1}/cm $a=6$ mm	$a=8$ mm	$a=10$ mm	$a=12$ mm	$a=13$ mm
∟90×8	10	25.2	13.94	10.95	106.5	42.30	16.42	2.76	3.48	1.78	3.95	4.02	4.09	4.17	4.24
∟90×10	10	25.9	17.17	13.48	128.6	49.57	20.07	2.74	3.45	1.76	3.98	4.06	4.13	4.21	4.28
∟90×12	10	26.7	20.31	15.94	149.2	55.93	23.57	2.71	3.41	1.75	4.02	4.09	4.17	4.25	4.32
∟100×6	12	26.7	11.93	9.37	115.0	43.04	15.68	3.10	3.91	2.00	4.30	4.37	4.44	4.51	4.58
∟100×7	12	27.1	13.80	10.83	131.9	48.57	18.10	3.09	3.89	1.99	4.32	4.39	4.46	4.53	4.61
∟100×8	12	27.6	15.64	12.28	148.2	53.78	20.47	3.08	3.88	1.98	4.34	4.41	4.48	4.55	4.63
∟100×10	12	28.4	19.26	15.12	179.5	63.29	25.06	3.05	3.84	1.96	4.38	4.45	4.52	4.60	4.67
∟100×12	12	29.1	22.80	17.90	208.9	71.72	29.47	3.03	3.81	1.95	4.41	4.49	4.56	4.64	4.71
∟100×14	12	29.9	26.26	20.61	236.5	79.19	33.73	3.00	3.77	1.94	4.45	4.53	4.60	4.68	4.75
∟100×16	12	30.6	29.63	23.26	262.5	85.81	37.82	2.98	3.74	1.93	4.49	4.56	4.64	4.72	4.80
∟110×7	12	29.6	15.20	11.93	177.2	59.78	22.05	3.41	4.30	2.20	4.72	4.79	4.86	4.94	5.01
∟110×8	12	30.1	17.24	13.53	199.5	66.36	24.95	3.40	4.28	2.19	4.74	4.81	4.88	4.96	5.03
∟110×10	12	30.9	21.26	16.69	242.2	78.48	30.06	3.38	4.25	2.17	4.78	4.85	4.92	5.00	5.07
∟110×12	12	31.6	25.20	19.78	282.6	89.34	36.05	3.35	4.22	2.15	4.82	4.89	4.96	5.04	5.11
∟110×14	12	32.4	29.06	22.81	320.7	99.07	41.31	3.32	4.18	2.14	4.85	4.93	5.00	5.08	5.15
∟125×8	14	33.7	19.75	15.50	297.0	88.20	32.52	3.88	4.88	2.50	5.34	5.41	5.48	5.55	5.62
∟125×10	14	34.5	24.37	19.13	361.7	104.8	39.97	3.85	4.85	2.48	5.45	5.45	5.52	5.59	5.66
∟125×12	14	35.3	28.91	22.70	423.2	119.9	47.17	3.83	4.82	2.46	5.48	5.48	5.56	5.63	5.70

续附表 7-4

型号	圆角 R/mm	重心矩 z₀/mm	截面积 A/cm²	质量 q/kg·m⁻¹	惯性矩 I_x/cm⁴	截面模量 W_x^{max}/cm³	W_x^{min}/cm³	回转半径 i_x/cm	i_{x0}/cm	i_{y0}/cm	双角钢 i_{y1}/cm a=6 mm	a=8 mm	a=10 mm	a=12 mm	a=13 mm
∟125×14	14	36.1	33.37	26.19	481.7	133.6	54.16	3.80	4.78	2.45	5.52	5.52	5.59	5.67	5.74
∟140×10	14	38.2	27.37	21.49	514.7	134.6	50.58	4.34	5.46	2.78	6.05	6.05	6.12	6.20	6.27
∟140×12	14	39.0	32.51	25.52	603.7	154.6	59.80	4.31	5.43	2.77	6.09	6.09	6.16	6.23	6.31
∟140×14	14	39.8	37.57	29.49	688.8	173.0	68.75	4.28	5.40	2.75	6.13	6.13	6.20	6.27	6.34
∟140×16	14	40.6	42.54	33.39	770.2	189.9	77.46	4.26	5.36	2.74	6.16	6.16	6.23	6.31	6.38
∟160×10	16	43.1	31.50	24.73	779.5	180.8	66.70	4.97	6.27	3.20	6.85	6.85	6.92	6.99	7.06
∟160×12	16	43.9	37.44	29.39	916.6	208.6	78.98	4.95	6.24	3.18	6.89	6.89	6.96	7.03	7.10
∟160×14	16	44.7	43.30	33.99	1048	234.4	90.95	4.92	6.20	3.16	6.93	6.93	7.00	7.07	7.14
∟160×16	16	45.5	49.07	38.52	1175	258.3	102.6	4.89	6.17	3.14	6.96	6.96	7.03	7.10	7.18
∟180×12	16	48.9	42.24	33.16	1321	270.0	100.8	5.59	7.05	3.58	7.70	7.70	7.77	7.84	7.91
∟180×14	16	49.7	48.90	38.38	1514	304.6	116.3	5.57	7.02	3.57	7.74	7.74	7.81	7.88	7.95
∟180×16	16	50.5	55.47	43.54	1701	336.9	131.4	5.54	6.98	3.55	7.77	7.77	7.84	7.91	7.98
∟180×18	16	51.3	61.95	48.63	1881	367.1	146.1	5.51	6.94	3.53	7.80	7.80	7.87	7.95	8.02
∟200×14	18	54.6	54.64	42.89	2104	385.1	144.7	6.20	7.82	3.98	8.54	8.54	8.61	8.67	8.75
∟200×16	18	55.4	62.01	48.68	2366	427.0	163.7	6.18	7.79	3.96	8.57	8.57	8.64	8.71	8.78
∟200×18	18	56.2	69.30	54.40	2621	466.5	182.2	6.15	7.75	3.94	8.60	8.60	8.67	8.75	8.82
∟200×20	18	56.9	76.50	60.06	2867	503.6	200.4	6.12	7.72	3.93	8.64	8.64	8.71	8.78	8.85
∟200×24	18	58.4	90.66	71.17	3338	571.5	235.8	6.07	7.64	3.90	8.71	8.71	8.78	8.85	8.92

单角钢　双角钢

附表 7-5 不等边角钢

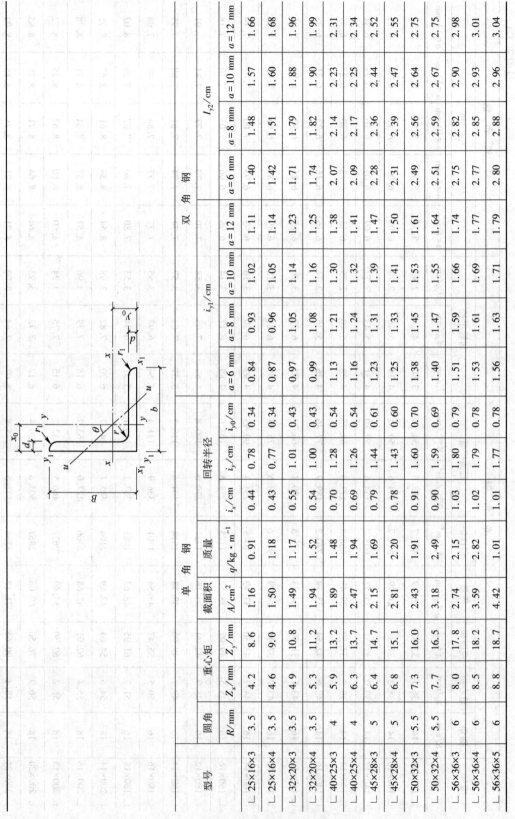

型号	圆角 R/mm	重心矩 Z_x/mm	重心矩 Z_y/mm	截面积 A/cm²	质量 q/kg·m⁻¹	i_x/cm	i_y/cm	i_{y0}/cm	i_{y1}/cm $a=6$ mm	$a=8$ mm	$a=10$ mm	$a=12$ mm	I_{y2}/cm $a=6$ mm	$a=8$ mm	$a=10$ mm	$a=12$ mm
∟25×16×3	3.5	4.2	8.6	1.16	0.91	0.44	0.78	0.34	0.84	0.93	1.02	1.11	1.40	1.48	1.57	1.66
∟25×16×4	3.5	4.6	9.0	1.50	1.18	0.43	0.77	0.34	0.87	0.96	1.05	1.14	1.42	1.51	1.60	1.68
∟32×20×3	3.5	4.9	10.8	1.49	1.17	0.55	1.01	0.43	0.97	1.05	1.14	1.23	1.71	1.79	1.88	1.96
∟32×20×4	3.5	5.3	11.2	1.94	1.52	0.54	1.00	0.43	0.99	1.08	1.16	1.25	1.74	1.82	1.90	1.99
∟40×25×3	4	5.9	13.2	1.89	1.48	0.70	1.28	0.54	1.13	1.21	1.30	1.38	2.07	2.14	2.23	2.31
∟40×25×4	4	6.3	13.7	2.47	1.94	0.69	1.26	0.54	1.16	1.24	1.32	1.41	2.09	2.17	2.25	2.34
∟45×28×3	5	6.4	14.7	2.15	1.69	0.79	1.44	0.61	1.23	1.31	1.39	1.47	2.28	2.36	2.44	2.52
∟45×28×4	5	6.8	15.1	2.81	2.20	0.78	1.43	0.60	1.25	1.33	1.41	1.50	2.31	2.39	2.47	2.55
∟50×32×3	5.5	7.3	16.0	2.43	1.91	0.91	1.60	0.70	1.38	1.45	1.53	1.61	2.49	2.56	2.64	2.75
∟50×32×4	5.5	7.7	16.5	3.18	2.49	0.90	1.59	0.69	1.40	1.47	1.55	1.64	2.51	2.59	2.67	2.75
∟56×36×3	6	8.0	17.8	2.74	2.15	1.03	1.80	0.79	1.51	1.59	1.66	1.74	2.75	2.82	2.90	2.98
∟56×36×4	6	8.5	18.2	3.59	2.82	1.02	1.79	0.78	1.53	1.61	1.69	1.77	2.77	2.85	2.93	3.01
∟56×36×5	6	8.8	18.7	4.42	1.01	1.01	1.77	0.78	1.56	1.63	1.71	1.79	2.80	2.88	2.96	3.04

单角钢 回转半径 双角钢

续附表 7-5

型号	单角钢								双角钢							
	圆角	重心矩		截面积	质量	回转半径			i_{y1}/cm				I_{y2}/cm			
	R/mm	Z_x/mm	Z_y/mm	A/cm²	q/kg·m⁻¹	i_x/cm	i_y/cm	i_{y0}/cm	$a=6$ mm	$a=8$ mm	$a=10$ mm	$a=12$ mm	$a=6$ mm	$a=8$ mm	$a=10$ mm	$a=12$ mm
∟63×40×4	7	9.2	20.4	4.06	3.19	1.14	2.02	0.88	1.66	1.74	1.81	1.89	3.09	3.16	3.24	3.32
∟63×40×5	7	9.5	20.8	4.99	3.92	1.12	2.00	0.87	1.68	1.76	1.84	1.92	3.11	3.19	3.27	3.35
∟63×40×6	7	9.9	21.2	5.91	4.64	1.11	1.99	0.86	1.71	1.78	1.86	1.94	3.13	3.21	3.29	3.37
∟63×40×7	7	10.3	21.6	6.80	5.34	1.10	1.97	0.86	1.73	1.81	1.89	1.97	3.16	3.24	3.32	3.40
∟70×45×4	7.5	10.2	22.3	4.55	3.57	1.29	2.25	0.99	1.84	1.91	1.99	2.07	3.39	3.46	3.54	3.62
∟70×45×5	7.5	10.6	22.8	5.61	4.40	1.28	2.23	0.98	1.86	1.94	2.01	2.09	3.41	3.49	3.57	3.64
∟70×45×6	7.5	11.0	23.2	6.64	5.22	1.26	2.22	0.97	1.88	1.96	2.04	2.11	3.44	3.51	3.59	3.67
∟70×45×7	7.5	11.3	23.6	7.66	6.01	1.25	2.20	0.97	1.90	1.98	2.06	2.14	3.46	3.54	3.61	3.69
∟75×50×5	8	11.7	24.0	6.13	4.81	1.43	2.39	1.09	2.06	2.13	2.20	2.28	3.60	3.68	3.76	3.83
∟75×50×6	8	12.1	24.4	7.26	5.70	1.42	2.38	1.08	2.08	2.15	2.23	2.30	3.63	3.70	3.78	3.86
∟75×50×8	8	12.9	25.2	9.47	7.43	1.40	2.35	1.07	2.12	2.19	2.27	2.35	3.67	3.75	3.83	3.91
∟75×50×10	8	13.6	26.0	11.6	9.10	1.38	2.33	1.06	2.16	2.24	2.31	2.40	3.71	3.79	3.87	3.95
∟80×50×5	8	11.4	26.0	6.38	5.00	1.42	2.57	1.10	2.02	2.09	2.17	2.24	3.88	3.95	4.03	4.10
∟80×50×6	8	11.8	26.5	7.56	5.93	1.41	2.55	1.09	2.04	2.11	2.19	2.27	3.90	3.98	4.05	4.13
∟80×50×7	8	12.1	26.9	8.72	6.85	1.39	2.54	1.08	2.06	2.13	2.21	2.29	3.92	4.00	4.08	4.16
∟80×50×8	8	12.5	27.3	9.87	7.75	1.38	2.52	1.07	2.08	2.15	2.23	2.31	3.94	4.02	4.10	4.18
∟90×56×5	9	12.5	29.1	7.21	5.66	1.59	2.90	1.23	2.22	2.29	2.36	2.44	4.32	4.39	4.47	4.55
∟90×56×6	9	12.9	29.5	8.56	6.72	1.58	2.88	1.22	2.24	2.31	2.39	2.46	4.34	4.42	4.50	4.57
∟90×56×7	9	13.3	30.0	9.88	7.76	1.57	2.87	1.22	2.26	2.33	2.41	2.49	4.37	4.44	4.52	4.60
∟90×56×8	9	13.6	30.4	11.2	8.78	1.56	2.85	1.21	2.28	2.35	2.43	2.51	4.39	4.47	4.54	4.62
∟100×63×6	10	14.3	32.4	9.62	7.55	1.79	3.21	1.38	2.49	2.56	2.63	2.71	4.77	4.85	4.92	5.00
∟100×63×7	10	14.7	32.8	11.1	8.72	1.78	3.20	1.37	2.51	2.58	2.65	2.73	4.80	4.87	4.95	5.03

续附表 7-5

型号	圆角 R/mm	重心矩 Z_x/mm	Z_y/mm	单角钢 截面积 A/cm²	质量 q/kg·m⁻¹	回转半径 i_x/cm	i_y/cm	i_{j0}/cm	双角钢 i_{y1}/cm a=6 mm	a=8 mm	a=10 mm	a=12 mm	I_{y2}/cm a=6 mm	a=8 mm	a=10 mm	a=12 mm
∟100×63×8	10	15.0	33.2	12.6	9.88	1.77	3.18	1.37	2.53	2.60	2.67	2.75	4.82	4.90	4.97	5.05
∟100×63×10	10	15.8	34.0	15.5	12.1	1.75	3.15	1.35	2.57	2.64	2.72	2.79	4.86	4.94	5.02	5.10
∟100×80×6	10	19.7	29.5	10.6	8.35	2.40	3.17	1.73	3.31	3.38	3.45	3.52	4.54	4.62	4.69	4.76
∟100×80×7	10	20.1	30.0	12.3	9.66	2.39	3.16	1.71	3.32	3.39	3.47	3.54	4.57	4.64	4.71	4.79
∟100×80×8	10	20.5	30.4	13.9	10.9	2.37	3.15	1.71	3.34	3.41	3.49	3.56	4.59	4.66	4.73	4.81
∟100×80×10	10	21.3	31.2	17.2	13.5	2.35	3.12	1.69	3.38	3.45	3.53	3.60	4.63	4.70	4.78	4.85
∟100×80×6	10	15.7	35.3	10.6	8.35	2.01	3.54	1.54	2.74	2.81	2.88	2.96	5.21	5.29	5.36	5.44
∟100×80×7	10	16.1	35.7	12.3	9.66	2.00	3.53	1.53	2.76	2.83	2.90	2.98	5.24	5.31	5.39	5.46
∟100×80×8	10	16.5	36.2	13.9	10.9	1.98	3.51	1.53	2.78	2.85	2.92	3.00	5.26	5.34	5.41	5.49
∟100×80×10	10	17.2	37.0	17.2	13.5	1.96	3.48	1.51	2.82	2.89	2.96	3.04	5.30	5.38	5.46	5.53
∟100×80×7	11	18.0	40.1	14.1	11.1	2.30	4.02	1.76	3.13	3.18	3.25	3.33	5.90	5.97	6.04	6.12
∟100×80×8	11	18.4	40.6	16.0	12.6	2.29	4.01	1.75	3.13	3.20	3.27	3.35	5.92	5.99	6.07	6.14
∟100×80×10	11	19.2	41.4	19.7	15.5	2.26	3.98	1.74	3.17	3.24	3.31	3.39	5.96	6.04	6.11	6.19
∟100×80×12	11	20.0	42.2	23.4	18.3	2.24	3.95	1.72	3.20	3.28	3.35	3.43	6.00	6.08	6.16	6.23
∟100×80×8	12	20.4	45.0	18.0	14.2	2.59	4.50	1.98	3.49	3.56	3.63	3.70	6.58	6.65	6.73	6.80
∟100×80×10	12	21.2	45.8	22.3	17.5	2.56	4.47	1.96	3.52	3.59	3.66	3.73	6.62	6.70	6.77	6.85
∟100×80×12	12	21.9	46.6	26.4	20.7	2.54	4.44	1.95	3.56	3.63	3.70	3.77	6.66	6.74	6.81	6.89
∟100×80×14	12	22.7	47.4	30.5	23.9	2.51	4.42	1.94	3.59	3.66	3.74	3.81	6.70	6.78	6.86	6.93
∟100×80×10	13	22.8	52.4	25.3												
∟100×80×12	13	23.6	53.2	25.3												
∟100×80×14	13	24.3	54.0	25.3												
∟100×80×16	13	25.1	54.8	25.3												

附录 8　试验一：C级普通螺栓、摩擦型高强螺栓抗剪连接试验

一、试验目的

（1）了解螺栓间距布置要求；

（2）了解螺栓连接不同阶段的受力性能和破坏过程；

（3）掌握螺栓抗剪连接的承载力计算方法。

二、试验方案

（一）试验原理

普通 C 级螺栓连接安装简单，便于拆卸，但由于螺杆与板件孔壁不够紧密，传递剪力时变形较大，一般用于次要结构和可拆卸结构的受剪连接或者是安装时的临时固定。其受力原理是依靠螺杆承压和抗剪来传递垂直于杆轴的外力。单个剪力螺栓的承载力计算：

受剪承载力：
$$N_v^b = n_v \frac{\pi d^2}{4} f_v^b$$

承压承载力：
$$N_c^b = d \sum t \cdot f_c^b$$

普通螺栓抗剪承载力设计值取上述公式中的较小值。

摩擦型高强螺栓连接是通过拧紧高强度螺栓使螺杆产生预拉力，与构件接触面紧密贴合，依靠接触面的摩擦力阻止其相对滑移，达到传力目的，并以板件间的摩擦力被外力克服作为极限状态。因此，接触面抗滑移系数是重要的计算参数。即 $\mu = \dfrac{N}{P}$（其中 N 为滑动外力，P 为螺栓预拉力）。

单个剪力螺栓的受剪承载力计算：$N_v^b = 0.9 n_f \mu P$

（二）试验器材

试验涉及的 3 组器材如附表 8-1~附表 8-3 所示。

附表 8-1　试验器材统计 1

编号	名　称	单组试验数量	备注
1	—100 mm×15 mm×310 mm 钢板	2	Q345
2	—100 mm×10 mm×325 mm 钢板	2	Q345
3	C 级普通螺栓（4.6 级）	4	M20
4	扭矩扳手	1	
5	100 t 万能实验机	1	

附表 8-2　试验器材统计 2

编号	名　称	单组试验数量	备注
1	—100 mm×10 mm×310 mm 钢板	2	Q345
2	—100 mm×10 mm×325 mm 钢板	2	Q345

续附表 8-2

编号	名　称	单组试验数量	备注
3	C 级普通螺栓（4.6 级）	4	M20
4	扭矩扳手	1	
5	100 t 万能实验机	1	

附表 8-3　试验器材统计 3

编号	名　称	单组试验数量	备注
1	—100 mm×15 mm×310 mm 钢板	2	Q345
2	—100 mm×10 mm×325 mm 钢板	2	Q345
3	摩擦型高强螺栓（10.9 级）	4	M20
4	扭矩扳手	1	
5	100 t 万能实验机	1	

　　双摩擦面双栓拼接拉力试件平面图如附图 8-1、附图 8-2 所示，拉力试件零件尺寸如附图 8-3、附图 8-4 所示，螺栓孔径为 21.5 mm，图中未注明单位均为 mm。

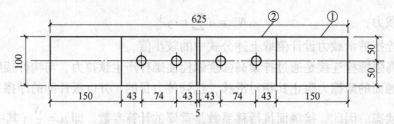

附图 8-1　双摩擦面双栓拼接拉力试件平面图 1

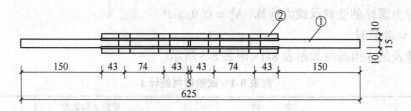

附图 8-2　双摩擦面双栓拼接拉力试件图 2

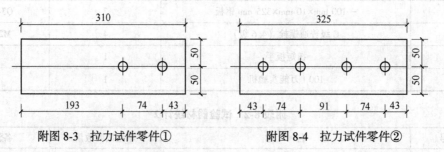

附图 8-3　拉力试件零件①　　　　　　附图 8-4　拉力试件零件②

（三）试验过程记录

认真观察试验，并记录数据。

（1）Step1 试件组装。

（2）Step2 试件加载。

（3）记录试验现象，将加载工况及结果记录于下表。

编号	时刻	载荷	位移	现象
1				
2				
3				
...				

（4）记录加载曲线。

三、试验报告要求及格式

（一）试验报告内容

试验名称		试验员		试验日期	

试验目的：

试验原理：

试验器材：

试验过程及结果：

试验结果及思考：

1. 普通螺栓破坏的形式；

2. 由试验过程理解预拉力的加载原理；

3. 描述摩擦型高强螺栓不同阶段的受力性能及破坏过程；

4. 比较两种螺栓安装和工作中的优缺点，并思考其各自适合的工作环境。

试验心得：

（二）试验报告要求

（1）提交 A4 纸打印版，有封面，报告内容图文并茂；

（2）独立完成，试验后一周内提交试验报告。

附录 9　试验二：工字形截面受弯构件强度试验

一、试验目的

（1）掌握钢构件试验方法，包括试件设计、加载装置设计、试验结果整理等；

（2）观察工字形截面受弯构件的加载过程；

（3）理解截面塑性发展系数的取值。

二、试验方案

（一）试验原理

受弯构件抗弯强度计算时需要根据翼缘自由外伸长度与厚度的比值选取截面塑性发展系数，本试验通过设置翼缘不同的宽厚比来加深对截面塑性发展系数的理解。

（二）试验器材

（1）试验涉及的 3 组器材如附表 9-1～附表 9-3 所示。

附表 9-1　试验器材统计表 1

编号	名　称	单组试验数量	备　注
1	微机控制电液伺服压力试验机	1	
2	工字形截面 200 mm×180 mm×6 mm×6 mm	1	长 1500 mm Q235
3	—200 mm×20 mm×200 mm 钢板	2	Q235
4	C 级普通螺栓（4.6 级）	8	M20
5	—65 mm×6 mm×188 mm 钢板	4	支座加劲板

附表 9-2　试验器材统计表 2

编号	名　称	单组试验数量	备　注
1	微机控制电液伺服压力试验机	1	
2	工字形截面 200 mm×180 mm×6 mm×8 mm	1	长 1500 mm Q235
3	—200 mm×20 mm×200 mm 钢板	2	Q235
4	C 级普通螺栓（4.6 级）	8	M20
5	—65 mm×6 mm×184 mm 钢板	4	支座加劲板

附表 9-3 试验器材统计表 3

编号	名　　称	单组试验数量	备　　注
1	微机控制电液伺服压力试验机	1	
2	工字形截面 200 mm×180 mm×6 mm×6 mm×8 mm	1	长 1500 mm Q235
3	—200 mm×20 mm×200 mm 钢板	2	Q235
4	C 级普通螺栓（4.6 级）	8	M20
5	—65 mm×6 mm×186 mm 钢板	4	支座加劲板

（三）试验过程记录

认真观察试验，并记录数据。

（1）Step1 试件组装。

（2）Step2 试件加载。

（3）记录试验现象，将加载工况及结果记录于下表。

编号	时刻	载荷	位移	现象
1				
2				
3				
…				

（4）记录加载曲线。

三、试验报告要求及格式

（一）试验报告内容

试验名称		试验员		试验日期	

试验目的：

试验原理：

试验器材：

试验过程及结果：

试验结果及思考：

1. 描述受弯构件加载过程中的现象；

2. 如何进行截面塑性发展系数的取值。

试验心得：

（二）试验报告要求

（1）提交 A4 纸打印版，有封面，报告内容图文并茂。

（2）独立完成，试验后一周内提交试验报告。